CATALOGUE

DES

OISEAUX D'EUROPE

POUR SERVIR

DE COMPLÉMENT ET DE SUPPLÉMENT

A L'ORNITHOLOGIE EUROPÉENNE

De DEGLAND et GERBE (1867)

PAR

E.-L. TROUESSART

PROFESSEUR DE ZOOLOGIE AU MUSÉUM NATIONAL DE PARIS

PARIS

LIBRAIRIE DES SCIENCES NATURELLES

Paul KLINCKSIECK

Léon LHOMME, Successeur

3, RUE CORNEILLE, 3

1912

Tous droits de reproduction et de traduction réservés pour tous pays.

CATALOGUE

DES

OISEAUX D'EUROPE

CATALOGUE

DES

OISEAUX D'EUROPE

POUR SERVIR

DE COMPLÉMENT ET DE SUPPLÉMENT

A L'ORNITHOLOGIE EUROPÉENNE

De DEGLAND et GERBE (1867)

PAR

E.-L. TROUESSART

PROFESSEUR DE ZOOLOGIE AU MUSÉUM NATIONAL DE PARIS

———————

PARIS

LIBRAIRIE DES SCIENCES NATURELLES

PAUL KLINCKSIECK

LÉON LHOMME, SUCCESSEUR

3, RUE CORNEILLE, 3

1912

PRÉFACE

L'Ornithologie Européenne *de Degland et Gerbe, publiée en 1867, est entre les mains de tous les Ornithologistes et leur a rendu, — leur rend encore, — des services inappréciables. Cependant, l'ouvrage n'est plus au courant de la science et aurait besoin d'une refonte complète. En attendant qu'une nouvelle édition, revue et corrigée, soit publiée par les Éditeurs, nous avons pensé qu'une mise au point en un seul volume, servant de complément et de supplément à la première édition, serait bien accueillie des Ornithologistes et n'encombrerait pas trop leur bibliothèque.*

La question des sous-espèces est encore très controversée à notre époque. Nous ne pouvions nous dispenser de les admettre dans un livre comme celui-ci, car elles sont la conséquence du progrès moderne de la science. Ceux qui les condamnent, le font bien souvent de parti pris et sans avoir suffisamment étudié la question.

Dans l'Introduction qui suit cette préface, nous nous sommes efforcé de montrer quelle est l'utilité et la valeur réelle de ces subdivisions de l'Espèce. Si le lecteur veut bien se donner la peine de lire cette Introduction, nous avons la conviction qu'il reconnaîtra que ces formes existent réellement dans la nature, et qu'il admettra les services que cet échelon taxonomique nouveau peut rendre à la Zoologie, envisagée dans sa plus large acception, comme l'étude de plus en plus complète des êtres vivants.

INTRODUCTION

Qu'est-ce qu'une sous-espèce ? — L'introduction de ce terme, en Zoologie, est relativement récente. Elle est due aux naturalistes américains qui, faisant remarquer combien l'expression de « Variété » est vague, proposèrent de lui substituer celle de « sous-espèce » pour désigner exclusivement les *Variétés locales* ou *géographiques*.

En effet, le terme de « Variété » s'applique indifféremment aux Races domestiques, aux variations accidentelles (albinisme et mélanisme, par exemple), même aux simples aberrations, ce qui peut donner lieu à de nombreuses confusions. De plus, c'est un terme vulgaire que les personnes étrangères aux sciences naturelles emploient souvent comme synonyme de celui d' « Espèce ».

« Sous-espèce », au contraire, a l'avantage de désigner une variation bien définie, celle que l'on était obligé naguère de caractériser par l'épithète de « locale ». Dans le cadre de nos classifications, ce terme avait sa place marquée d'avance, puisque l'on admettait depuis longtemps des Classes et des Sous-Classes, des Ordres et des Sous-Ordres, des Familles et des Sous-Familles, des Genres et des Sous-Genres.

Du moment que les Naturalistes ont reconnu et admis la variabilité de l'Espèce sous l'influence des conditions variables du milieu ambiant, ils ont dû se préoccuper de la meilleure manière de formuler les différences qui en résultent, pour en tenir compte dans les traités de Zoologie descriptive. Des « formes » différentes comme taille, comme plumage, comme proportions, ne peuvent être caractérisées dans une description unique ; elles exigent autant de paragraphes différents, et chacune de ces formes doit avoir un titre nominatif particulier, mais rappelant ses affinités avec l'espèce dont on l'a détachée. C'est ainsi qu'est née la *nomenclature trinominale,* conséquence forcée de l'admission des sous-espèces.

En quoi une sous-espèce diffère-t-elle d'une « bonne espèce » ? — En principe on doit dire que « *toute forme qui se distingue nettement d'une autre forme du même genre,* SANS PRÉSENTER DE FORMES INTERMÉDIAIRES, *est une bonne espèce* » ; au contraire : « *toute forme nouvelle qui* PRÉSENTE DES FORMES INTERMÉDIAIRES *entre elle et une autre espèce du même genre plus anciennement connue, n'est qu'une sous-espèce de celle-ci* ».

La forme la plus anciennement connue restera le « type », la forme nouvelle sera une sous-espèce de ce type, et dans la nomenclature trinominale se distinguera par le troisième nom ajouté à la suite des noms du genre et de l'espèce. Par exemple : *Aquila maculata maculata* est le type de l'Aigle tacheté ; *Aquila maculata clanga* est la sous-espèce qui remplace le type dans l'Europe orientale et *Aquila maculata fulvescens* celle qui les remplace toutes deux en Asie ; mais comme on trouve des formes intermédiaires, il est impossible d'en faire trois espèces distinctes.

Néanmoins, si le principe est net et simple au premier abord, son application dans la pratique n'est pas toujours des plus faciles. C'est pourquoi les anciens naturalistes, Pallas et Gray, créateurs des formes *clanga* et *fulvescens*, à une époque, d'ailleurs, où l'on n'admettait pas de sous-espèces, les ont présentées comme de bonnes espèces ; d'autres, au contraire, même parmi les modernes, se sont refusés à admettre toute distinction nominale entre ces trois formes géographiques. L'avantage des sous-espèces est précisément de permettre de distinguer les trois formes sans les élever au rang d'espèce, et de se rapprocher ainsi, autant qu'il est possible de le faire, de la nature qui, dans sa complexité, se joue souvent de tous nos artifices de classification.

Qu'on nous permette, à ce point de vue, de citer les paroles d'un savant illustre qui, au cours de recherches d'une haute portée philosophique, a su comprendre et mettre en lumière l'utilité de la morphologie systématique :

« Un grand nombre de naturalistes adonnés à l'étude de la morphologie systématique, dit le professeur Giard, ont accueilli avec méfiance l'idée de la variabilité des espèces, pensant que cette idée minait les principes sur lesquels reposait leur science de prédilection. Les événements n'ont pas tardé à prouver combien ces craintes étaient chimériques. *Pour démontrer scientifiquement la réalité des variations souvent très légères à leur début, il était nécessaire en effet de préciser plus qu'on ne l'avait fait jusqu'alors et de* POUSSER PARFOIS JUSQU'A LA MINUTIE *les descriptions des formes en discussion.* La conservation des types dans les collections et les musées, leur représentation graphique et leur comparaison attentive avec les espèces voisines, s'imposaient de plus en plus, et certainement, les progrès de l'histoire naturelle systématique ont été fortement stimulés par les contestations des partisans et des adversaires de la théorie de la descendance.

« La recherche des formes nouvelles, la poursuite des types de transition, des aberrations, des variétés locales, n'ont plus pour but unique aujourd'hui la satisfaction d'un sentiment de vague curiosité. La connaissance des moindres modifications de structure, et celle des moindres écarts de la morphologie normale, deviennent des éléments précieux pour l'établissement des arbres phylogéniques (1)... »

Les procédés par lesquels se forment les sous-espèces varient beaucoup suivant le type zoologique auquel elles appartiennent. Chez les Mammifères terrestres qui n'émigrent guère et restent attachés au sol qui les a vu naître, on conçoit facilement que l'action du climat, le changement de nourriture et d'habitudes, modifient les caractères au point que telle forme du Sud de l'Espagne, par exemple, ne ressemble plus à la forme qui la représente dans le Nord-Est de la Russie, et que l'on serait tenté de décrire les deux formes comme deux espèces distinctes. Mais ces deux formes se relient l'une à l'autre par des formes intermédiaires qui habitent la France, la Suisse, l'Allemagne, la Russie centrale, et établissent la continuité de l'espèce : par suite on est amené à décrire ces différentes formes comme de simples sous-espèces. Chez les Mammifères, on peut établir en axiome que *deux sous-espèces d'un même type ne peuvent exister simultanément dans la même localité parce qu'elles se fusionneraient forcément l'une dans l'autre par des alliances continuelles.* Quand deux formes très voisines existent dans le même pays, — comme la Marte et la Fouine, par exemple (*Mustela martes* et *Mustela foina*) — c'est qu'il s'agit de deux espèces bien distinctes (2).

Il en est autrement chez la plupart des Oiseaux, puisque nous voyons

---

(1) A. GIARD, *Les Tendances actuelles de la Morphologie,* Conférence faite à l'Exposition Universelle de Saint-Louis, en 1904, et reproduite dans les *Œuvres diverses* (publication posthume) de Giard, 1911, p. 155-156.

(2) Les Oiseaux qui n'émigrent pas, les Cincles (*Cinclus*), par exemple, attachés aux eaux douces, paraissent sous ce rapport, et jusqu'à un certain point, dans les mêmes conditions que les Mammifères.

que *deux sous-espèces d'un même type peuvent vivre dans le même pays*, au moins pendant une partie de l'année (on en trouvera de nombreux exemples dans ce Catalogue).

C'est surtout dans les îles de la Méditerranée et dans les îles Atlantiques (Açores, Canaries), que l'on peut constater ce fait. La Corse, notamment, dont la faune ornithologique a été étudiée récemment par M. C. Parrot, et par d'autres, nous en offre un bon exemple. A côté des formes migratrices qui, passant d'Europe en Afrique, à l'automne, ne font que traverser l'île, il s'est constitué des formes locales plus ou moins distinctes des précédentes, et qui, séjournant toute l'année dans l'île, s'y sont acclimatées et ont perdu l'habitude de la grande migration.

Le climat de la Corse, que l'on compare à celui de Ténériffe, se prêtait admirablement à ce changement de mœurs. On décrit ce climat comme « un printemps et un été perpétuels »; l'écart d'une saison à l'autre est moindre qu'en Provence, et les hautes montagnes du centre (2,710 m.), couvertes de forêts, lui donnent toute la variété désirable.

Comment ces formes locales, décrites comme des sous-espèces, se sont-elles constituées ? Bien que des recherches précises n'aient jamais été faites à cet égard, il est facile de se l'imaginer.

Les grandes bandes d'Oiseaux migrateurs qui, chaque année, passent d'Europe en Afrique ont, comme les armées, leurs traînards fournis par les blessés et les malades, par les couvées tardives ou mal venues, qui ne peuvent suivre le gros de la troupe et s'arrêtent dès la première étape à travers la Méditerranée. Cette première étape est la Corse, qui, leur offrant un climat favorable et une nourriture suffisante, les invite à s'y installer pour y passer l'hiver. Au printemps suivant, lorsque commence la migration de retour, les Oiseaux de Corse sont déjà accouplés et dès lors ne se mêlent plus à ceux du Continent : la sous-espèce est constituée; elle tend de plus en plus à s'éloigner du type, aussi bien par ses mœurs sédentaires que par les particularités de taille et de plumage qui résultent bientôt de cette *ségrégation*. Cependant de nouveaux traînards viennent chaque année se mêler aux Oiseaux de Corse, et c'est ce qui empêche ceux-ci de constituer des espèces distinctes qui se formeraient facilement sans cela.

La démonstration de ce fait, d'un haut intérêt en zoologie, n'a pu être réalisée que par l'étude, toute moderne, des sous-espèces, et c'est ce qui légitime cette étude.

On voit en même temps combien est fragile la barrière qui sépare ce qu'on est convenu d'appeler les « bonnes espèces », de ce qu'on nomme sous-espèce. Il suffirait que le grand flot de la migration prit une autre route (1), et la sous-espèce deviendrait une bonne espèce. C'est pour cette raison que les colonies plus ou moins éloignées des espèces « disjointes » (*Cyanopica cooki* et *Sitta witeheadi,* par exemple), ont toujours été considérées par les anciens ornithologistes comme de bonnes espèces. La nomenclature trinominale nous permet de les rattacher à leur type et de mettre en évidence des affinités naturelles qui nous échappaient autrefois.

Règles d'après lesquelles doivent être fondées les sous-espèces. — Ce qui a soulevé le plus de critiques contre la nomenclature trinominale, c'est l'abus que quelques personnes en ont fait. Pour éviter cet abus, il serait bon d'instituer certaines règles, faute de l'observation desquelles toute sous-espèce nouvelle serait sans valeur. En se basant sur l'expérience, ces règles pourraient être formulées de la façon suivante :

1° *Un ou deux spécimens sont insuffisants pour instituer une sous-espèce nouvelle ;*

2° *Tout naturaliste qui suppose qu'une forme locale est assez distincte pour être décrite comme sous-espèce, devra réunir au moins* quinze *spécimens adultes des deux sexes de cette forme, capturés aux deux principales époques de l'année, et les comparer avec* un nombre égal *de spécimens du type* (2). C'est d'après la comparaison de ces deux séries, si elles sont nettement distinctes, que sa diagnose devra être faite.

Limites de la Faune Ornithologique d'Europe. — Devant calquer le plan de notre Catalogue sur celui de l'Ornithologie Européennne de Degland et Gerbe, nous n'avons pas présenté ici une *Faune Paléarctique,* mais une Faune simplement Européenne. Cependant nous avons cru devoir comprendre dans cette Faune les Oiseaux des îles Atlantiques (Açores, Madère et Canaries), qui se rattachent manifestement à la Faune d'Europe. Ces îles, d'ailleurs, sont sur le chemin des migrations régulières de notre

(1) Par suite de quelque révolution géologique, par exemple.

(2) Ce chiffre de *quinze* est approximatif, et n'a, comme on le conçoit, rien d'absolu. Les deux époques de l'année seront l'automne (après la mue) et le printemps au moment de la parade

faune ornithologique continentale. Par ailleurs, les limites de l'Europe sont nettement tracées, au Nord, à l'Ouest et au Sud par des Océans et des Mers, à l'Est par les Monts et le fleuve Oural, au Sud-Est par la Caspienne et le Caucase. C'est de ce dernier côté que la limite est le moins précise, le pourtour septentrional de la Caspienne étant, pour les Oiseaux, une porte ouverte plutôt qu'une barrière.

Comme conséquence, on constate qu'un certain nombre d'Oiseaux appartenant à la faune asiatique, — sans parler des Syrrhaptes, — s'égarent assez fréquemment jusque dans l'Europe Occidentale. — Par contre, on est tombé d'accord que la plupart des Passereaux de la faune Nord-Américaine admis naguère, comme des visiteurs accidentels, dans la faune d'Europe, devaient en être écartés (1) : c'est seulement à la suite de violentes tempêtes que ces Oiseaux sont poussés sur nos côtes de l'Océan ; bien plus, un certain nombre de ceux qui figurent dans les collections à ce titre, présentent un plumage usé qui dénote un séjour plus ou moins long en captivité. C'est là une erreur facile à commettre, même et surtout lorsqu'il s'agit d'Oiseaux asiatiques, et contre laquelle il convient de se tenir toujours en garde, le nombre des Oiseaux importés en cage, et susceptibles de s'échapper, devenant de jour en jour plus considérable.

PLAN DU CATALOGUE

Dans un Catalogue faunique, les questions de Classification n'ont qu'une importance secondaire. Aussi avons-nous suivi, au moins dans ses grandes lignes, la classification adoptée par Degland et Gerbe en 1867.

L'ouvrage que nous citons en première ligne pour l'iconographie est celui de DRESSER, *Birds of Europe*, 8 vol. in-4° et 1 vol. de *Supplément* (1871-81 et 1895-96), dont le seul défaut est d'être d'un prix élevé. L'ouvrage de NAUMANN, *Naturgeschichte der Vögel Mitteleuropas* (Nouvelle Édition, par Blasius, Hennicke, etc.), 12 vol. in-folio, avec 446 pl. col. (1900-1905), peut suppléer le précédent, et présente l'avantage d'être d'un prix très abordable. Le premier de ces recueils a des planches plus artistiques, mais les figures du second sont également très exactes.

---

(1) Ceci ne s'applique pas aux Échassiers, souvent cosmopolites.

La disposition typographique que nous avons adoptée sera facilement comprise du lecteur :

Nous avons placé en regard et sous les mêmes numéros les dénominations génériques et spécifiques du livre de Degland et Gerbe et celles adoptées par les Ornithologistes modernes : les premières sont inscrites sur les pages à numéro pair; les secondes sur celles à numéro impair. Nous ne décrivons que les espèces et sous-espèces dont il n'est pas fait mention dans le traité de 1867, sauf dans le cas où la description de Gerbe a besoin d'être modifiée en tout ou en partie. Il est donc indispensable, pour l'usage du présent Catalogue, d'avoir sous les yeux les deux volumes de l'*Ornithologie Européenne*.

On n'a numéroté que les espèces d'un même genre. Les sous-espèces sont désignées par une lettre grasse (**a**, **b**, **c**, etc.), suivie d'un trait (—) qui remplace le nom spécifique sous-entendu. Dans un petit nombre de cas, notamment quand le type de l'Espèce est étranger à l'Europe, on a mentionné en toutes lettres la nomenclature trinominale, mais en plaçant entre parenthèse le nom spécifique.

En ce qui concerne la valeur des espèces, nous avons suivi, toutes les fois que cela nous a été possible, l'appréciation du Dr ERNST HARTERT dans son grand ouvrage, en cours de publication : *Die Vögel der paläarktischen Fauna* (1903-1912), dont le premier volume (renfermant les Passereaux), est seul publié jusqu'à ce jour. Cet Ornithologiste a visité presque tous les Musées et les Collections particulières d'Europe avant de rédiger son livre, ce qui lui donne une compétence considérable dans la matière. Pour les ordres autres que les Passereaux, nous avons suivi Dresser. Les sous-espèces les plus récemment décrites, et dont beaucoup ne sont pas fondées sur des caractères bien stables, ont dû être reléguées à l'*Appendice* qui termine le volume.

TABLE DES MATIÈRES

CATALOGUE

DES

OISEAUX D'EUROPE

Ordre I — OISEAUX DE PROIE

Famille I — VULTURIDÉS

Genre VAUTOUR

1. Vultur monachus Linn.
VAUTOUR MOINE ou ARRIAN
Degland et Gerbe, I, p. 5.

Genre OTOGYPS

1. Otogyps auricularis (Daud.)
OTOGYPS ORICOU
D. et G., I, p. 7.

Genre GYPS *Savigny* 1809

1. Gyps fulvus (Brisson)
GYPS FAUVE ou GRIFFON
D. et G., I, p. 9, et *G. occidentalis*, Bp. ex Schleg., p. 11.

I — ACCIPITRES

I — VULTURIDÆ

VULTUR *Linné* 1766

1. **monachus** Linn., Syst. Nat., 1766, I, p. 122; Dresser, V, p. 383, pl. 321; *cinereus* Gmel., 1788.

Europe Sud, accidentel dans le Centre et le Nord; Afrique Nord; Asie jusqu'à l'Inde et la Chine.

OTOGYPS *Gray* 1841

1. **auricularis** (Daudin), Ornithol., 1800, II, p. 10.

Europe Sud-Ouest, accid. en Espagne et France Sud, Afrique Nord et tropicale.

GYPS *Savigny* 1810

1. **fulvus** (Gmel.), Syst. Nat., 1788, I, p. 249; Dresser, V, p. 373, pl. 319, 320; *hispaniolensis* Sharpe, 1874; *occidentalis* Schlegel, 1844; Bonap., 1854.

Europe Sud, accidentel dans le Centre et le Nord de l'Europe; Asie jusqu'au Népaul et au Sikhim.

Genre **NEOPHRON** *Savigny* 1809

1. **Neophron percnopterus** (Linné)
NÉOPHRON PERCNOPTÈRE
D. et G., I, p. 12.

Famille II — GYPAÉTIDÉS

Genre GYPAÈTE

1. **Gypaetus barbatus** (Linné)
GYPAÈTE BARBU
D. et G., I, p. 16.

Famille III — FALCONIDÉS

Genre AIGLE

1. **Aquila fulva** (Linné) et *A. chrysaetos* L.
AIGLE FAUVE ET AIGLE DORÉ
D. et G., I, p. 20 et 23.

NEOPHRON *Savigny* 1810

1. **percnopterus** (Linné), Syst. Nat., 1766, I, p. 123;
   Dresser, V, p. 391, pl. 322.

Europe Sud; acci-
dentel au Nord
jusqu'en
Angleterre;
Afrique et Asie
jusqu'à
l'Inde Ouest.

II — GYPAETIDÆ

GYPAETUS *Storr* 1780

1. **barbatus** (Linné), Syst. Nat., 1766, I, p. 123;
   Dresser, V, p. 401, pl. 323, 324, 325; *occidentalis* Schlegel.

Europe Sud, dans
les montagnes
(Espagne, France,
Sardaigne;
éteint en Suisse;
Bosnie, Balkans,
Grèce, Caucase);
Asie jusqu'en
Chine.

III — FALCONIDÆ

AQUILA *Brisson* 1760

1. **chrysaetus** (Linné), Syst. Nat., 1766, I, p. 125;
   Dresser, V, p. 533, pl. 345; *fulva* L., 1766;
   melanaetos Gmel., 1788; *canadensis* Gmel.;
   barthelemyi Jaub., 1852; *nobilis* Pall. (juv.).

Europe
de la Laponie
et des
Iles Britanniques
jusqu'en Asie Est;
Afrique Nord;
Amérique Nord
jusqu'au Mexique.

2. Aquila imperialis (Bechst.)
AIGLE IMPÉRIAL
D. et G., I, p. 24.

3. Espèce nouvelle, Aigle impérial (des Espagnols)
AIGLE D'ADALBERT

4. Espèce nouvelle,
AIGLE DES STEPPES

2. heliaca Savigny, Ois. d'Égypte, 1809, p. 82,
pl. 12; *imperialis* Bechst., 1812; *? mogilnik*
Gmel., Nov. Com. Petr., 1771, XV, p. 445;
Dresser, V, p. 521, pl. 343, 344.

*Europe Sud-Est;
Asie
jusqu'en Chine:
Afrique Est
jusqu'en Nubie
et Abyssinie.*

3. adalberti Brehm, Ber. Ver. Deutsch. Orn. Ge-
sellsch., 1860, XIII, Beitr. VII, p. 55; Dresser, V, p. 517, pl. 342, 343; *leucolena* Dresser, P. Z. S., 1872, p. 864.

*Europe Sud-
Ouest et Afrique
Nord-Ouest
(où il remplace
le précédent),
Espagne
et Portugal.*

Diffère d'*A. heliaca* par sa tête d'un brun foncé sur le
front et le sommet; le derrière de la tête et la nuque d'un
brun clair; *les petites couvertures formant une large bande blanche
sur l'aile;* les scapulaires d'un brun foncé; les côtés de la
face et du cou d'un brun clair lavé de roux. — Le jeune est
isabelle teinté de roux et sans raies brunes.

4. nipalensis Hodgson, As. Res. 1832, XVIII,
part. 2, p. 13, pl. 1; *bifasciata* Gray, 1830-34
(nec Brehm); *mogilnik* Sharpe, 1874 (nec
Gm.).

*Europe Sud-Est,
steppes russes;
Asie jusqu'à
l'Inde
Nord-Ouest.*

Parties supérieures d'un brun terreux plus foncé sur la
tête, les scapulaires et les rémiges secondaires; plus pâle
sur la nuque; rémiges et les plus grandes scapulaires d'un
brun noirâtre. Queue d'un brun noirâtre, avec l'extrémité
étroitement bordée de brun clair et portant des bandes
obsolètes marbrées de gris cendré. Parties inférieures d'un
brun terreux teinté de roux sur la partie postérieure de
l'abdomen. Bec d'un bleu corné; cire et pieds jaune pâle.
Longueur de l'aile du mâle, 52 centimètres; la femelle plus
grande. — *Je me :* d'un brun terreux foncé avec une faible
teinte pourprée dessus et dessous, deux bandes d'un roux
ocreux bien marquées sur l'aile, les couvertures supérieures
de la queue d'un fauve ocreux et la queue largement terminée de roux ocreux foncé. — Les narines sont en ovale
vertical (ce qui distingue l'espèce d'*A. bonerina* où elles
sont rondes).

a. Sous-espèce nouvelle,

AIGLE ORIENTAL

b. Sous-espèce nouvelle,

AIGLE DE GLITSCH

5. Aquila nævia (Gmel.)

AIGLE TACHETÉ

D. et G., 1, p. 26 (1).

____

(1) L'*Aquila nævia* de Gmelin étant indéterminable, le nom de l'espèce a été changé en *maculata*, qui est également de Gmelin.

a. (nipalensis) orientalis Cabanis, J. f. Orn., 1854, p. 369; id., 1874, p. 93-94; Taczanowski, id., 1874, p. 317; *mogilnik* (partim), Alléon, Rev. et Mag. Zool., 1866, p. 273, pl. 20; Sharpe, 1874 (nec Gmel.); *nipalensis* Dresser, V, pl. 340 (1).

Steppes du Sud de la Russie et de l'Asie Occidentale; accidentel en Sardaigne.

D'un brun obscur uniforme avec une tache nuchale fauve chez l'adulte. Dans toutes ses proportions, il est plus grand et plus fort qu'*A. nævia* (*maculata*), avec lequel on l'a confondu à cause de son mode de coloration. — *Jeune :* d'un brun de terre passant au fauve pâle sur le bas du dos, les scapulaires moyennes, les couvertures petites et moyennes, la poitrine et l'abdomen. Les grandes couvertures de l'aile et les rémiges secondaires ont l'extrémité fauve; les couvertures supérieures et inférieures de la queue sont fauves. Narines ovales.

b. (nipalensis) glitschi Severtzow, Stray Feath., 1875, p. 422.

Steppes du Sud de la Russie et de l'Asie occidentale.

Adulte : d'un brun de terre avec une bande nuchale fauve et une tache transversale fauve pâle sur le bas du dos. Rémiges primaires, secondaires et rectrices tachetées de fauve. — *Jeune :* presque entièrement d'un brun de terre uniforme avec une tache terminale fauve sur quelques grandes couvertures de l'aile. Rémiges secondaires et rectrices terminées de fauve, les plus externes rayées irrégulièrement de brun. La tache nuchale fauve et le fauve pâle du bas du dos se montrent après la 3ᵉ ou la 4ᵉ mue. Narines ovales.

5. maculata (Gmel.), Syst. Nat., I, 1788, p. 258; *nævia* Gmel. (?), Naumann, Gould, Lilford; *clanga* Pallas, 1811; Naumann; Dresser, V, p. 499, pl. 339.

Europe Centrale et Sud; accidentel dans le Nord et les Iles Britanniques; Afrique Nord et Asie jusqu'à la Sibérie Sud-Est.

---

(1) Cette sous-espèce n'est pas considérée comme distincte du type asiatique (*A. nipalensis*), par Dresser et d'autres ornithologistes.

a. Aquila clanga (ex Pall.)

AIGLE CRIARD

Variété d'*A. nævia*, D. et G., 1, p. 28 (exclus synon. *A. pomarina*).

b. Sous-espèce nouvelle,

AIGLE ISABELLE

6. Aquila pomarina Brehm

AIGLE DE POMÉRANIE

Cité comme synonyme douteux d'*A. clanga*, D. et G., I, p. 28.

a. (maculata) clanga (Pallas), Zoogr. 1811-1831, I,
  p. 351; Degland et Gerbe, Ornith. Europ.,
  1867, I, p. 28 et 30 (1).

Europe Sud-Est et Asie Sud-Ouest.

b. (maculata) fulvescens Gray, Ill. Ind. Zool.,
  1832, I, pl. 29; Rothschild, Bull. Brit. Orn.
  Club, X, p. 51; *boecki* Homeyer.

Russie, Sibérie Occidentale, Altaï, Turkestan, Inde Nord-Ouest.

Semblable au type, mais à teintes plus pâles (forme désertique de *maculata*). — *Jeune* : en-dessous d'un brun cendré ; l'*Adulte* : fauve pâle ou isabelle.

6. pomerina Brehm, Vög. Deutschl., 1831, p. 27 ;
  Dresser, V, p. 491, pl. 338; *maculata* Sharpe,
  1874 (nec Gm.); *rufonuchalis*, Brooks, 1875.

Europe Est, accidentel dans l'Europe Centrale-Occidentale, Asie Mineure et Afrique Est jusqu'à la Nubie (en hiver).

Plus petit qu'*A. maculata*, d'un brun terreux avec les plumes plus pâles à leur pointe, le sommet de la tête et le cou d'un fauve crème vif, la queue d'un brun foncé, les rectrices externes terminées de gris foncé et présentant des bandes claires obsolètes; plumes du tarse d'un brun foncé mêlé de brun clair. Longueur de l'aile (mâle) : 45 centimètres. — *Jeune* : brun, avec une teinte chocolat, et beaucoup moins tacheté que le jeune d'*A. maculata ;* sommet de la tête et derrière du cou marqués de petites taches d'un roux ocreux, la nuque portant une large tache rousse, le dos et les petites couvertures finement tachetées; les rémiges secondaires terminées de gris, les internes avec une large tache grise terminale irrégulièrement ovale. Queue d'un brun noirâtre lavé de gris et terminée de gris cendré. Dessous rayé de roux ocreux; tarses présentant des taches éparses d'un blanc crème; couvertures inférieures de la queue d'un ocre crémeux.

---

(1) Cette sous-espèce n'est pas admise comme distincte du type par les ornithologistes modernes.

7. Aquila nævioïdes (Cuv.)
AIGLE NÉVIOIDE ou RAVISSEUR
D. et G., I, p. 30.

Genre AIGLE (partim.)

1. Aquila fasciata (Vieill.)
AIGLE A QUEUE BARRÉE, AIGLE BONELLI
D. et G., I, p. 32.

2. Aquila pennata (Briss.)
AIGLE BOTTÉ
D. et G., I, p. 36.

Genre PYGARGUE

1. Haliaetus albicilla (Linné)
PYGARGUE ORDINAIRE ou A QUEUE BLANCHE
D. et G., I, p. 39.

Haliaetus leucocephalus (L.)
PYGARGUE A TÊTE BLANCHE
D. et G., I, p. 42.

2. Haliaetus leucoryphus (Pallas)
PYGARGUE LEUCORYPHE
D. et G., I, p. 45.

7. **rapax** (Temm.), Planches Col., I, 1828, liv. 76, pl. 445; Dresser, V, p. 513, pl. 341; *nævioides* Cuv., 1829; *albicans* Rüpp., 1835; *belisarius* Levaill. jun., 1858.

Europe Sud (très accidentel), Turquie, France Sud, Palestine et toute l'Afrique.

NISAETUS *Hodgson* 1836

Entolmaetus Blyth, 1845; *Hieraetus* Kaup, 1844.

1. **fasciatus** (Vieill.), Mém. Soc. Linn. Paris, 1822, p. 152; Dresser, V, p. 575, pl. 351, fig. 1, 352, 353; *bonellii* (Temm.), Pl. Col, 1, 1824, pl. 288.

Europe Sud. Afrique jusqu'au Damara; Asie jusqu'à l'Inde.

2. **pennatus** (Gmel.), Syst. Nat., I, 1788, p. 272; Dresser, V, p. 481, pl. 336, 337, 351, fig. 2; *minutus* (Brehm), Vög. Deutschl., 1831, p. 29, pl. 2, fig. 2.

Europe Sud, rare dans l'Europe Centrale; Afrique tout entière, Asie jusqu'en Birmanie.

HALIAETUS *Savigny* 1809

1. **albicilla** (Linné), Syst. Nat., I, 1766, p. 123; Dresser, V, p. 551, pl. 347, 348.

Europe en général jusqu'à la Nouvelle-Zemble; Afrique Nord; Asie jusqu'au Japon.

[Espèce de l'Amérique boréale étrangère à l'Europe.]

2. **leucoryphus** (Pallas), Reise Russ. Reichs., I, 1771, p. 454; Dresser, V, p. 545, pl. 346; *macei* Temm., 1824.

Russie Centrale et Sud, Turquie; Asie jusqu'à la Chine.

Genre BALBUZARD

1. Pandion haliaetus (L.)
BALBUZARD FLUVIATILE
D. et G., I, p. 47.

Genre CIRCAÈTE

1. Circaetus gallicus (Gmel.)
CIRCAÈTE JEAN-LE-BLANC
D. et G., I, p. 50.

Genre BUSE

1. Buteo vulgaris (L.)
BUSE VULGAIRE
D. et G., I, p. 53.

(1)

------

(1) Sous-espèces nouvelles : *Buteo buteo lanzarolæ* Polatzck (Iles Canaries); *B. b. insularum* Flœrike (Iles Açores). — Voyez l'APPENDICE.

PANDION (1) *Savigny* 1809

1. **haliaetus** (L.), Syst. Nat., I, 1766, p. 129; Dresser, VI, p. 139, pl. 386, 387; *fluviatilis* Savigny, 1809.

Europe jusqu'en Laponie, de passage seulement en Irlande; Asie jusqu'au Japon; Afrique, Australie, Nouv.-Zélande; Amérique (sub-cosmopolite).

CIRCAETUS *Vieill.* 1816

1. **gallicus** (Gmel.), Syst. Nat., I, 1788, p. 295; Dresser, V, p. 563, pl. 349, 350; *brachydactylus* Wolf, 1810.

Europe Sud et Centrale (plus rare); accidentel dans le Nord; Afrique Nord; Asie jusqu'à 'a Chine Nord.

BUTEO *Cuvier* (1799) 1800

1. **vulgaris** Leach, Syst. Cat., 1816, p. 10; Dresser, V, p. 449, pl. 331; *buteo* (L.), Syst. Nat., I, 1766, p. 127; Naum., Sharpe, 1899; *desertorum* (partim), Blanford (nec Daudin).

Europe entière, Iles Britanniques, Madère, Canaries; Afrique Nord; Asie jusqu'au Japon.

---

(1) En raison de ses caractères très particuliers, ce genre doit être séparé des *Falconidæ* pour former une famille à part (*Pandionidæ*) à placer à la suite de celle-ci.

a. Sous-espèce nouvelle,
BUSE DE MÉNÉTRIÈS

b. Buteo desertorum Daudin
BUSE DES DÉSERTS
D. et G., I, p. 55.

2. Buteo ferox (S. G. Gmel.)
BUSE FÉROCE
D. et G., I, p. 57.

Genre ARCHIBUSE

1. Archibuteo lagopus (Brünn.)
ARCHIBUSE PATTUE
D. et G., I, p. 59.

a. menetriesi Bogdan., Trans. Soc. Kasan, VIII,
    1879, p. 45; Ehmeke, Journ. Ornith., 1898,
    p. 140; *Zimmermannæ* (1) Ehmeke, J. O.,
    1893, p. 117, 1898, p. 140; Shalow, J. O.,
    1900, p. 249; Kleinschmidt, Orn. Monats.,
    1898, p. 214, pl. 10.

Allemagne Est
et Russie Nord
jusqu'à
Arkhangel.

Diffère de *B. vulgaris* adulte par sa taille plus petite, ses teintes d'un roux prononcé; — de *B. desertorum* par son abdomen et ses couvertures caudales inférieures blanches, barrées de roux et sa queue barrée. Les jeunes des trois sous-espèces ne diffèrent pas. (Ces caractères s'appliquent à *B. zimmermannæ*, d'après Dresser.)

b. desertorum Daudin, Traité d'Orn., 1800, II,
    p. 162; Dresser, V, p. 457, pl. 332; *cirtensis*
    Levaill. jun., 1850.

Europe Sud-Est;
accidentel dans le
Sud-Ouest;
Afrique; Asie
jusqu'à l'Inde.

2. ferox (S. G. Gmel.), Nov. Comm. Petrop., 1769,
    XV, p. 442, pl. 10; Dresser, V, p. 463,
    pl. 333; *rufinus* Cretzschm., *leucurus* Naum.;
    nigricans Severtz.

Europe Sud-Est;
Afrique
Nord-Est;
Asie jusqu'aux
monts Himalaya.

ARCHIBUTEO *Brehm* 1828

1. lagopus (Gmel.), Syst. Nat., 1788, I, p. 260;
    Dresser, V, p. 471, pl. 334, 335.

Europe Nord
et Asie jusqu'à
l'extrême Nord;
de passage (en
hiver) dans
le Centre et le
Sud de l'Europe.

---

(1) Ehmeke (1893) maintient la distinction de *B. zimmermannæ*, et Dresser (1903) considère *B. menetriesi* comme identique à *B. desertorum*. Sharpe et Dubois (1902) admettent trois sous-espèces, non compris le type.

Genre BONDRÉE

1. Pernis apivorus (Linné)
BONDRÉE APIVORE
D. et G., I, p. 61.

Genre MILAN

1. Milvus regalis Briss.
MILAN ROYAL
D. et G., I, p. 64.

2. Milvus niger Briss.
MILAN NOIR
D. et G., I, p. 65.

3. Espèce nouvelle
(pour l'Europe).

4. Milvus ægyptius (Gmel.)
MILAN ÉGYPTIEN ou PARASITE
D. et G., I, p. 66.

PERNIS *Cuvier* 1817

1. apivorus (Linné), Syst. Nat., I, 1766, p. 130 ; Dresser, VI, p. 3, pl. 364, 365, 368 ; *orientalis* Tacz.
— Europe entière jusqu'en Laponie ; Afrique Nord (en hiver).

MILVUS *Cuvier* 1817

1. milvus (L.), Syst. Nat., I, 1766, p. 126 ; *ictinus* Savig., Ois. d'Égypte, 1810, p. 28 ; Dresser, V, p. 643, pl. 361 ; *regalis* Vieill., 1821 ; *vulgaris* Flem., 1828.
— Europe jusqu'à la Scandinavie, rare en Grande-Bretagne, en Finlande et dans l'Est ; Madère, Canaries, Afrique, Asie Mineure.

2. migrans (Bodd.), Pl. Enlum., 1783, p. 28 ; Dresser, V, p. 651, pl. 362 ; *ater*, Gmel., 1788, p. 262 ; *niger* Bp. (ex Briss.), 1838 ; *korschun* Sharpe, 1874 (nec Gmel.).
— Europe Sud et Centrale, accidentel dans le Nord, Afrique, Madagascar, Asie jusqu'à l'Afghanistan.

3. melanotis Temm. et Schleg., Faun. Jap. Aves, 1850, p. 14, pl. 5 et 5 *b* ; Dresser, IX, p. 277 ; *major*, Hume, 1870.
— Russie (gouvernement de Perm), Asie jusqu'en Sibérie, Corée et l'Inde (en hiver).

4. ægyptius (Gmel.), Syst. Nat., I, 1788, p. 261 ; Dresser, V, p. 657 ; *forskähli* Gmel., 1788 ; *parasiticus* Daud., 1800.
— Dalmatie, Grèce, Cyclades (accidentel) ; Afrique, Asie Mineure.

Genre ÉLANION

1. Elanus cœruleus (Desfont.)
ÉLANION BLAC
D. et G., I, p. 68.

Genre NAUCLER

1. Nauclerus furcatus (Linné)
NAUCLER MARTINET
D. et G., I, p. 70.

Genre GERFAUT

1. Hierofalco candicans (Gmel.)
GERFAUT BLANC
D. et G., I, p. 73.

2. Hierofalco islandicus (Briss.)
GERFAUT D'ISLANDE
D. et G., I, p. 74 (Race).

3. Hierofalco gyrfalco (Schleg.)
GERFAUT DE NORVÈGE
D. et G., I, p. 76.

ELANUS *Savigny* 1809

1. cæruleus (Desf.), Mém. Acad. Sc., 1787, p. 303,
pl. 15; Dresser, V, p. 663, pl. 363; *melanopterus*, Daudin, 1800.

France, Espagne,
Portugal, Grèce
(accidentel), plus
rare en Belgique,
Allemagne,
et jusqu'en Ir-
lande; Asie jus-
qu'en Birmanie.

|ELASAS *Heine* 1890.

1. furcatus (Linné); les ornithologistes modernes ne
font plus figurer cette espèce dans la faune
d'Europe.]

(Amérique :
poussé deux fois
par les tempêtes
sur les côtes
des Iles
Britanniques).

HIEROFALCO *Cuvier* 1817

1. candicans (Gmel.), Syst. Nat., I, 1788, p. 275;
Dresser, VI, p. 21, pl. 368, 369; *islandicus*
Lath., 1790, Ridgway (nec Gmel.); *holboelli*
Sharpe, 1873 et 1874.

Groënland,
étendant ses voya-
ges jusque
dans l'Europe
Nord-Ouest,
l'Amérique Nord
et même
l'Asie Nord.

2. islandicus (Gmel.), Syst. Nat., I, 1788, p. 271;
Dresser, VI, p. 25, pl. 370, 371; *rusticolus*,
Ridgw.

Islande et
Groenland Sud;
accidentel dans les
Iles Britanniques,
l'Europe
Continentale,
et l'Amérique
Nord-Est.

3. gyrfalco (Linné), Syst. Nat., I, 1766, p. 130;
Dresser, VI, p. 15, pl. 367.

Scandinavie Nord
et Laponie,
accidentel dans
l'Europe Centrale
et l'Angleterre;
Amérique Arc-
tique.

4. Falco sacer (Brisson)
FAUCON SACRÉ
D. et G., I, p. 79.

5. Espèce nouvelle
(pour l'Europe)
GERFAUT A PIEDS DE MILAN

Genre FAUCON

1. Falco lanarius Schleg. (nec L.) 1844
FAUCON LANIER
D. et G., I, p. 80.

2. Falco communis Gmel.
FAUCON COMMUN ou PÈLERIN
D. et G., I, p. 81.

3. Falco barbarus Linné
FAUCON DE BARBARIE
D. et G., I, p. 84.

4. **cherrug** (*Falco*) Gray, in Hardw., Ill. Ind. Zool., 1833-34, II, pl. 25 ; *sacer*, Gmel., Syst., Nat., I, 1788, p. 273 (nec Forster); Dresser, VI, p. 59, pl. 376; *lanarius*, Pallas, 1811 (nec Gmel., nec Schleg.) ; *cyanopus*, Thienem., 1846.

Europe Est et Sud-Est ; accidentel à l'Ouest (une fois en Scandinavie); Afrique Nord-Est; Asie jusqu'à l'Inde Nord et la Chine.

5. **milvipes** (*Falco*) Hodgs., in Gray, Zool. Misc., 1844, p. 81; Dresser, IX, p. 281, pl. 377 ; *hendersoni* Hume, 1871.

Très accidentel en Grèce ; Asie Mineure et Asie Centrale jusqu'en Mongolie.

Diffère de *H. sacer* par ses parties supérieures rousses barrées de brun foncé, la queue également barrée, et non tachetée. — Le *jeune* a les barres irrégulières et mal définies, celles de la queue plus ou moins imparfaites.

FALCO *Linné* 1766

1. **feldeggi** Schlegel, Abh. Geb. Zool., 1841, p. 3, pl. 10, 11 ; Dresser, VI, p. 51, pl. 375 ; *lanarius* Schlegel, Rev. Crit., 1844, p. 2 (nec Pall.); *erlangeri*, Kleinschm., 1901.

Europe Sud, accidentel plus au Nord ; Afrique Nord, Asie Mineure (rare).

2. **peregrinus** Tunstall, Orn. Brit., 1771, p. 1 ; Dresser, VI, p. 31, pl. 372; *communis* Gmel., 1788; *anatum*, Bp., 1838; *peregrinus britannicus* Erlanger; *p. caucasicus* Kleinschm. — Voyez l'Appendice.

Europe, de la Laponie à la Méditerranée, Iles Britanniques, Canaries ; Afrique ; Asie jusqu'au Japon ; Amérique, Antilles.

3. **barbarus** Linné, Syst. Nat., I, 1766, p. 125 ; Dresser, VI, p. 47, pl. 347 ; *pelegrinoïdes* Temm., 1824 ; *babylonicus* Gurney, 1861 ; *barbarus germanicus* Erlanger. — Voyez l'Appendice.

Accidentel au Nord de la Méditerranée ; Afrique Nord ; Asie jusqu'à l'Inde Nord-Ouest.

4. Falco punicus Levaill. jun.

Synonyme du FAUCON DE BARBARIE (part.)
D. et G., I, p. 84.

5. Falco subbuteo Linné

FAUCON HOBEREAU
D. et G., I, p. 85.

6. Falco eleonoræ Géné

FAUCON D'ÉLÉONORE
D. et G., I, p. 86.

7. Falco lithofalco Gmel.

FAUCON ÉMERILLON
D. et G., I, p. 91.

4. **punicus** Levaill. jun., Expl. Algérie Atlas, 1850,
pl. 1 ; *minor,* Dresser, VI, p. 43, pl. 373 (nec
Bp.); *brookei* Sharpe, 1873; *barbarus* (part.),
Degl. et Gerbe.

Très accidentel au Nord de la Méditerranée et en Asie Mineure ; Afrique Nord.

Diffère de *F. peregrinus* par sa taille moindre, le dessous d'une couleur plus vive, les pattes et les pieds plus grêles. — *Le jeune* ressemble à celui de *F. peregrinus,* mais le dessus est plus pâle et les rayures, sur les parties inférieures, sont plus étroites et plus nombreuses.

5. **subbuteo** Linné, Syst. Nat., I, 1766, p. 127 ;
Dresser, VI, p. 69, pl. 378, 379.

Europe jusqu'au 65° Nord (de passage en hiver), Iles Britanniques, Canaries ; Afrique ; Asie jusqu'au Japon.

6. **eleonoræ** Géné, Rev. Zool., 1839, p. 105 ; Dresser, VI, p. 103, pl. 383; *arcadicus* Linderm.,
1843 ; *dichrous* Ehrard, 1858.

Iles de la Méditerranée, plus rare dans le Sud de l'Europe Continentale ; Afrique, Madagascar, Syrie.

7. **æsalon** Tunstall, Orn. Brit., 1771, p. 1 ; Dresser,
VI, p. 83, pl. 380, 381 ; *regulus,* Pall., 1773;
lithofalco, Gmel., 1788; *merillus* Gerini, Sharpe,
1899 (1).

Europe, de l'Islande et de la Scandinavie à la Méditerranée ; Afrique Nord ; Asie jusqu'au Japon.

---

(1) *Falco concolor* Temm., signalé (dans Degland et Gerbe, I, p. 88) comme trouvé en Dalmatie et dans l'Archipel Grec, n'est plus admis comme européen par les ornithologistes modernes. Les captures signalées sont fondées sur quelque erreur. L'espèce est exclusivement africaine.

Sous-genre CRESSERELLE

1. Falco tinnunculus Linné

FAUCON CRESSERELLE
D. et G., I, p. 93.

2. Falco cenchris Naum.

FAUCON CRESSERINE
D. et G., I, p. 94.

Sous-genre KOBEZ

1. Falco vespertinus Linné

FAUCON KOBEZ
D. et G., I, p. 89.

Genre AUTOUR

1. Astur palumbarius (Linné)

AUTOUR ORDINAIRE
D. et G., I, p. 96.

(1)

(1) Sous-espèces nouvelles : *Astur gentilis arrigoni* Kleinschm. (Sardaigne); *A. g. wolterstoffi* Kleinschm. (Sardaigne). — Voyez l'APPENDICE.

TINNUNCULUS *Vieill.* 1807

1. tinnunculus Linné, Syst. Nat., 1766, I, p. 127; Dresser, VI, p. 113, pl. 384; *alaudarius* Gmel., 1788; *canariensis*, Kœnig, 1890.

Europe de la Laponie à la Méditerranée, Madère, Canaries, Açores; Afrique; Asie jusqu'au Japon.

2. cenchris Naum., Vög. Deutschl., I, 1822, p. 318, pl. 29; Dresser, VI, p. 125, pl. 385; *tinnunculoïdes*, Temm., 1822; *naumanni* Fleisch, Sharpe, 1874 et 1899.

Europe Sud, très accidentel dans les Iles Britanniques; Afrique; Asie jusqu'à la Chine.

ERYTHROPUS *Brehm* 1828

1. vespertinus Linné, Syst. Nat., 1766, I, p. 129; Dresser, VI, p. 93, pl. 382; *rufipes* Beseke, 1792.

Europe jusqu'en Suède et Russie Nord, plus rare dans l'Ouest (Angleterre, Irlande, Canaries); Afrique; Asie Mineure et Asie Centrale jusqu'au lac Baïkal.

ASTUR *Lacép.* 1800

1. palumbarius (Linné), Syst. Nat., I, 1766, p. 130; Dresser, V, p. 587, pl. 354; *gentilis* Linné, 1758 (aurait la priorité).

Europe, au Nord jusqu'à la limite des forêts, rare en Grande-Bretagne, Afrique (en hiver); Asie jusqu'au Japon.

2. Espèce nouvelle
(pour l'Europe)
AUTOUR AUX PIEDS COURTS

Genre ÉPERVIER

1. Accipiter nisus (Linné) et *A. major* Beck
ÉPERVIER ORDINAIRE
D. et G., I, p. 99 et 101.

Genre BUSARD

1. Circus æruginosus (Linné)
BUSARD HARPAYE OU DES MARAIS
D. et G., I, p. 105.

2. brevipes Severtz., Bull. Soc. Nat. Mosc., 1850,
t. XXXIII, p. 234, pl. 1-3 ; Dresser, V,
p. 633, pl. 359, 360 ; *gurneyi* Brec, 1863.

Dessus d'un gris ardoisé ; rémiges noirâtres à leur pointe ;
dessous des rectrices barré de noir ; côtés de la tête teintés
de roux ; menton blanc ; parties inférieures d'un roux vif
barré de blanc ; bec noir ; cire, pieds et iris jaune. Diffère
de l'espèce asiatique (*A. badius*) par sa taille plus forte et
sensiblement la même dans les deux sexes, par ses parties
inférieures plus largement et plus fortement barrées de
blanc, et tranchant sur un fond brun et non roux (chez
l'adulte).

*Europe Sud-Est,
Grèce,
Russie Sud,
Asie jusqu'à
la Perse
et le Turkestan.*

ACCIPITER *Brisson* 1760

1. nisus (Linné), Syst. Nat., I, 1766 ; Dresser, V,
p. 599, pl. 355, 356, 357, 358 ; *fringillarius*
Savig., 1809 ; *pallens*, Stejn., 1893 ; *granti*,
Sharpe, 1890 ; Var. *major*, Becker, 1815.

*Europe jusqu'au
cercle arctique ;
Afrique Nord
(en hiver) ;
Asie
jusqu'a l'Inde
et le Japon.*

CIRCUS *Lacép.* 1800

1. æruginosus (Linné), Syst. Nat., I, 1766, p. 130 ;
Dresser, V, p. 415, pl. 326, 327 ; *rufus* Gmel.,
1788 ; Naum.

*Europe
jusqu'en Suède
Sud, rare en
Norvège
et Finlande,
Grande-Bretagne ;
Afrique ; Asie
jusqu'au Japon
et à Ceylan ;
Philippines
(en hiver).*

2. Circus cyaneus (Linné)

BUSARD SAINT-MARTIN

D. et G., I, p. 107.

a. Sous-espèce nouvelle.

3. Circus cineraceus Montagu

BUSARD CENDRÉ OU DE MONTAGU

D. et G., I. p. 109.

4. Circus swainsoni Smith.

BUSARD DE SWAINSON

D. et G., I, p. 111.

2. cyaneus (Linné), Syst. Nat., I, 1766, p. 126;
Dresser, V, p. 431, pl. 329; *pygargus* Naum.
(ex Linné), nec Sharpe.

Europe,
de la Laponie
à la Méditerranée,
Iles Britanniques;
Afrique Nord;
Asie
jusqu'à l'Inde
et le Japon.

a. — unicolor, Radde, Orn. Caucas., 1884, p. 106,
pl. 3; *abdullæ*, Floericke, Orn. Monatsb., IV,
1896, p. 152, Sharpe, 1899.

Caucase.

Entièrement d'un gris foncé, tirant sur la couleur café,
notamment sur les parties inférieures. (Ce mélanisme in-
complet s'observe sur plusieurs espèces du genre *Circus*.)

3. cineraceus (Montagu), Orn. Dict., 1802, I, sheet
K, 3; Dresser, V, p. 423, pl. 328; *montagui*
Vieill., 1819; *pygargus*, Sharpe, 1874 et 1899
(nec Linn.).

Europe Sud,
Iles Britanniques
et Europe Nord
(en hiver),
accidentel
en Suède et
Finlande;
Afrique; Asie
jusqu'à la Chine.

4. swainsoni Smith, S. Afr. Quart. Journ., I, 1830;
Dresser, V, p. 441, pl. 330; ? *macrurus* (S. G.
Gmel.), N. Com. Petr., 1771, XV, p. 439;
Sharpe, 1874 et 1899; *pallidus* Sykes; Naum.

Europe Centrale
et Sud-Est,
accidentel
en Scandinavie
et Finlande;
Afrique
(en hiver);
Asie
jusqu'à la Chine.

Famille IV — STRIGIDÉS

Genre SURNIE

1. Surnia funerea (Linné) et *ulula* (L.)
.   SURNIE CAPARACOCH
        D. et G., I, p. 117.

a) **Sous-espèce** (américaine) non distinguée du type
        D. et G., I, p. 117.

Genre SURNIE (partim)

1. Surnia nyctea (Linné)
        SURNIE HARFANG
        D. et G., I, p. 118.

IV — STRIGIDÆ

SURNIA *Duméril* 1806

1. ulula (Linné), Syst. Nat., 1766, I, p. 133; Dresser, V, p. 301, pl. 311; *funerea* Dum., Zool. Anal. 1806, p. 34 (partim); *nisoria* Meyer, 1809.

Europe Nord et Asie jusqu'à la Laponie, le Kamtchatka; accidentel en Allemagne Nord; rare dans les Iles Britanniques.

a. — funerea (Linné), Syst .Nat., 1766, I, p. 133 (partim); Dresser, V, p. 309, pl. 312; *caparoch* Muller, 1766; Sharpe, 1874 et 1899; Ridgway.

Accidentel en Grande-Bretagne; représente le type dans l'Amérique Nord.

Diffère de *S. ulula* par ses teintes plus foncées et les barres des parties inférieures plus larges, plus foncées et teintées de marron.

NYCTEA *Stephens* 1826

1. nyctea L. et *scandiaca*, L., Syst. Nat., I, 1766, p. 132; Dresser, V, p. 287, pl. 309, 310; *nivea*, Thurn., 1798; *arctica*, Bartr.; *erminea* Steph., 1826; *scandiaca*, Dresser (loc. cit.).

Europe, Asie et Amérique Nord; de passage accidentel (en hiver) dans les Iles Britanniques, la France, l'Allemagne, et en Asie Centrale.

Genre SURNIE (partim)

1. Surnia passerina (Linné)
SURNIE CHEVÊCHETTE
D. et G., I, p. 120.
(1)

Genre CHEVÊCHE

1. Noctua minor (Briss.)
CHEVÊCHE COMMUNE
D. et G., I, p. 122.

a. Noctua persica (Vieill.), variété de la Chevêche
D. et G., I, p. 123.

Genre NYCTALE

1. Nyctale tengmalmi (Gmel.)
NYCTALE DE TENGMALM
D. et G., I, p. 125.

---

(1) Sous-espèce nouvelle : *Glaucidium passerinum setipes* Madarasz (Hongrie). — Voyez l'Ap-
PENDICE.

GLAUCIDIUM *Boie* 1826

1. **passerinum** (Linné), Syst. Nat., I, 1766, p. 133;
   Boie, Isis, 1826, p. 976; Dresser, V, p. 349,
   pl. 316; *arcadica* (*Strix*), Naum. ex Temm.

Europe
Nord et Centrale,
de la Laponie
à la Suisse,
à la Styrie,
au Caucase;
Asie Nord
jusqu'à
la Daourie.

ATHENE *Boie* 1822

1. **noctua** (Scop.), Ann. Hist. Nat., I, 1822; *passerina* Boie, Isis, 1822, p. 549; *noctua* Dresser,
   V, p. 357, pl. 317; *nudipes* Nills., 1817.

Europe
Continentale
jusqu'à
la Méditerranée,
accidentelle
en Suède
et en Angleterre,
Maroc.

a. — **glaux** (Savigny), Syst. Ois. Egypt., 1809, p. 45;
   Dresser, V, p. 367, pl. 318; *persica* Vieill.,
   1817; *meridionalis*, Risso, 1826.

Europe Sud
(Espagne, Grèce),
Afrique Nord
(Algérie, Égypte);
Asie Sud-Ouest
jusqu'à
l'Afghanistan.

NYCTALA *Brehm* 1828

1. **tengmalmi** (Gmel.), Syst. Nat., I, 1788, p. 291;
   Dresser, V, p. 319, pl. 313; *dasypus* Bechst.,
   1805; *richardsoni* Bp., 1838.

Scandinavie
et Russie Nord
jusqu'à la limite
des forêts;
au Sud jusqu'aux
Pyrénées,
les Alpes et les
Carpathes,
la Caspienne;
accidentel
en Angleterre;
Sibérie;
Amérique Nord.

Genre HULOTTE

1. **Syrnium aluco** (Linné)
HULOTTE CHAT-HUANT
D. et G., I, p. 127.

[Genre PTYNX Blyth.]

2. **Ptynx uralensis** (Pallas)
PTYNX DE L'OURAL
D. et G., I, p. 129.

Genre CHOUETTE

1. **Ulula lapponica** (Retzius)
CHOUETTE LAPONNE
D. et G., I, p. 131.

Genre EFFRAYE

1. **Strix flammea** (Linné)
EFFRAYE COMMUNE
D. et G., I, p. 133.

SYRNIUM *Savigny* 1809

Strix [partim] L., Dresser.

1. **aluco** et *stridula* (Linné), Syst. Nat., I, 1766,
   p. 132 et 153; Dresser, V, p. 271, pl. 306.

Europe entière,
plus rare
dans le Nord;
Afrique Nord;
Asie Ouest
(Kirghis).

2. **uralense** (Pallas), Reis. Russ. Reich., I, 1771,
   p. 445; Dresser, V. p. 277, pl. 307; *liturata*
   Tengm., 1793; *fuscescens* Temm. et Schleg.,
   1850.

Europe
Nord et Centrale,
de la Laponie
à la Styrie,
(accidentel);
Sibérie
jusqu'au Japon.

ULULA *Cuvier* 1817; *Lesson* 1831

Scotiaplex Swains., 1837; Sharpe, 1874.

1. **lapponica** Retzius, Faun. Suec., 1800, p. 79; Cuvier, Reg. Anim., 1817, I, p. 342; Dresser,
   V, p. 281, pl. 308; *barbata* Pall., 1811 (1).

Europe Nord,
Laponie,
Finlande,
Russie Nord;
accidentelle
en Allemagne;
Sibérie Nord.

STRIX *Linné* 1766

Aluco Fleming, 1822; Dresser; Sharpe.

1. **flammea** Linné, Syst. Nat., I, 1766, p. 133;
   Dresser, V, p. 237, pl. 302; *pratincola* Bp.,
   1838; *africana*, Bp., 1854.

Europe,
du Danemark
à la Méditerranée,
Açores, Canaries,
Madère; Asie
et Afrique
(sub-cosmopo-
lite).

---

(1) La *Strix cinerea* de Gmelin représente cette espéce dans l'Amérique
du Nord, et constitue une espéce distincte.

Genre HIBOU

1. Otus brachyotus (Gmel.)
HIBOU BRACHYOTE
D. et G., I, p. 137.

2. Espèce nouvelle
(pour l'Europe)
HIBOU DU CAP.

3. Otus vulgaris (Fleming.)
HIBOU VULGAIRE
D. et G., I. p. 138.

Otus ascalaphus (Savig.)
HIBOU ASCALAPHE
D. et G., I, p. 139.

ASIO *Brisson* 1760

Otus Cuvier, 1799.

1. **accipitrinus** (Pall.), Reis. Russ. Reich., 1771, p. 455; Dresser, V, p. 257, pl. 304; *brachyotus*, Forst., Phil. Trans., t. LXII, 1772, p. 384; Gmel., 1788.

Europe jusqu'au cercle arctique; Asie jusqu'au Japon; Afrique, Amérique (subcosmopolite).

2. **capensis** Smith, S.-Afr. Quart. Journ., 1835, sér. 2, II, p. 316; Dresser, V, p. 265, pl. 305; *nisuella* Daud.; Sharpe.

Accidentel en Espagne; Maroc, Algérie, toute l'Afrique.

Dessus brun teinté de chocolat et strié de brun pâle; rémiges d'un roux ocreux barrées de brun foncé, les plus internes terminées de blanc. Rectrices médianes brun foncé avec cinq bandes d'un fauve vif, les autres d'un fauve vif barrées de brun foncé et terminées de blanc. Touffes des oreilles petites; face blanc sale tiquetée de brun foncé, les plumes bordant les yeux noires; tour des disques brun foncé strié de roux ocreux. Dessous d'un brun pâle, tacheté et vermiculé de fauve clair et de blanc sale; abdomen en arrière, couvertures inférieures de la queue et pattes d'un fauve ocreux. Doigts presque nus; bec et pieds noirâtres; iris bleu-noir. Femelle semblable au mâle.

3. **otus** (Linné), Syst. Nat., I, 1766, p. 132; Dresser, V, p. 251, pl. 303; *vulgaris* Flem., 1828.

Europe jusqu'au 60° latitude Nord; accidentel aux Açores, Canaries et Afrique Nord; Asie jusqu'au Japon.

[Espèce africaine qui n'est plus considérée comme européenne. — A placer dans le genre *Bubo*.]

Afrique.

Genre GRAND-DUC

1. Bubo maximus (Flem.)
GRAND-DUC
D. et G., I, p. 141.

Genre PETIT-DUC

1. Scops aldrovandi (Willug.)
SCOPS D'ALDROVANDE
D. et G., I, p. 142.

BUBO *Cuvier* 1817

1. **bubo** (Linné), Syst. Nat., I, 1766, p. 131; *ignavus* Forst., 1817; Dresser, V, p. 339, pl. 315; *maximus* Flem., 1828.

Europe,
du cercle arctique
à la Méditerranée;
accidentel
en Angleterre;
à l'Est
jusqu'à l'Oural
et dans les
monts Himalaya;
rare dans
l'Afrique Nord.

SCOPS *Savigny* 1809

1. **scops** (Linné), Syst. Nat., I, 1766, p. 132; *giu* Scopoli, Ann. Nat. Hist., 1769, p. 19; Dresser, V, p. 329, pl. 314; *zorca* Gmel., Syst. Nat., I, 1788, p. 19; *aldrovandi* Flem., 1828.

Europe
Centrale et Sud,
plus rare
dans le Nord,
accidentel
en Angleterre;
Afrique Nord;
Asie
jusqu'à la Perse.

Ordre II — PASSEREAUX

(comprenant les *Grimpeurs*)

Famille V — PICIDÉS

Genre DRYOPIC

1. Dryopicus martius (Linné)
DRYOPIC NOIR
D. et G., I, p. 148.

Genre PIC

1. Picus major (Linné)
PIC ÉPEICHE
D. et G., I, p. 150.

(1)

---

(1) Sous-espèces nouvelles · *P. m. pinetorum* Brehm (Allemagne); *P. m. harterti* Arrigoni (Sardaigne); *parroti* Hart. (Corse); *hispanus* Schluter (Espagne); *thanneri* Le Roi (Grande Canarie); *brevirostris* Reich. (Russie). — Voyez l'APPENDICE.

II — PASSERES

V — PICIDÆ

PICUS *Linné* 1766 (1)

Dryocopus Boie, 1826.

1. **martius** (Linné), Syst. Nat., I, 1766, p. 173; Dresser, V, p. 3, pl. 274.

Europe,
de la Laponie
aux Pyrénées
et à la Sicile,
accidentel
en Espagne;
Asie
jusqu'au Japon.

DENDROCOPUS *Brehm* 1826

Picus p., Linné; Degland et Gerbe.
Dendrocopus et *Dendrocoptes* Sharpe, Hargitt.
Dryobates Boie, 1826.

1. **major** (Linné), Syst. Nat., I, 1766, p. 176; Dresser, V, p. 19, pl. 275; *purus* Stenj., 1884.

Europe,
du 70° latitude
Nord
à la Méditerranée.

(1) Dans le *Systema naturæ* la première espèce du genre en est le type; c'est pourquoi les ornithologistes modernes appliquent au genre actuel le nom de *Picus*, qui rend *Dryopicus* inutile. Cependant Hartert applique ce nom à notre genre *Gecinus*.

a. Sous-espèce nouvelle.

b. Sous-espèce nouvelle.

c. Sous-espèce nouvelle.

2. Espèce nouvelle,
PIC DE POELZAM.

3. Picus leuconotus (Bechst.)
PIC LEUCONOTE
D. et G., I, p. 151.

a. Sous-espèce nouvelle.

a. — **canariensis** Koenig, J. f. Orn., 1890, p. 351.   Canaries.

Parties inférieures d'un roux terne plus foncé que le type. Le bec est plus grêle, la taille moindre.

b. — **anglicus** Hartert, Nov. Zool., VII, 1900, p. 528.   Iles Britanniques.

Plus petit que le type, dessous d'un roux obscur plus foncé que le type.

c. — **cissa** Pallas, Zoogr. Ross.-Asiat., 1831, I, p. 412.   Russie Nord-Est et Sibérie.

Dessous d'un blanc pur; le blanc des rectrices latérales plus étendu que le type, les bandes noires étant plus étroites.

2. poelzami (Bogd.), Trans. Soc. Kazan, 1879, p. 121; Dresser, IX, p. 255, pl. 688; Radde, 1884.   Massif du Caucase.

Plus petit que *D. major*, le bec plus grêle, les parties inférieures d'un brun foncé tirant sur la teinte chocolat, le blanc des couvertures internes de l'aile moins étendu. La *femelle*, plus petite que le mâle, n'a pas la bande occipitale cramoisie.

3. leuconotus (Bechst.), Naturg. Deutschl., II, 1805, p. 1034, pl. 25; Dresser, V, p. 39, pl. 279.   Europe Nord et Centrale jusqu'à l'Italie, la Corse, la Turquie et la Russie Sud.

a. — **cirris** Pallas, Zoog. Ross.-Asiat., 1811, I, p. 410, 412 (confondu avec *uralensis* Malherbe; V. l'Appendice).   Russie Nord et Sibérie.

Semblable au type, mais le blanc du dos plus étendu que dans le type.

b. Sous-espèce nouvelle,

PIC DE LILFORD

4. Picus medius (Linné)

PIC MAR

D. et G., I, p. 152.

a. Sous-espèce nouvelle.

5. Picus minor (Linné)

PIC ÉPEICHETTE

D. et G., I, p. 153.

(1)

a. Sous-espèce nouvelle.

(1) Sous-espèces nouvelles : *P. minor hortorum* Brehm (Europe moyenne); *comminutus* Hartert (Europe Sud); *burturlini* Hartert (France Sud et Italie); *colchicus* Buturlin (Caucase Nord). — Voyez l'APPENDICE.

b. — **lilfordi** Sharpe et Dresser, Ann. and Mag. Nat. Hist., 1871, VIII, p. 436; Dresser, V, p. 45, pl. 280.

Dalmatie, Bosnie, Grèce, Turquie, Iles Ioniennes; accidentel jusqu'à Ancône et Gênes; Asie Mineure (Taurus).

Diffère de *D. leuconotus* par le bas du dos barré de noir; le rouge des parties inférieures est plus riche et plus foncé. La *femelle* a le sommet de la tête noir (et non rouge comme le mâle).

4. medius (Linné), Syst. Nat., I, 1766, p. 176; Dresser, V, p. 47, pl. 281 (type du genre *Dendrocoptes* Cab. et Heine, 1863, adopté par Hargitt et Sharpe).

Europe Centrale Ouest et Est, de la Suède Sud à la Méditerranée, la Russie Sud et le Caucase.

a. — **sancti-johannis** Blanford, Ibis, 1873, p. 226; Dresser, IX, p. 257; Radde, Orn. Cauc., p. 313, pl. 19, fig. 3.

Europe Sud-Est, Caucase, Asie Mineure, Perse.

Diffère du type par ses parties inférieures plus richement teintées de jaune et de rouge, et plus fortement rayées de noir; sommet de la tête d'un rouge brillant; les deux rectrices latérales ont les barres blanches plus étroites, les barres noires plus larges et plus marquées. La *femelle* est seulement moins brillamment colorée.

5. minor (Linné), Syst. Nat., I, 1766, p. 176; Dresser, V, p. 53, pl. 282.

Europe, de la Laponie à la Méditerranée; Açores; Algérie; Asie Ouest.

a. — **quadrifasciatus** (Radde), Orn. Cauc., 1884, p. 315, pl. 19, fig. 5.

Russie Sud, Caucase (mais non sur le versant Nord?).

Plus petit que le type; l'aile fermée ne porte que quatre bandes blanches (au lieu de cinq). *Femelle* sans rouge sur le sommet de la tête.

b. Sous-espèce nouvelle.

c. Sous-espèce nouvelle.

Genre PICOIDE

1. Picoïdes tridactylus (Linné)
PICOIDE TRIDACTYLE
D. et G , I, p. 154.
(1)

---

(1) Sous-espèces nouvelles : *Picoïdes t. crissoleucus* Reich (Russie); *P. t. alpinus* Brehm (Alpes, Carpathes). — Voyez l'Appendice

b. — pipra (Pallas), Zoog. R.-As., 1811, I, p. 414;
Dresser, V, p. 65, pl. 283; *kamtchatkensis*
Bp., 1854; *immaculatus*, Stenj., 1884.

Monts Oural
Nord, Sibérie
jusqu'au
Kamtchatka.

Diffère du type par les parties blanches moins étendues;
le dos n'est pas régulièrement barré, mais ne présente que
des indications irrégulières de barres; les rectrices sont
beaucoup moins faiblement barrées; les parties inférieures
sont d'un blanc pur, avec quelques faibles indications de
stries noires sur les côtés de la poitrine.

c. — danfordi (Hargitt), Ibis, 1883, p. 172; Dresser,
IX, p. 259, pl. 689, fig. 2.

Caucase Nord,
Asie Mineure.

Diffère du type en ce que les branches latérales de la
bande malaire noire passent en se recourbant derrière la
région auriculaire et se rejoignent sur l'occiput; les parties
inférieures sont plus foncées et un peu moins nettement
barrées.

PICOIDES *Lacép.* (1799) 1801

1. tridactylus (Linné), Syst. Nat., 1766, I, p. 177;
Dresser, V, p. 69, pl. 284 (1).

Europe Nord et
Centrale,
et montagnes
du Sud;
accidentel
en Danemark;
manque plus
à l'Ouest.

---

(1) Arrigoni (in *Atlante Ornith.*, 1902, p. 81), propose le nom de *P.
trid. alpinus* pour les spécimens des montagnes de Suisse et d'Italie qui
ont le dessous d'un blanc moins pur, ou sale, et les flancs avec un plus
grand nombre de stries noires.

a. **Sous-espèce nouvelle.**

Genre GÉCINE

1. Gecinus viridis (Linné)
PIC-VERT
D. et G., 1, p. 156.

(1)

2. Espèce nouvelle,
PIC-VERT DE SHARPE

3. Gecinus canus (Gmel.)
GÉCINE CENDRÉ
D. et G., 1, p. 157.

(1) Sous-espèces nouvelles : *Gecinus v. pinctorum* Brehm (Allemagne, France); *G. v. pluvius* Hartert (Angleterre); *promus* Hart. (Italie). — Voyez l'APPENDICE.

a. — **septentrionalis** Brehm, Vög. Deutschl., 1831,
p. 195.

    *Europe
sub-arctique,
Norvège.*

Diffère du type par la plus grande étendue du blanc dans son plumage ; les flancs présentent moins de stries noires (passe au *P. Irid. crissoleucus* Bp., 1854, de Sibérie qui se montrerait dès la Laponie).

GECINUS *Boie* 1831

Picus (L.) Hartert, 1912.

1. viridis (Linné), Syst. Nat., 1766, I, p. 175 ;
Dresser, V, p. 77, pl. 285 ; *karelini* Brandt,
1842 ; *saundersi*, Tacz., 1878.

    *Europe entière
(sauf
le Sud-Ouest);
pas en Finlande ;
rare en Écosse
et très rare
en Irlande ;
Asie Mineure
jusqu'à la Perse.*

2. sharpei Saunders, P. Z. S., 1872, p. 153 ; Dresser,
V, p. 89, pl. 286 (sous-espèce pour Hartert).

    *Espagne
et Portugal
jusqu'à la chaîne
de Guadarrama.*

Diffère du précédent par les côtés de la face d'un gris ardoisé, n'ayant qu'une tache noire dans la région des lores ; la bande malaire écarlate sans bordure noire. — La *femelle* a la bande malaire noire et les *jeunes* ont les côtés de la face gris.

3. canus (Gmel.), Syst. Nat., 1788, I, p. 134 ; Dresser, V, p. 95, pl. 288.

    *Europe,
de la Scandinavie
et la Laponie,
au Sud où il est
plus rare
(Espagne),
Caucase, Asie
jusqu'au Japon.*

Genre TORCOL

1. Yunx torquilla (Linné)
TORCOL VULGAIRE
D. et G., I, p. 159.
(1)

Famille VI — CUCULIDÉS

Genre COUCOU

1. Cuculus canorus Linné
COUCOU GRIS
D. et G., I, p. 161.
(2)

Genre OXYLOPHE

Oxylophus Swains. 1837.

1. Oxylophus glandarius (Linné)
OXYLOPHE GEAI
D. et G., I, p. 472.

---

(1) Sous-espèce nouvelle : *Yunx t. tchusii* Kleinschm. (Italie. Corse. Sardaigne). — Voyez l'APPENDICE.

(2) *Cuculus c. kleinschmidti* Schiebel (Corse); *minor* Brehm (Espagne, Algérie). — Voyez l'APPENDICE.

YUNX *Linné* 1766

Jynx Auct.

1. **torquilla** (Linné), Syst. Nat., 1766, I, p. 172 ; Dresser, V, p. 103, pl. 289.

Europe jusqu'au 63° latitude Nord (pas en Laponie); Afrique (en hiver); Asie jusqu'au Japon.

VI — CUCULIDÆ

CUCULUS *Linné* 1766

1. **canorus** Linné, Syst. Nat., 1766, I, p. 168 ; Dresser, V, p. 199, pl. 299 ; *hepaticus* Sparrm., 1789.

Europe jusque près du cercle arctique ; Canaries ; Madère, Afrique ; Asie jusqu'au Japon et aux Philippines.

COCCYSTES *Gloger* 1832

Clamator Kaup, 1829.

1. **glandarius** (Linné), Syst. Nat., 1766, I, p. 167 ; Dresser, V, p. 219, pl. 300.

Europe Sud-Ouest et Sud, rare à l'Est ; accidentel dans l'Europe Centrale et l'Angleterre ; Afrique ; Asie Ouest jusqu'à la Perse.

Genre COULICOU

1. Coccyzus americanus (Linné)
COULICOU AMÉRICAIN
D. et G., I, p. 166.

2. Espèce nouvelle
(pour l'Europe).

Famille VII — CORACIADIDÉS

Genre ROLLIER

1. Coracias garrula Linné
ROLLIER ORDINAIRE
D. et G., I, p. 169.

COCCYZUS *Vieillot* 1816

1. americanus (Linné), Syst. Nat., 1766, I, p. 170; Dresser, V, p. 227; pl. 301, fig. 2.

Espèce américaine très accidentelle en Europe (Angleterre, Islande, Belgique, France, Italie).

2. erythrophthalmus (Wilson), Ann. Orn., 1811, p. 16, pl. 28, fig. 2; Dresser, V, p. 231, IV, pl. 301, fig. 1.

Espèce américaine prise une fois en Irlande et une fois en Italie.

Dessus, avec la queue, d'un vert olivâtre métallique, le devant de la tête d'un gris ardoisé; ailes d'une teinte cuivrée faible, les rémiges faiblement teintées de cannelle; rectrices médianes portant une bande subterminale d'un brun foncé et étroitement terminées de blanc. Dessous blanc, la poitrine d'un fauve jaunâtre, les côtés du cou et de la gorge gris; dessous de la queue d'un gris blanchâtre. Bec noir avec la base de la mandibule inférieure bleue. Pieds d'un gris plombé clair; iris brun; tour des yeux nu et d'un rouge vermillon. Longueur de l'aile : 14 centimètres et demi. Les sexes sont semblables.

VII — CORACIADIDÆ

CORACIAS *Linné* 1766

1. garrulus Linné, Syst. Nat., 1766, I, p. 159; Dresser, V, p. 141, pl. 293.

Europe jusqu'au 60° latitude Nord; accidentel en Angleterre et en Écosse; Afrique; (en hiver); Asie Ouest et Centrale.

2. Espèce nouvelle
(pour l'Europe)
ROLLIER INDIEN

(1)

Famille VIII — MÉROPIDÉS

Genre GUÉPIER

1. Merops apiaster Linné
GUÉPIER VULGAIRE
D. et G , I, p. 172.

(1) Cette espèce, admise comme accidentelle en l'Europe par Dresser (*loc. cit.*), n'est mentionnée que comme asiatique par Hartert (*Pal. Vög.*, II, 1912, p. 874).

2. indicus Linné, Syst. Nat., 1766, I, p. 159; Dresser, V, p. 149, pl. 294; *bengalensis* L., 1766.

Face et menton roux clair; sommet de la tête et nuque d'un riche bleu-vert; côtés et derrière du cou d'un vineux foncé. Scapulaires et une grande partie des rémiges secondaires d'un brun verdâtre; croupion bleu-vert; couvertures caudales supérieures bleu d'outremer. Rémiges d'un bleu-vert pâle, les primaires avec une bande centrale d'outremer terminées de bleu noirâtre, les secondaires avec leur portion terminale d'un riche outremer; les couvertures bleu-vert, les petites outremer. Rectrices médianes vert foncé, les autres bleu d'outremer avec la base et la pointe bleu pâle. Poitrine et gorge d'un pourpre vineux rayé de flave crémeux, le bas de la gorge roux clair; le reste du dessous vert-bleu. Bec noir avec la base de la mandibule inférieure rougeâtre. Pattes d'un jaune orangé foncé; peau de l'orbite et paupière orangées. Aile : 18 centimètres. Les sexes sont semblables.

Espèce asiatique très accidentelle en Turquie (un spécimen en Angleterre ?)

VIII – MEROPIDÆ

MEROPS *Linné* 1766

1. apiaster Linné, Syst. Nat., 1766, I, p. 182; Dresser, V, p. 155, pl. 295.

Europe Sud, plus rare dans le Centre, accidentel en Scandinavie et Iles Britanniques; Canaries, Madère; Afrique; Asie jusqu'à l'Irtisch.

2. Merops ægyptius Forsk.
GUÉPIER D'ÉGYPTE
D. et G., I, p. 173.

Famille IX — ALCÉDINIDÉS

Genre MARTIN-PÊCHEUR

1. Alcedo hispida Linné
MARTIN-PÊCHEUR VULGAIRE
D. et G., I, p. 175.

Genre CÉRYLE

1. Ceryle rudis (Linné)
CÉRYLE PIE
D. et G., I, p. 177.

2. Ceryle alcyon (L.)
CÉRYLE ALCYON
D. et G., I, p. 178.

2. persicus Pall., Reis. Russ. Reichs., II, Anhang, 1773, p. 708; Dresser, V, p. 165, pl. 296; *ægyptius* Forsk., 1775; *savignyi* Audouin, 1825.

Accidentel au Nord de la Méditerranée (Sicile, Italie, bords de la Caspienne); Afrique; Asie jusqu'à l'Inde.

IX — ALCEDINIDÆ

ALCEDO *Linné* 1766

1. hispida Linné, Syst. Nat., 1766, I, p. 179, Dresser, V, p. 113, pl. 290.

Europe, au Nord jusqu'à Gefle en Suède (mais non en Finlande), Madère, Canaries; Afrique Nord; Asie.

CERYLE *Boie* 1828

1. rudis (Linné), Syst. Nat., 1766, I, p. 181; Dresser, V, p. 125, pl. 291.

Grèce et les Cyclades (rare); Asie Mineure jusqu'au Golfe Persique; Afrique

[Espèce américaine dont on a signalé deux captures en Irlande, mais qui n'est plus admise comme européenne.]

[Amérique Nord].

Genre NOUVEAU
(pour l'Europe)

1. Espèce nouvelle
(pour l'Europe)
HALCYON DE SMYRNE

Famille X — CERTHIIDÉS

Genre SITTELLE

1. Sitta europæa Linné
SITTELLE D'EUROPE
D. et G., I, p. 181.

a. Sous-espèce nouvelle.

HALCYON *Swainson* 1820

1. smyrnensis (Linné), Syst. Nat., 1766, I, p. 181 ; Dresser, V, p. 133, pl, 292 ; *fusca* Bodd., 1783.

Tête, cou et côtés des parties inférieures d'un roux marron, le milieu de la gorge et de la poitrine blanc pur ; manteau et couvertures de l'aile et de la queue d'un bleu cobalt à reflets verts. Base des rémiges primaires blanche, le reste noir avec les barbes externes bleues. Bec et pattes rouges. Taille un peu supérieure à celle du précédent. Les sexes semblables.

Espèce asiatique s'égarant jusque dans le Caucase Russe (Lenkoran) ; vu (une fois) mais non capturé, sur le Rhin (Ems) ; Ile de Chypre ; Asie jusqu'à la Chine.

X — CERTHIIDÆ

SITTA *Linné* 1766 (1)

1. europæa Linné, Syst. Nat., 1766, p. 177 ; Dresser, III, p. 169, pl. 118.

Europe Nord. Scandinavie, Russie Nord, Danemark insulaire.

a. — homeyeri Hartert (ex Seebohm), Ibis, 1892, p. 364.

Russie Orientale, Prusse, Pologne.

Semblable au type, mais les parties inférieures plus fortement lavées de jaune d'ocre. Le mâle adulte (qui a ces parties entièrement blanches chez le type) les a ici d'un flave crémeux, et la femelle les a d'un roux foncé jusque près de la région céphalique.

---

(1) Les ornithologistes modernes rapprochent ce genre et les deux suivants des mésanges (*Paridæ*).

b. Sitta cæsia Meyer et Wolf

SITTELLE TORCHEPOT

D. et G., I, p. 182.

c. Sous-espèce nouvelle.

d. Sous-espèce nouvelle.

2. Espèce nouvelle
(pour l'Europe)
SITTELLE DE WITEHEAD

b. — **cæsia** Meyer et Wolf, Taschenb. Deuts. Vogelk., 1870, I, p. 128; Dresser, III, p. 175, pl. 119.

> Europe Centrale, du Jutland à la Méditerranée et (à l'Est) à la Roumanie.

c. — **britannica** Hartert, Nov. Zool., 1900, p. 526; Lilford, Col. Fig. Brit. Birds, II, pl. 51.

> Angleterre et Écosse (pas en Irlande).

Semblable à *S. e. cæsia*, mais le brun châtain des flancs moins foncé, le dessous du corps plus clair ou même très pâle, le bec plus grêle, plus pointu, l'arête plus haute et plus tranchante.

d. — **caucasica** Reichenow, Orn. Monats., 1901, p. 53.

> Caucase Nord (Terek).

Semblable à *S. e. cæsia*, mais le bec plus court de 2 à 3 millimètres, à pointe très émoussée; une raie blanche plus ou moins marquée allant du front aux yeux; le dessous plus foncé.

2. |**canadensis**| (1) **witeheadi** Sharpe, Proc. Zool. Soc. Lond., 1884, p. 233, 414, pl. 36; Dresser, IX, pl. 662 (considérée comme *espèce* par ces deux naturalistes).

> Corse (sédentaire dans les plus hautes montagnes).

Sommet de la tête, nuque et une ligne passant sur les oreilles d'un noir profond; une raie sourcilière, les côtés de la tête et les parties inférieures blancs; manteau et rectrices médianes d'un bleu ardoisé pâle, ces dernières avec une bande subterminale noire; les latérales noires avec l'extrémité blanche; rémiges noirâtres bordées en dehors de bleu ardoisé. Bec noirâtre, bleu clair à sa base; pieds plom-

---

(1) La présence d'une sous-espèce de la *S. canadensis* (Linné), qui habite l'Amérique du Nord, dans l'île de Corse, peut sembler étrange, mais on connaît d'autres exemples d'échange (ou mieux de *disjonction*) entre les deux continents. Une autre sous-espèce (*S. canadensis villosa*, Verr.), habite l'Asie nord-est, et d'autres espèces asiatiques se rattachent au même type.

3. Sitta syriaca Temm. (ex Ehrenberg, m. s.)
SITTELLE SYRIAQUE
D. et G., I, p. 183.

Genre GRIMPEREAU

1. Certhia familiaris Linné
GRIMPEREAU FAMILIER
D. et G., I, p. 186.

a. Sous-espèce nouvelle.

bés; iris brun. Taille inférieure à celle de *S. cæsia*. La femelle est plus sombre et a le sommet de la tête gris ardoisé teinté de noir.

3. neumayeri Michahelles, Isis, 1830, p. 814; Dresser, III, p. 183, pl. 120; *rupestris* Temm., 1835; *rufescens*, Gould, 1837; *saxatilis* Schinz, 1840.

Europe Sud-Ouest, Dalmatie, Croatie, Grèce; Asie Mineure.

(La sous-espèce, à laquelle on conserve le nom de *S. n. syriaca* Temm., 1835, et qui remplace le type dans le Turkestan et la Perse, est seulement plus forte et à teintes plus pâles que ce type.)

CERTHIA *Linné* 1766

1. familiaris Linné, Syst. Nat., 1766, I, p. 184; Dresser, III, p. 195, pl. 122; *scandulaca* Pallas, 1827; *fam. candida*, Hartert, 1887.

Europe Nord et Est, jusque dans l'Allemagne Nord-Ouest (à l'Est de l'Oder), et de là dans les Carpathes, en Russie jusqu'au Caucase; Asie Septentrionale.

a. — macrodactyla Brehm, Handb. Nat. Deutschl., 1831, p. 208; ? *nattereri* Bp., 1838; *costæ* Bailly, 1847; *rhenana* Kleinschm., 1900.

Europe Ouest (Allemagne à l'Ouest de l'Oder), Belgique, France, Alpes, Autriche, Herzégovine, Italie Nord (jusqu'aux Apennins).

Diffère du type par son manteau de couleur plus foncée et la couleur également plus foncée de la base des plumes; par la moindre extension et l'apparence obsolète de la tache médiane des plumes, particulièrement sur le milieu du dos.

b. Sous-espèce nouvelle.

c. Sous-espèce nouvelle.

2. Certhia brachydactyla Brehm

GRIMPEREAU BRACHYDACTYLE
D. et G., I, p. 187.

a. Sous-espèce nouvelle.

b. — britannica Ridgway, Proc. U. S. Nat. Mus.,
V, 1882, p. 113.

Grande Bretagne, Ile de Man, Irlande.

Semblable à *C. f. macrodactyla,* mais les couvertures caudales d'un roux rouge plus vif, et tout le dessus plus roux chez les spécimens frais. Le bec notablement plus long (13,5 à 17 millimètres). Sur le dessous de l'aile, pas de tache foncée en avant de la première rémige, ou seulement des indications de cette tache; la quatrième rémige portant toujours une grande tache rousse.

c. — corsa Hartert, Vög. Palæarct. Fauna, I, 1905,
p. 320.

Corse, dans les forêts de montagnes.

Semblable à *C. f. macrodactyla,* mais un peu plus forte, le bec plus long et les raies blanches du dessus plus longues et plus nettement circonscrites. Ongle du doigt postérieur comme chez le type; la quatrième rémige avec une grande tache rousse, et le dessous de l'aile portant, en avant de la première, l'indication d'une tache foncée.

2. brachydactyla Brehm, Beitr. z. Vögelk., 1820,
I, p. 570; *longirostris, megarhynchos, paradoxa,*
etc., Brehm, 1831-1856.

Allemagne, Hollande, France, Suisse (dans les parties basses), Autriche.

a. — ultramontana Hartert, Vög. Palæarct. Fauna,
I, 1905, p. 324.

Europe au Sud des grandes chaînes de montagnes; Italie, Espagne, Dalmatie Sud, Grèce.

Diffère du type par ses parties supérieures d'un brun plus foncé. Par suite, le bord d'un brun foncé des plumes manque du liseré blanchâtre habituel. Les couvertures caudales supérieures sont d'un roux-brun (couleur tabac). Le dessous est d'un flave crémeux (et non d'un blanc bleuâtre comme chez le type). Les flancs et le ventre sont lavés de gris-brun plus foncé. La quatrième rémige est marquée d'une tache rousse, quelquefois obsolète, plus rarement absente.

Genre TICHODROME

1. Tichodroma muraria (Linné)
TICHODROME ÉCHELETTE
D. et G., 1, p. 190.

Famille XI — UPUPIDÉS

Genre HUPPE

1. Upupa epops Linné
HUPPE VULGAIRE
D. et G., 1, p. 193.

Famille XII — CORVIDÉS

Genre CORBEAU

1. Corvus corax Linné
CORBEAU ORDINAIRE ou GRAND CORBEAU
D. et G., 1, p. 196.

TICHODROMA *Illiger* 1811

1. muraria Linné, Syst. Nat., 1766, I, p. 184; Dresser, III, p. 207, pl. 123.	Europe Centrale et Sud (dans les régions montagneuses); accidentel en Grande-Bretagne; de passage dans la France Ouest.

XI — UPUPIDÆ

UPUPA *Linné* 1766

1. epops Linné, Syst. Nat., 1766, I, p. 183; Dresser, V, p. 179, pl. 298.	Europe Centrale et Sud, s'étendant jusqu'en Scandinavie, Angleterre, Irlande (même au Spitzberg); Afrique Nord, Asie jusqu'au Japon.

XII — CORVIDÆ

CORVUS *Linné* 1766

1. corax Linné, Syst. Nat., 1766, I, p. 155; Dresser, IV, p. 567, pl. 262, fig. 3; 265, fig. 1.	Europe entière, Asie jusqu'au Thibet; Amérique Nord jusqu'au Mexique.

a. Corvus leucophæus Vieill.
CORBEAU LEUCOPHÉL.
D. et G., I, p. 197.

b. Sous-espèce nouvelle.

c. Sous-espèce nouvelle.

a. — **varius** Brünnich, Orn. Bor., 1764, p. 8 ; *leuco-phæus* Vieill., 1817 ; *leucomelas* Wagler, 1827 ; *ferroensis* Schleg., 1858 ; *corax varius* Hart. et Kleinschm., Nov. Zool.,.1901, p. 44, fig.

Iles Feroë (où *C. corax* ne se trouve pas); Groënland (?)

Semblable au type, mais atteint d'un albinisme partiel qui se montre d'ordinaire sur la tête, le dessus du corps, les ailes et la queue, la peau étant aussi moins pigmentée sur ces points. Longueur de l'aile : 44 centimètres (1).

b. — **hispanus** Hartert et Kleinschm., Nov. Zool., 1901, p. 45.

Espagne (Aguilas près Murcie).

Se distingue du type par son bec gros, élevé, recourbé vers la pointe, ses plumes lancéolées, surtout celles recouvrant le talon, sa taille en général moindre, surtout ses ailes plus courtes, ne dépassant pas 43 centimètres. — Forme la transition entre *C. c. corax* et *C. c. tingitanus*.

c. — **sardus** Kleinschm., Orn. Monats., 1903, p. 92 ; *tingitanus* (part.), Irby.

Sardaigne (et autres îles de la Méditerranée).

Voisin de la sous-espèce précédente par la forme de son bec élevé, comprimé, mais l'aile est plus longue. Forme la transition au *C. c. tingitanus*, du Maroc, à bec très court (2).

---

(1) Deux autres sous-espèces ont été récemment décrites . 1° *C. corax islandicus* Hantsch, *Orn. Monats., Ber.*, 1906, XIV, p. 130 (dos d'un noir-bleu profond, rémiges tertiaires plus pâles, presque blanches), d'Islande ; et 2° *C. cor. valachus* Tschusi, *Orn. Jahrbuch*, 1903, XV, p. 121, de Valachie, forme orientale du *C. corax* (identique au *C. balcanicus* Usakov).

(2) C'est cette sous-espèce africaine qui est représentée, sous le nom de *C. leptonyx*, par Dresser, IV, pl. 262, fig. 4 à 6. Il n'y a pas de Corbeau à Madère, mais *C. c. tingitanus* peut s'y égarer. S'il était prouvé que *C. leptonyx* (Peale, U. S. Expl. Exp., VIII, 1848, p. 105) de Madère est identique à *C. tingitanus*, le premier de ces noms aurait la priorité.

d. Sous-espèce nouvelle.

.   .

2. Corvus corone Linné
CORBEAU CORNEILLE
D. et G., I, p. 198.

3. Corvux cornix Linné
CORBEAU MANTELÉ
D. et G., I, p. 200.

a. Sous-espèce nouvelle.
(1)

4. Corvus frugilegus Linné
CORBEAU FREUX
D. et G., I, p. 201.

____

(1) Sous-espèce nouvelle · *Corvus cornix christophi* Alphéraky (région de la mer d'Azow, Russie Sud). — Voyez l'APPENDICE.

d. — canariensis Hart. et Kleins., Nov. Zool., 1901, p. 45; *leptonix* (part.) Dresser, IV, p. 563 (nec pl. 262).

Iles Canaries Occidentales (Palma).

Forme du bec comme celle du type d'Europe centrale, mais cet organe est plus petit, et toutes les proportions de l'oiseau sont moindres ; aile : 39 à 41 centimètres.

2. corone Linné, Syst. Nat., 1766, I, p. 155; Dresser, IV, p. 531, pl. 262, fig. 2, 263, fig. 1.

Europe, de la Grande-Bretagne et du Danemark à la Méditerranée, plus rare à l'Est et en Suède; Asie jusqu'à la Chine.

3. cornix Linné, Syst. Nat., 1766, I, p. 156; Dresser, IV, p. 543, pl. 263, fig. 2.

Europe Nord et Est (principalement) ; Irlande, Grande-Bretagne Nord ; Feroe ; accidentel en Islande, Asie ; Égypte.

a. — sardonius Kleinschm., Orn. Monats., 1903, p. 92.

Sardaigne et Corse.

Plus petit que le type, et le gris des parties supérieures et inférieures ayant un léger reflet brun clair.

4. frugilegus Linné, Syst. Nat., Ed. X, 1758, p. 105; 1766, p. 156; Dresser, IV, p. 551, pl. 264 (type du genre ou sous-genre *Trypanocorax* Kaup, nec Vieillot).

Europe, du 60° latitude Nord (en été), à la Méditerranée (en hiver); Afrique Nord; Asie jusqu'au Punjaub.

[Genre CORBEAU (part.) D. et G.]

1. Corvus monedula Linné
CORBEAU CHOUCAS
D. et G., I, p. 202.

a. Sous-espèce nouvelle.

b. Sous-espèce nouvelle.

COLÆUS *Kaup* 1829

Lycos Boie (nom préoccupé).

1. monedula Linné, Syst. Nat., Éd. X, 1758, p. 106 ; 1766, p. 156 ; Dresser, IV, p. 523, pl. 261 ; *septentrionalis*, Brehm.

Europe Nord, Scandinavie jusqu'au 63°,5 latitude Nord.

a. — spermologus Vieill., Nouv. Dict. Hist. Nat., VIII, 1817, p. 40 ; *turrium*, Brehm, 1831 ; *arborea* Brehm, 1831.

Semblable au type du Nord, mais le plumage du jeune est plus foncé, particulièrement sur les parties inférieures ; exceptionnellement une tache blanche sur les côtés du cou.

Europe Occidentale, des Iles Britanniques à l'Espagne (Gibraltar), et à l'Est, les Alpes, l'Italie, la Sardaigne, l'Autriche-Hongrie, Malte ; les Canaries et l'Afrique Nord.

b. — collaris Drummond, Ann. and Mag. Nat. Hist., XVIII, 1846, p. 11.

Diffère de *C. m. spermologus* par ses parties inférieures plus claires (comme chez le type de Suède), et de celui-ci par une tache blanche plus ou moins développée, en forme de demi-collier, près du pli de l'aile. — Cette tache n'existe pas chez la forme occidentale, est à peine indiquée chez le type scandinave, est rarement indiquée chez les spécimens d'Allemagne, mais est bien marquée chez ceux de l'Allemagne orientale et des régions plus à l'est.

Russie entière, Macédoine, Bulgarie, Serbie, Grèce, Caucase ; Asie jusqu'à l'Inde.

Genres CHOCARD et CRAVE

1. Pyrrhocorax alpinus Vieill.
CHOCARD DES ALPES
D. et G., I, p. 204.

2. Coracia gracula (Linné)
CRAVE ORDINAIRE
D. et G., I, p. 205.

Genre CASSE-NOIX

1. Nucifraga caryocatactes (Linné)
CASSE-NOIX VULGAIRE
D. et G., I, p. 207.

PYRRHOCORAX *Vieill.* 1816

Graculus Koch ; *Coracia* Vieill. ; *Fregilus* Cuv.

1. **pyrrhocorax** (Linné), Syst. Nat., 1766, I, p. 158 ;
alpinus Vieill., 1816 ; Dresser, IV, p. 445,
pl. 251, fig. 2.

Europe Sud
(dans
les montagnes),
de l'Espagne
à l'Oural Sud ;
accidentel
en Angleterre ;
Asie
jusqu'au Bhoutan.

2. **graculus** (Linné), Syst. Nat., 1766, I, p. 158 ;
eremita L., loc. cit., p. 159 ; *graculus* Dresser,
IV, p. 437, pl. 251, fig. 1.

Europe Occi-
dentale et Sud,
Angleterre,
France, Espagne,
Suisse, Italie,
Sicile, Grèce,
Monts Oural ;
Canaries ;
Afrique Nord ;
Asie
jusqu'à la Chine.

NUCIFRAGA *Brisson* 1760

1. **caryocatactes** (Linné), Syst. Nat., 1766, I, p. 157 ;
Dresser, IV, p. 451, pl. 252 ; Var. *brachyrhyn-
cha* Brehm ; Degland et Gerbe, I, p. 209.

Europe
Nord et Moyenne
(dans les régions
forestières) ; rare
en Scandinavie,
accidentel
en Angleterre,
en Espagne ;
Russie
Occidentale.

---

a. Sous-espèce nouvelle.

(1)

Genre PIE

1. Pica caudata (Linné)
PIE ORDINAIRE
D. et G., I, p. 211.

a. Sous-espèce nouvelle.

Genre PIE (part.)

1. Pica cyanea (Pall.)
PIE BLEUE
D. et G., I, p. 213.

---

(1) Sous-espèce nouvelle : *Nucifraga caryocatactes relicta* Donner. -- Voyez l'APPENDICE.

a. — **macrorhynchus** Brehm, Lehrb. Naturg. Europ.
Vögel, I, 1823, p. 103.

Se distingue du type par son bec plus long, plus grêle et très pointu et par le blanc de l'extrémité de la queue plus étendu (ayant de 2^{cm},5 à 3^{cm},25 au lieu de 1^{cm},5 à 2 centimètres et rarement 2^{cm},5 chez le type).

Sibérie jusqu'à la Corée; s'avance (en hiver) à l'Ouest jusqu'en Allemagne, Suède, Danemark, France, Angleterre.

PICA *Brisson* 1760

1. **Pica** (Linné), Syst. Nat., 1766, I, p. 157; *rustica* Scopoli, Ann. Hist. Nat., 1769, p. 38; Dresser, IV, p. 509, pl. 260, fig. 2.

Europe entière, de la Norvège à la Méditerranée (mais non l'Espagne); Asie Mineure jusqu'à la Perse.

a. — **melanotos** Brehm, Journ. f. Ornith., 1858, p. 174.

Semblable au type, mais le dos tout entier et le croupion uniformément noirs, ou avec une faible indication d'une bande claire sur le croupion. (Le croupion est blanc chez le type du nord de l'Europe.)

Espagne et Portugal.

CYANOPICA *Bonap.* (1838) 1850
Cyanopolius Bp. (1).

1. **(cyanea) cooki** Bonap., Proc. Zool. Soc. Lond., 1850, p. 86; Dresser, IV, p. 503, pl. 259 (2).

Ne diffère que par la taille et l'étendue de la tache blanche terminale des rectrices, du type asiatique; elle est plus petite que celui-ci et la tache blanche est moins étendue. Le dos est plus foncé.

Espagne Moyenne et Sud, Portugal; accidentel dans la France Sud-Ouest.

---

(1) D'après Bonaparte lui-même, *Cyanopica* (déjà indiqué dans Bourjot Saint-Hilaire, t. III, pl. 58 [1838,] des *Oiseaux d'Afrique*) aurait la priorité sur *Cyanopolius* Bp., 1849.

(2) Le type de cette sous-espèce (*C. cyanea cyanea*, Pallas, *Reis. Russ. Reich.*, III, 1776, p. 694), est de Sibérie (Daourie) et du Japon. — Cette espèce présente donc un exemple typique de disjonction.

Genre GEAI

1. Garrulus glandarius (Linné)
GEAI ORDINAIRE
D. et G., I, p. 215.

a. Sous-espèce nouvelle.

b. Sous-espèce nouvelle.

c. Sous-espèce nouvelle.

GARRULUS *Brisson* 1760

1. glandarius (Linné), Syst. Nat., Ed. X, 1758, p. 106; 1766, p. 156; Dresser, IV, p. 481, pl. 25 {.

Europe Continentale, du 64° latitude Nord à la Méditerranée, à l'Est jusqu'à l'Oural.

a. — rufitergum Hartert, Vög. der Palæarct. Fauna, 1903, I, p. 30.

Grande-Bretagne et Irlande.

Parties supérieures presque uniformément d'un rouge vineux, le brun-rouge clair du dos non lavé de gris de fer, et, par suite, ne différant pas de la partie postérieure du cou, le devant de la poitrine presque toujours sans teinte ombrée. Dessous plus clair.

b. — kleinschmidti Hartert, Vög. Pal. Fauna, 1903, I, p. 30.

Espagne Sud (Sierra-Nevada).

Bec notablement plus gros, la mandibule supérieure un peu recourbée, la base du crochet terminal renflée et d'un gris de fer foncé, le sommet de la tête très large mais rétréci en arrière. Ailes courtes : mâle, 180-181 millimètres; femelle, 175 millimètres.

c. — ichnusæ Kleinschm., Ornit. Monatsb., 1903, p. 92; *gl. sardus*, Tchusi, 1903.

Sardaigne.

Plus petit que le type du Continent, le bec surtout plus faible; devant de la tête blanchâtre mais moins que chez le type. Nuque et derrière du cou rougeâtre, mais le dos passablement grisâtre, lavé seulement très faiblement de rouge vineux, comme sur les spécimens du nord. Dessous médiocrement clair, sensiblement de la teinte du dessus, mais beaucoup moins grisâtre. Devant de la poitrine lavé de gris cendré ou ardoisé. Milieu du ventre blanc. Aile (sur 5 spécimens) : 170-181 millimètres.

d. Sous-espèce nouvelle.

e. Garrulus krynicki (Kal.)
GEAI DE KRYNICK
D. et G., I, p. 216.

Genre MESANGEAI

1. Perisoreus infaustus (Linné)
MESANGEAI IMITATEUR
D. et G., I, p. 218.

d. — caspius Seebohm, Ibis, 1883, p. 8.

Russie Sud-Est
(Lenkoran sur la
mer Caspiennne).

D'un rouge vineux intense (comme le *G. gl. hyrcanus* de Perse), avec les taches noires sur le dessus et le derrière de la tête très confluentes ; plus grand que l'*hyrcanus*. Aile . 180-185 millimètres.

e. – krynicki Kaleniczenko, Bull. Soc. Nat. Moscou, XII, 1839, p. 319, pl. 9 ; Dresser, IV, p. 495, pl. 256, fig. 1 et 257 ; *atricapillus anatoliæ* Seebohm, 1883.

Caucase
(Georgievsk),
Crimée,
Turquie Est ;
Asie Mineure.

Devant de la tête d'un blanc grisâtre, chaque plume portant une tache noire qui se prolonge presque jusqu'à l'extrémité de la plume ; la région des oreilles, les côtés de la face et le cou d'un rouge vineux ; la nuque et le dos grisâtres, lavés de roux vers le croupion. Aile : 186-205 millimètres. La huppe, très fournie et longue, semble entièrement noire.

PERISOREUS *Bonap.* 1838

Cractes Bilberg (1828) Ridgway, 1904.

1. infaustus (Linné), Syst. Nat., 1766, I, p. 138 ; Dresser, IV, p. 471, pl. 253.

Scandinavie
Nord, Laponie,
accidentel
en Danemark et
Allemagne Nord ;
Asie
jusqu'à l'Amour.

Famille XIII — LANIIDÉS

Genre PIE-GRIÈCHE

1. Lanius excubitor Linné
PIE-GRIÈCHE GRISE
D. et G., 1, p. 221.

a. Sous-espèce nouvelle.

b. Lanius meridionalis Temm.
PIE-GRIÈCHE MÉRIDIONALE
D. et G., 1, p. 223.

c. Sous-espèce nouvelle.

XIII — LANIIDÆ

LANIUS *Linné* 1766

1. excubitor Linné, Syst. Nat., 1766, I, p. 135 ;
Dresser, III, p. 375, pl. 145.

Europe
Nord et Centrale
jusqu'aux
Pyrénées,
aux Alpes et
à la Hongrie.

a. — homeyeri Cabanis, Journ. f. Ornith., 1873, p. 75.

Diffère du type du nord par ses couvertures caudales plus
claires (gris blanchâtre au lieu de gris) et par deux grands
miroirs blancs sur l'aile. Taille un peu plus forte (112 à
120 millimètres au lieu de 110 à 116 millimètres).

Europe Sud-Est,
Roumanie,
Bulgarie, Russie
(Volga, Crimée);
Asie
Occidentale ;
accidentel
en Allemagne
Sud-Est.

b.   meridionalis Temm., Man. d'Orn., Ed. II,
1820, I, p. 143, Pl. Col., 143; Dresser, III,
pl. 147, p. 387.

France Sud-Est
et Sud-Ouest ;
Espagne,
Portugal.

c.   kœnigi Hartert, Nov. Zool., 1901, p. 309 ; *fallax*
Dresser, IX, p. 163 (nec Finsch).

Canaries.

Semblable à la sous-espèce algérienne (*L. e. algeriensis*),
ayant comme elle le dessus d'un gris de fer foncé, mais plus
petite (Aile : 99 à 105 millimètres, au lieu de 104-112 millimètres). Bec, relativement à sa taille, plus long, plus gros,
à crochet plus fort. Une raie blanche, plus ou moins développée, passant sur l'œil (1).

(1) Le véritable *L. fallax* (Heuglin) et Finsch, 1872, d'Afrique nord-est
et de Perse, est rapporté par Hartert (Vög. Pal., p. 430), à *L. exc. aucheri*,
Bonap., 1853.

2. Lanius minor Gmel.
PIE-GRIÈCHE D'ITALIE
D. et G., 1, p. 224.

3. Lanius rufus Gmel.
PIE-GRIÈCHE ROUSSE
D. et G., I, p. 225.

a. Sous-espèce nouvelle.

4. Lanius nubicus Licht.
PIE-GRIÈCHE MASQUÉE
D. et G., I, p. 227.

5. Lanius collurio Linné
PIE-GRIÈCHE ÉCORCHEUR
D. et G., I, p. 228.

2. minor Gm., Syst. Nat., 1788, I, p. 308; Dresser, III, p. 393, pl. 149; *italicus*, Lath., 1790; Bonap., 1853.	Europe Sud-Est et Centrale (accidentelle jusqu'en Angleterre), Italie, France Centrale et Sud; Corse, Sardaigne, Hongrie, Russie Sud; Sibérie; Afrique (en hiver).
3. senator Linné, Syst. Nat., Ed. X, 1758, p. 94; Hartert, Vög. Palæarct., 1907, p. 434; *auriculatus* Müller, 1776; Dresser, III, p. 407, pl. 151; *rufus*, Gm., Syst. Nat., I, 1788, p. 302, et Auct. Rec.	Europe Sud, de l'Espagne à la Grèce; Italie, France, Europe Centrale et Sud-Est jusqu'au Caucase.
a. — badius Hartlaub, Journ. f. Ornith., 1854, p. 100; 1906, pl. II, fig. 4 (rouge de la tête peu exact).	Corse et Sardaigne; émigre en hiver dans l'Afrique Ouest.

Diffère du type par l'absence du miroir blanc sur l'aile. Le bec est plus fort. Le rouge-brun de la tête, chez le mâle âgé, en plumage nouveau, est très foncé, mais devient très clair en été. La bande blanche du croupion parait plus étroite; cette partie et le dessous du corps sont d'un roux-jaune plus foncé. Aile (plus longue que chez le type) : 98 à 104 millimètres.

4. nubicus Licht., Verz. Doubl., 1823, p. 47; Dresser, III, p. 417, pl. 153; *personatus* Temm., 1824.	Europe Sud-Est, (Grèce), Asie Mineure, Afrique Nord-Est.
5. collurio Linné, Syst. Nat., 1766, I, p. 136; Dresser, III, p. 399, pl. 150.	Europe Nord (Scandinavie), Europe Centrale (rare au Sud-Ouest); Asie Ouest; Afrique (en hiver).

a. Sous-espèce nouvelle.

(1)

6. Espèce nouvelle
(pour l'Europe)
PIE-GRIÈCHE ISABELLINE

Genre TÉLÉPHONE

1. Telephonus tschagra Le Vaill.
TÉLÉPHONE TSCHAGRA
D. et G., I, p. 230.

---

(1) Sous-espèce nouvelle : *Lanius collurio jourdaini* Parrot (Corse). — Voyez l'APPENDICE.

a. — **kobylini** Buturlin, Ibis, 1906, p. 416 ; *collurio* Var. « *fuscatus* » Sarudny, 1903 (nec Lesson).

Diffère du type en ce que le rouge-brun châtain du croupion est moins étendu ou seulement indiqué (la distinction de cette forme reste douteuse, les spécimens d'Europe, en été, présentant souvent cette particularité).

Caucase Sud, Perse, Arabie Sud, Grèce?

6. (cristatus) isabellinus Hempr. et Ehrenb., Symb. Phys., fol. *e*, 1828, Anm. ; *? phœnicurus* Pallas, 1776 ; *speculigerus* Tacz., 1874.

Diffère du *L. crist. phœnicuroïdes* Severz., du Turkestan et de la Perse (avec lequel on l'a souvent confondu) par les caractères suivants : le sommet de la tête n'est pas rouge-brun, mais sensiblement de la couleur du dos, c'est-à-dire d'un gris-brun isabelle plus pâle ; la queue est d'un rouge brun ; les ailes brunes bordées de fauve ; les lores ne sont noires qu'en avant des yeux et au-dessous, et les plumes de cette région ont plus ou moins l'extrémité blanche. Les parties inférieures sont d'un roux isabelle, ainsi que la gorge ; le ventre blanc sale ; la poitrine passe au jaune crème. Le miroir blanc de l'aile est obsolète ou est à peine indiqué. (La figure de Dresser, III, pl. 152, représente le *phœnicuroïdes* et non la présente sous-espèce.) — Le type (*L. cristatus* Linné) est de l'Inde.

Asie, du Turkestan, à la Mongolie (un individu pris à Héligoland en 1854); Afrique Nord-Est.

TELEPHONUS *Swains.* 1837

1. (senegalus) cucullatus Temm., Man. d'Orn., 2ᵉ éd., 1840, IV, p. 600 ; *erythropterus* (nec Shaw), Dresser, III, p. 423, pl. 154 ; *tschagra* Schlegel, 1844 (1).

Afrique Nord (Algérie, Maroc), ? Espagne.

---

(1) La capture de cette espèce en Espagne et « dans l'ouest de la France, notamment en Bretagne » (Degland et Gerbe), est mise en doute par les ornithologistes modernes. — Le type (*T. senegalus* [L.]) est du Sénégal.

Genre ÉTOURNEAU

1. Sturnus vulgaris Linné
ÉTOURNEAU VULGAIRE
D. et G., I, p. 232.

a. Sous-espèce nouvelle.

b. Sous-espèce nouvelle.

STURNUS *Linné* 1766

1. **vulgaris** Linné, Syst. Nat., Ed. X, 1758, p. 167 ;
Dresser, IV, p. 405, pl. 246, 247 ; *sophiæ*
Bianchi.

Europe,
de la
Norvège Nord
à la Méditerranée
(dans l'Ouest) ;
émigre
jusqu'à Madère
et les Cararies.

a. — **granti** Hartert, Vög. Palæarct. Fauna, I, 1903,
p. 43.

Archipel
des Açores.

Semblable au type de l'Europe moyenne, mais la première rémige encore plus réduite, n'ayant que 10 à 13 millimètres de long (soit 2 millimètres de moins). Le bec est
moins large, souvent plus court, dans son ensemble plus
petit. Les pattes sont plus courtes. La tête et la gorge sont
vertes, sans reflets pourprés. Le dos présente des reflets
pourprés comme chez le type.

b. — **faroensis** Feilden, Zoologist, 1872, p. 3257.

Iles Feroë.

Bien distinct par ses caractères : plus grand que le type ;
la première rémige rudimentaire plus longue et plus large ;
ailes et queue un peu plus longues. Tête et gorge vertes,
rarement à reflets pourprés. Dessus du corps en général plus
foncé et plus obscur que chez le type. Aile : 134 à 136 millimètres ; première rémige : 16 à 20 millimètres (au lieu de
12 à 14 chez le type). Bec : 25 à 30 millimètres. — Les
jeunes sont plus foncés et davantage d'un brun grisâtre, la
gorge moins blanche, le dessous faiblement rayé de blanc,
très différents de l'adulte.

c. **Sous-espèce nouvelle.**

2. Sturnus unicolor La Marmora (var. A)
ÉTOURNEAU UNICOLORE
D. et G., I, p. 234.

Genre MARTIN

1. Pastor roseus (Linné)
MARTIN ROSELIN
D. et G., I, p. 235.

c. — purpurascens Gould, P. Z. S., 1868, p. 219;
Dresser, IV, p. 419, pl. 249.

Europe Sud-Est, Péninsule des Balkans, Dobrudscha, Caucase; Chypre, Asie Mineure jusqu'à l'Inde Nord-Ouest.

Diffère du type par ses couvertures alaires, ses scapulaires et son croupion d'un pourpré brillant; la poitrine bronzée, l'abdomen et les flancs pourprés ou d'un pourpré bronzé. Couvertures inférieures de l'aile noirâtres avec une bordure rose clair. — *St. v. menzbieri* Tacz et *caucasius* Lorenz n'en diffèrent que par les nuances du plumage (1).

2. unicolor Temm., Man. d'Orn., 1820, p. 133;
Dresser, IV, p. 415, pl. 248.

Europe Sud (Espagne, Portugal; rare en France Sud; Corse, Sardaigne, Sicile, Italie. Malte); Afrique Nord (mais non en Asie).

PASTOR *Temminck* 1815

1. roseus Linné, Syst. Nat., Ed. X, 1758, p. 170;
1766, I, p. 294; Dresser, IV, p. 423, pl. 250.

Europe Sud, rare ou accidentel en Grande-Bretagne, Scandinavie, dans l'Europe Centrale et Ouest; plus commun dans l'Est; Asie Mineure et Centrale; accidentel en Afrique Nord.

(1) Buturlin (*Ornith. Jahrb.*, XV, 1904, p. 205-213), distingue encore, aux dépens de *Sturnus vulgaris*, les formes suivantes : *St. tauricus* (Crimée), *St. saturnini* (Caucase), *loudoni* (Russie est), *balcanicus* (Péninsule de Balkans), *jitkowi* (Russie Trans-Volga), etc., toutes plus ou moins voisines de *St. purpurascens*.

Famille XIV — FRINGILLIDÉS

Genre MOINEAU

1. Passer domesticus (Linné)
MOINEAU DOMESTIQUE
D. et G., I, p. 241.

2. Passer italiæ (Vieill.) [var. A]
MOINEAU CISALPIN
D. et G., I, p. 242.

3. Passer hispaniolensis (Temm.) [var. B]
MOINEAU ESPAGNOL
D. et G., I, p. 244.

a. Sous-espèce nouvelle.

XV — FRINGILLIDÆ

PASSER *Brisson* 1760

Fringilla L., 1766.

1. domesticus (Linné), Syst. Nat., Ed. X, 1758, p. 183; Dresser, III, p. 587, pl. 176, fig. 1.	Europe entière (moins l'Italie); Sibérie et Daourie, Maroc.
2. italiae (Vieill.), Nouv. Dict. H. Nat., XII, 1817, p. 199; Dresser III, p. 585, pl. 176, fig. 2; *cisalpina* Temm., 1820.	Italie (à partir du versant Sud des Alpes), France Sud-Est (Nice), Corse, Sicile (de passage jusqu'à Lyon, en automne).
3. hispaniolensis Temm., Man. d'Ornith., 1820, p. 353; Dresser, III, p. 593, pl. 177, *salicicola*, Vieill., 1828.	Espagne, Grèce, Turquie, Bulgarie, France Sud-Est (?), Canaries; Afrique Nord; Asie Mineure.
a. — arrigoni Tschusi, Orn. Jahrb., 1903, p. 8.	Corse et Sardaigne (? accidentel en France Sud-Est).

Semblable au type, mais un peu plus petit; aile : 75 à 78 millimètres (au lieu de 76-82 millimètres chez le type d'Espagne).

b. Sous-espèce nouvelle.

c. Sous-espèce nouvelle.

4. Passer montanus (Linné)
MOINEAU FRIQUET
D. et G., I, p. 246.

Genre PASSER (partim)

1. Passer petronia (Linné)
MOINEAU SOULCIE
D. et G., I, p. 247.

b. — **maltæ** Hartert, Nov. Zool., 1902, p. 332.   Malte et Sicile.

Semblable au type, mais les flammèches des flancs très espacées ou manquant complétement. Aile plus courte (caractère non constant), environ 74 à 79 millimètres. — Les individus sans flammèches peuvent être confondus avec *P. italiæ*.

c. — **brutius** Fiore, Mater. Avifauna Calabra, 1890,   Italie Sud-Est,
      p. 28, 29.   Calabre, Tarente.

Les flammèches des flancs font complétement défaut. (Cette forme a besoin d'être comparée de nouveau à la forme *maltæ*, et pourrait être considérée comme résultant d'un croisement entre *P. italiæ* et *P. hispaniolensis* [Hartert].)

4. **montanus** (Linné), Syst. Nat., Ed. X, 1758, I,   Europe entière,
      p. 183; 1766, p. 324; Dresser, III, p. 597,   du 68° 30' latitude
      pl. 178.   Nord
                                 à la Méditerranée
                                 (manque en
                                 Portugal,
                                 dans les îles
                                 de la Méditerranée
                                 et en Afrique);
                                 Asie Nord
                                 jusqu'au Japon.

PETRONIA *Kaup* 1829

1. **petronia** (Linné), Syst. Nat., 1766, I, p. 322;   Europe
      stulta, Gmel., 1788; Dresser, III, p. 607,   Centrale et Sud
      pl. 180, fig. 2.   (de l'Allemagne
                                   Moyenne
                                   à l'Espagne,
                                 la Grèce
                                 et Smyrne)

a. Sous-espèce nouvelle.

b. Sous-espèce nouvelle.
(1)

Genre BOUVREUIL

1. Pyrrhula coccinea Sélys.
BOUVREUIL PONCEAU
D. et G., I, p. 251.

a. Pyrrhula vulgaris Temm.
BOUVREUIL VULGAIRE
D. et G., I, p. 250.

---

(1) Sous-espèce nouvelle : *Petronia p. exiguus* Hellmayr (bords du Don et Caucase Nord).
— Voyez l'APPENDICE.

a. — **madeirensis** Erlanger, Journ. f. Ornith., 1899,
p. 482, pl. 13; *idæ* Floericke, 1902.

Madère
et les Canaries.

Dessus plus foncé que chez le type du Continent; les taches pâles des côtés du dos moins claires, d'un brun tirant
sur la teinte sépia; le sommet de la tête et le croupion sont
particulièrement foncés; le dessous plus terne, d'un gris
brunâtre. Aile : 90 à 97^{mm}5 (plus courte que chez le type).

b. — **hellmayri** Arrigoni, Avicula, VI, 1902, p. 104.

Corse
et Sardaigne.

Diffère du type du Continent par ses parties supérieures
un peu plus foncées, d'un brun olivâtre et grisâtre (moins
rougeâtre), avec les mèches blanchâtres moins marquées.
L'aile varie de 92 à 98 millimètres.

PYRRHULA *Brisson* 1760

1. pyrrhula (Linné), Syst. Nat., Ed. X, 1758, p. 171;
1766, p. 300; *major* Brehm, 1831; Dresser,
IV, p. 97, pl. 198; *coccinea* Sélys, 1842.

Europe Nord .
Scandinavie,
Allemagne Nord,
Russie, Sibérie
Ouest; émigre (en
hiver) dans
l'Europe Centrale
et Occidentale :.
Angleterre Est,
France, plus rare
en Italie, Grèce,
Asie Mineure.

a. europæa Vieill., Nouv. Dict. Hist. Nat., IV, 1816,
p. 286; Dresser, IV, p. 101, pl. 199; *vulgaris*
Temm., 1820 (1).

Europe
Centrale et Ouest
jusqu'à
l'Italie Nord,
le Portugal Nord;
Angleterre;
rare en Ecosse;
Hebrides,
Orcades, et
Shetlands.

___

(1) Macgillivray distingue, sous le nom de *P. pileata*, le Bouvreuil de
la Grande-Bretagne (Voyez : Hartert, *Bull. Orn. Club*, XXI, 1907, p. 107).

b. Sous-espèce nouvelle.

c. Sous-espèce nouvelle.

Genre ERYTHROSPIZE

1. Erythrospiza githaginea (Temm.)
ÉRYTHROSPIZE GITHAGINI.
D. et G., I, p. 252.

a. Sous-espèce nouvelle.

b. — murina Godman, Ibis, 1866, p. 97, pl. 3.

Açores
(San Miguel).

Semblable à la femelle de *Pyrrh. europæa* (par son ventre gris). Le bec est plus long et plus fort. Les parties supérieures sont lavées de brun orangé terne et le croupion n'est pas blanc, mais de la couleur du dos. Les parties inférieures sont d'un brun cendré teinté de brun orangé. La *femelle* est plus petite, moins teintée de brun orangé, surtout sur les parties inférieures qui sont plus grises et plus pâles que chez le mâle. Aile (du mâle) : 88 à 90^{mm},5.

c. — rossicowi Derjugin, Ann. Mus. Zool. Pétersb., V, 1900, p. 285.

Accidentel
au Nord
du Caucase ;
Transcaucasie
et Transcaspie.

Diffère du *P. p.* typique par ses parties inférieures d'une teinte moins rose et plutôt rouge brique (ou terre cuite) chez le mâle, et le bec un peu plus épais.

ERYTHROSPIZA *Bonap.* 1838

1. githaginea (Licht.), Verz. Doubl. Mus. Berl., 1823, p. 24 ; Dresser, IV, p. 85, pl. 196 ; *payraudæi*, Audouin, 1825.

Accidentel dans
l'Europe Sud ·
Malte, Italie,
Grèce, France
Sud ; Afrique
Nord, d'Algérie
à l'Égypte.

a. — amantum Hartert, Vög. Palæarct. Fauna, I, 1903, p. 89.

Iles Canaries
(Fuerta-
ventura, etc.).

Se distingue du type d'Afrique Nord par son bec plus renflé et plus massif, ses parties supérieures plus foncées, brunâtres et, paraît-il, par ses teintes roses plus vives (ce qui ne se voit bien que sur l'oiseau frais). Taille un peu moindre ; aile : 83 à 87 millimètres.

Genre ROSELIN

1. Carpodacus rubicilla (Guldenst.)

ROSELIN RUBICILLE
D. et G., I, p. 254.

2. Carpodacus roseus (Pallas)

ROSELIN ROSE
D. et G., I, p. 257.

3. Carpodacus erythrinus (Pallas)

ROSELIN CRAMOISI
D. et G., I, p. 254.

Genre DUR-BEC

1. Corythus enucleator (Linné)

DUR-BEC VULGAIRE
D. et G., I, p. 258.

CARPODACUS *Kaup* 1829

1. rubicilla (Güldenst.), Nov. Comm. St-Pétersb., XIX, 1775, p. 463, pl. 12 ; Dresser, IV, p. 69, pl. 193 ; *caucasicus* Pall., 1811 (*Cocco-thraustes*).

Caucase (dans les hautes montagnes).

2. roseus (Pallas), Reis. Russ. Reich., 1776, III, p. 699 ; Naum., IV, p. 418, pl. 113, fig. 3.

Espèce asiatique très accidentelle (en hiver) en Hongrie (d'autres captures se rapportent à l'espèce suivante).

3. erythrinus (Pallas), Nov. Comm. Acad. Saint-Pétersb., XIV, 1770, p. 587, pl. 23, fig. 1 ; Dresser, IV, p. 75, pl. 195.

Europe Nord-Est et Est; accidentel dans l'Ouest et le Sud et en Grande-Bretagne; Asie jusqu'au Kamchatka, Chine et Inde (en hiver).

PINICOLA *Vieill.* 1807

Corythus Cuv. 1817

1. enucleator (Linné), Syst. Nat., Ed. X, 1758, p. 171 ; Dresser, IV, p. 111, pl. 201.

Europe Nord (Scandinavie, Russie); émigre (en hiver) dans l'Europe Centrale et Méridionale, rare en Angleterre.

Genre BEC-CROISÉ

1. Loxia curvirostra Linné
BEC-CROISÉ ORDINAIRE
D. et G., I, p. 261.

a. Sous-espèce nouvelle.

b. Sous-espèce nouvelle.

c. Sous-espèce nouvelle.

LOXIA *Brisson* 1760

1. curvirostra (Linné), Syst. Nat., Ed. X, 1758,
p. 171; Dresser, IV, p. 127, pl. 203; *rubri-
fasciata* Bp. et Schleg., Mon. Lox., 1850,
pl. 5; Dresser, IX, p. 208, pl. 679.

Europe entière,
de la Laponie
à la Corse,
la Grèce
et la Russie;
Asie
jusqu'au Japon.

a. — hispana Hartert, Vög. Palæarct. Fauna, 1904,
p. 119, p. 116, fig. 27.

Espagne
(Aguilas près
Murcie).

Semblable au type, mais bien distinct par son bec plus
allongé et plus grêle.

b. — anglica Hartert, Vög. Pal. Fauna, 1904, p. 119.

Angleterre
et Irlande.

Semblable au type, mais la couleur rouge du plumage
atténuée (avec plus de gris et moins d'orangé); le bec plus
court et plus épais.

c. — scotica Hartert, Vög. Pal. Fauna, 1904, p. 119;
p. 116, fig. 24.

Écosse, émigre
en hiver
en Angleterre.

Semblable à *L. c. anglica* par sa couleur terne, mais le bec
très fort, à mandibule supérieure très haute, l'inférieure plus
courte, à crochet faiblement croisé, se rapprochant de la
forme de *L. pityopsittacus*. Aile un peu plus longue : 100 à
104 millimètres.

d. Sous-espèce nouvelle.

e. Loxia pityopsittacus Bechst.
BEC-CROISÉ PERROQUET
D. et G., I, p. 263.

2. Loxia bifasciata (Brehm)
BEC-CROISÉ BIFASCIÉ.
D. et G., I, p. 264.

d. — balearica Homeyer, Journ. f. Orn., 1862, p. 256.

Iles Baléares, Majorque.

D'après Homeyer, le bec se rapproche de celui de *L. pityopsittacus,* étant « très long et crochu, la mandibule inférieure courte et épaisse ». Mais, d'après Hartert, les mesures prises sur les deux types contredisent cette assertion. S'ils diffèrent du type du Continent, ils se rapprochent plutôt de *L. c. poliogyna* d'Algérie, avec un bec un peu plus long et des ailes plus courtes. La femelle et le jeune présentent une coloration nettement grise.

e. — pityopsittacus Bechst., Orn. Taschenb., 1802, p. 106 ; Dresser, IV, p. 121, pl. 202 ; Hartert, Vög. Pal., 1904, p. 116, fig. 23.

Europe Nord. Scandinavie, Russie Nord. Pologne (émigre en automne et en hiver dans les Alpes et le Sud de l'Europe).

Ne diffère de *L. curvirostra* que par son bec fortement renflé (bec de perroquet), et, comme il existe plusieurs formes intermédiaires (notamment *L. c. scotica*), celle-ci est considérée par les ornithologistes modernes comme une simple sous-espèce de *L. curvirostra* (voyez Hartert, *loc. cit.,* p. 116, fig. 23 à 27).

2. (leucoptera) bifasciata Brehm, Ornis, III, 1827, p. 85 ; Dresser, IV, p. 141, pl. 205 ; *tænioptera* Gloger, 1827.

Europe Nord, Scandinavie, Laponie (zone des forêts), émigre en hiver vers le Sud de l'Europe jusqu'aux Iles Britanniques, l'Italie la Hongrie.

Considéré aujourd'hui comme une sous-espèce de *L. leucoptera* Gmel., 1788, qui habite l'Amérique du Nord et qui s'est répandu par le Kamtchatka et la Sibérie jusqu'en Laponie (espèce circumpolaire).

a. Sous-espèce nouvelle.

Genre GROS-BEC

1. Coccothraustes vulgaris Vieill.
GROS-BEC VULGAIRE
D. et G., I, p. 266.

Genre VERDIER

1. Ligurinus chloris (Linné)
VERDIER ORDINAIRE
D. et G., I, p. 269.

a. Sous-espèce nouvelle.

a. — **elegans** Homeyer, Journ. f. Orn., 1879, p. 180 ;
  amurensis Dubois, 1882, *leucoptera* Dresser,
  IV, p. 137, pl. 204, fig. 2.

Asie Nord, Sibérie, de l'Amour à Archangel ; accidentel (?) en Suède, Angleterre, Allemagne

Mâle paré d'un rouge carminé très brillant. Bec court et obtus. (La distinction de cette forme ne semble pas fondée, jusqu'à présent, sur des caractères constants.) — Forme probablement de transition entre le type de l'Amérique du Nord et la sous-espèce d'Europe.

COCCOTHRAUSTES *Brisson* 1760

1. **coccothraustes** (Linné), S. N., Ed. X, 1758,
  p. 171 ; 1766, p. 299 ; *vulgaris* Pall., 1811 ;
  Dresser, III, p. 575, pl. 175.

Europe, du Sud de la Suède à l'Espagne et la Grèce ; Asie Occidentale ; Égypte.

CHLORIS *Cuvier* 1800

Ligurinus Koch 1816

1. **chloris** (Linné), S. N., Ed. X, 1758, p. 174 ;
  1766, p. 304 ; Dresser, III, p. 567, pl. 174 (1).

Europe (sauf le Sud-Ouest), de la Norvège et de l'Oural à l'Italie, la péninsule des Balkans ; Asie Mineure, Perse, Turkestan Nord-Ouest.

a. — **aurantiiventris** Cabanis, Mus. Hein., 1850, I,
  p. 158.

France Sud-Ouest, Espagne, Açores (San-Miguel) ; Afrique Nord.

Les parties inférieures sont d'un vert-jaune plus foncé et plus uniforme, passant au jaune d'or sur le milieu de la poitrine ; le dessus est également d'un vert-jaune plus uniforme et la bande frontale d'un jaune d'or plus vif. Le bec est un peu plus renflé et les ailes, d'ordinaire, un peu plus courtes.

---

(1) Sarudny (*Orn. Mon.-Ber.*, XV, 1907, p. 63), distingue les spécimens de Russie centrale sous le nom de *Cbl. cbl. rossicus.*

Genre PINSON

1. Fringilla cœlebs Linné
PINSON ORDINAIRE
D. et G., I, p. 271.

(1)

a. Fringilla spodiogena Bp.
PINSON SPODIOGÈNE
D. et G., I, p. 273.

b. Sous-espèce nouvelle.

.

c. Sous-espèce nouvelle.

(1) Sous-espèces nouvelles : *Fringilla cœlebs gengleri* Kleinschm. (Angleterre); *F. c. tyrrhenica* Schiebel (Corse).   Voyez l'APPENDICE.

FRINGILLA *Linné* 1758

1. cælebs (Linné), S. N., Ed. X, 1758, p. 179; 1766, p. 318; Dresser, IV, p. 3, pl. 182; *spiza*, Pall. (1811) 1831.	Europe, du Cap Nord jusqu'à la Méditerranée; Afrique Nord (en hiver); Sibérie Ouest, Asie Sud-Ouest jusqu'a la Perse.
a. — spodiogena Bonap., Rev. Zool., 1841, IV, p. 146 (*spodiogenys* corrigé en *spodiogena* Bp., 1856), Dresser, IV, p. 13, pl. 183, fig. 2, 3.	France Sud-Est (très accidentel), Afrique Nord, (Maroc, Algérie, Tunisie).
b. — moreleti Puchéran, Rev. et Mag. Zool., 1859, p. 409, pl. 16.	Archipel des Açores.

Parties supérieures d'un bleu ardoisé, le sommet de la tête plus foncé; une bande frontale assez large d'un noir ardoisé; le dos, le croupion et les couvertures supérieures de la queue vert pomme; la *femelle* semblable à celle de *canariensis* (= *tintillon*).

c. — maderensis Sharpe, Cat. Birds Brit. Mus., XII, 1888, p. 175.	Ile de Madère.

Diffère de *F. c. moreleti* par ses parties inférieures moins fauves et présentant une teinte rosée, son bec plus robuste et plus long. La *femelle* est semblable à celle de *moreleti*.

d. Sous-espèce nouvelle.

e. Sous-espèce nouvelle.

2. Espèce nouvelle,
PINSON TÉYDÉE

d. — canariensis Vieill., Nouv. Dict. Hist. Nat., XII, 1817, p. 232 ; *tintillon*, Webb. et Berth., Orn. Can., 1836-44, p. 21, pl. 4, fig. 1 ; Dresser, IV, p. 9, pl. 183, fig. 1 (partim), IX, p. 190.

Archipel des Canaries (Ténériffe, etc.).

Diffère de *F. calebs* (type d'Europe) par le sommet de la tête bleu noirâtre, le dos d'un bleu ardoisé foncé, le croupion et les couvertures supérieures de la queue d'un vert pomme, les parties inférieures d'un flave ou fauve clair, et par l'absence d'une bande frontale distincte. — La *femelle* a les parties supérieures plus foncées et les parties inférieures plus claires que *F. calebs*, ces dernières ne présentant pas trace de teinte rousse. Aile : 85 à 88 millimètres.

e. — palmæ Tristram, Ann. Nat. Hist., 1889, III, p. 489 ; Dresser, IX, p. 188, pl. 674.

Iles Palma et Ile de fer (Hierro), où il remplace *F. c. canariensis*.

Diffère de *F. c. canariensis* (= *tintillon*) par ses parties supérieures plombées ou d'un bleu ardoisé, sans vert sur le dos ou le croupion, et l'abdomen d'un blanc pur (sans trace de fauve). *Femelle* semblable, mais les parties supérieures plus pâles et l'abdomen d'un blanc pur.

2. teydea Webb, Berth. et M. Taud., Orn. Canar., 1836-1844, p. 20, pl. 1 ; Dresser, IV, p. 25, pl. 185.

Pic de Ténériffe (sur les flancs Sud, Sud-Ouest et Nord), à 2.300 et 2.600 mètres d'altitude.

Parties supérieures d'un bleu ardoisé, le devant de la tête et les lores lavés de noir ; ailes et queue noires, bordées de bleu ardoisé, l'extrémité des couvertures alaires, primaires et secondaires d'un gris bleuâtre. Les parties inférieures plus pâles, passant, sur l'abdomen, au blanc bleuâtre ; couvertures inférieures de la queue blanches. Bec d'un bleu corné, blanc à la base en dessous ; pieds couleur de corne pâle. — *Femelle* dessus d'un brun-gris foncé ; ailes et queue brun foncé bordées de brun clair ; le dessous brun clair lavé d'ardoisé, l'abdomen et les couvertures inférieures de la queue d'un blanc sale, ces dernières lavées de fauve pâle. Aile : 103-105 millimètres.

a. Sous-espèce nouvelle.

3. Fringilla montifringilla Linné
PINSON D'ARDENNES
D. et G., I, p. 274.

Genre NIVEROLLE

1. Montifringilla nivalis (Briss.)
NIVEROLLE DES NEIGES
D. et G., I, p. 277.

a. Sous-espèce nouvelle.

a. — **polatzeki** Hartert, Ornith. Monatsb., XIII, 1905, p. 164.   Grande Canarie.

Plus petit que le type : l'aile mesure seulement 96 à 97 millimètres (au lieu de 101 à 105 chez *leydea*). Les bandes de l'aile qui traversent l'extrémité des grandes et moyennes couvertures alaires sont très larges et d'un gris blanchâtre, presque blanches, tandis que chez le type, surtout sur les grandes couvertures, cette bande est étroite et d'un gris de cendre bleuâtre. Bec plus petit que le type.

3. montifringilla Linné, Syst. Nat., Ed. X, 1758, p. 179; 1766, p. 318; Dresser, IV, p. 15, pl. 184.   Europe Nord, de la Grande-Bretagne et de la Scandinavie à l'Europe moyenne (en hiver); Asie jusqu'au Japon.

MONTIFRINGILLA *Brehm* 1828

• *Plectrophenax* (Stejneger) Sharpe, 1888.

1. nivalis (Linné), Syst. Nat., 1766, I, p. 321; Dresser, III, p. 617, pl. 181.   Hautes montagnes des Alpes, Pyrénées et Apennins.

a. — **alpicola** Pallas, Zoogr. Rosso-Asiat., 1831, II, p. 20; Dresser, IX, p. 187, pl. 673; *leucura*, Bp., 1855; *fringilloïdes* Dresser, 1875.   Massif du Caucase (3.300 mètres d'altitude en été, à 1 600 et 1.300 en hiver); Perse, Afghanistan, Turkestan.

Bec plus grêle et plus long que le type; tête et nuque gris brunâtre (au lieu de gris cendré). En hiver, les plumes noires prennent une bordure blanche. Bec brun, la mandibule inférieure blanchâtre à sa base.

Genre CHARDONNERET

1. Carduelis elegans Steph.
CHARDONNERET ÉLÉGANT
D. et G., I, p. 279.

a. Sous-espèce nouvelle.

b. Sous-espèce nouvelle.

c. Sous-espèce nouvelle.

CARDUELIS *Brisson* 1760

Acanthis, p., Hartert 1903 (*Carduelis*, 1904).

1. carduelis (Linné), Syst. Nat., Ed. X, 1758, p. 180, 1766, p. 318; *elegans* Steph. in Shaw, 1826; Dresser, III, p. 527, pl. 166.

Europe,
de la Suède Cen-
trale à la
Méditerranée.

a. — britannicus Hartert, Vög. Pal. Fauna, I, 1903, p. 68.

Iles Britanniques
(sédentaire
et de passage).

Semblable au type, mais le dessus plus sombre avec un lustre d'un brun olivâtre; la tache blanche de la nuque, en plumage de noce, peu développée; les côtés de la tête, notamment la région auriculaire, le croupion et les couvertures caudales présentant également un reflet brun olivâtre, les côtés du corps plus foncés et d'un brun uniforme. Le rouge de la tête nettement plus clair.

b. — tchusii Arrigoni, Avicula, 1902, p. 104.

Corse
et Sardaigne.

Diffère du type par ses parties supérieures d'un brun olivâtre plus sombre, la tache de la nuque à peine marquée, les côtés et la poitrine foncés, les oreilles nettement brunâtres, le bec un peu plus grêle et sa taille moindre. Très semblable à *C. c. britannicus*, il en diffère par son bec plus grêle, sa taille moindre et le rouge plus foncé de sa tête. Aile du mâle : 78 à 79 millimètres (au lieu de 79 à 84 chez le type).

c. — parva Tchusi, Orn. Monatsb., 1901, p. 129; *nana* Hartert, 1902 (lapsus calami).

Madère, Canaries,
Açores.

Plus petit et d'un brun plus foncé que le Chardonneret d'Europe. Bec plus petit, ailes plus courtes, la tache de la nuque obsolète. Aile : 74 à 78 millimètres (la plupart 75 à 76). Les spécimens de Ténériffe ont le bec encore plus fin que ceux de Madère, mais non d'une façon constante.

d. Sous-espèce nouvelle.

e. Sous-espèce nouvelle.

(1)

Genre TARIN

1. Chrysomitris spinus (Linné)

TARIN ORDINAIRE

D. et G., I, p. 281.

---

(1) Sous-espèce nouvelle : *Carduelis card. rumania* Tschusi (Roumanie). — Voyez l'Appendice.

d. — africana Hartert, Vög. Pal. Fauna, 1903, p. 69; *meridionalis* Brehm, 1855 (nomen nudum).

Espagne Sud (Aguilas), Maroc, Algérie, Tunisie.

Diffère de la sous-espèce de Madère par son bec plus fort et plus épais, surtout à la base, ses ailes plus longues, ses parties inférieures d'un roux-brun moin foncé, tirant sur le gris ou le brun olivâtre, et la tache blanche de la nuque mieux marquée ; — de *carduelis* et *britannicus,* par une taille moindre et le dessous d'un gris-brun plus foncé. Aile : 78 millimètres, rarement 79.

e. — major Taczan., P. Z. S., 1879, p. 672.

Accidentel en Europe (Russie, Pologne, Prusse); Oural, Sibérie Ouest, Turkestan, Perse.

Diffère du type par sa taille plus forte, particulièrement son bec plus gros et le blanc plus pur et plus étendu de son croupion qui s'avance jusque sur la partie postérieure du dos; celui-ci est blanc avec de grandes taches grises; les flancs sont plus clairs; les plus grandes couvertures de la queue sont d'un blanc pur. Aile : 83 à 89 millimètres (1).

CHRYSOMITRIS *Boie* 1828

Acanthis p., Hartert ; *Spinus* Koch.

1. spinus (Linné), Syst. Nat., Ed. X, 1758, p. 181; 1766, p. 322; Dresser, III, p. 541, pl. 169.

Europe, de la zone des forêts au Nord, à l'Europe Centrale, France, Suisse, Italie, Caucase, émigrant (en hiver) sur le pourtour de la Méditerranée et l'Afrique Nord; Asie jusqu'au Japon.

---

(1) *Carduelis carduelis volgensis* Buturlin (Ibis, 1906, p. 424, 736), de Russie Centrale et Orientale, ne semble pas différer de *C. c. major.*

Genre VENTURON

1. Citrinella alpina Scop.
VENTURON ALPIN
D. et G., I, p. 283.

a. Sous-espèce nouvelle.

Genre SERIN

1. Serinus meridionalis Bp.
SERIN MÉRIDIONAL OU CINI
D. et G., I, p. 285.

CITRINELLA *Bonap.* 1838

Serinus p., Brisson ; *Acanthis* p., Hartert.

1. **citrinella** (Linné), Syst. Nat., 1766, I, p. 320 ; Dresser, III, p. 535, pl. 168.

Europe Centrale et Sud (dans les montagnes) ; émigre, en automne et en hiver, vers le Sud.

a. — **corsicana** Kœnig, Orn. Monatsb., 1899, VII, p. 120 ; *citrinella* Dresser, p. 536, pl. 167 (nec L.).

Corse.

Diffère du type par son dos brun pâle (et non vert), rayé de brun foncé ; le croupion plus vert ; les parties inférieures jaunes (ce n'est pas, comme on l'a supposé, le plumage d'hiver du type).

SERINUS *Koch* 1816

1. **serinus** (Linné), Syst. Nat., 1766, I, p. 320 ; *hortulanus* Koch, Baier. Zool., 1876, p. 229 ; Dresser, III, p. 549, pl. 172 ; *canaria serinus* Hartert, 1903.

Europe Sud, de l'Espagne à la Grèce et à l'Asie Mineure ; Afrique Nord (Atlas) ; s'avance dans l'Europe Centrale jusqu'à l'Angleterre et le Danemark.

a. Sous-espèce nouvelle
(pour l'Europe)
SERIN DES CANARIES

2. Serinus pusillus (Pallas)
SERIN NAIN
D. et G., I, p. 286.

Genre LINOTTE

1. Cannabina linota (Gmel.)
LINOTE VULGAIRE
D. et G., I, p. 288.

a. Sous-espèce nouvelle.

a. — **canarius** (Linné), Syst. Nat., Ed. X, 1758,
　　p. 181; Webb et Berth., Orn. Canar., p. 21,
　　pl. 2; Dresser, III, p. 557, pl. 172.

Iles Canaries (excepté Fuerta-ventura et Lanzerote), Madère et les Açores.

Diffère de *S. serinus* par sa taille un peu plus forte, par le manque du jaune vif sur la tête, le sommet et les côtés de cette partie étant vert-pomme, finement striés de brun noirâtre; croupion vert-pomme avec des stries à peine visibles. Dessous d'un jaune d'or passant au blanc sur l'abdomen et les couvertures inférieures de la queue; les flancs seuls striés de brun sale. — La *femelle* a beaucoup moins de jaune-vert; le sommet de la tête est gris strié de noir, à peine teinté de vert-pomme; le dessous est d'un blanc fauve lavé de jaune-pomme sur la poitrine et l'abdomen. Aile : mâle 71 à 76; femelle 67 à 70 millimètres.

2. pusillus Pallas, Zoog. Rosso-As., II, 1811, p. 28,
　　pl. 43, fig. 1; Dresser, III, p. 561, pl. 173.

Caucase, accidentel à Heligoland, Turkestan, Asie Mineure, Perse jusqu'au Sud de l'Himalaya.

CANNABINA *Brehm* 1828

Acanthis, Linota et *Linaria* p., Auct.

1. cannabina (Linné), Syst. Nat., Ed. X, 1758,
　　p. 182; 1766, p. 322; Dresser, IV, p. 31,
　　pl. 186.

Europe, du 64° latitude Nord au Sud du Continent; Iles Canaries.

a. — **mediterranea** Tschusi, Ornith. Jahrb., 1903,
　　p. 139.

Côtes Septentrionales de la Méditerranée (Dalmatie, Italie Sud, Espagne Sud).

Taille moindre que chez les spécimens du Nord de l'Europe (ce qui n'est bien visible qu'en comparant de nombreuses séries des deux provenances). Teintes du plumage plus vives. (Cette forme semble peu distincte.)

b. Sous-espèce nouvelle.

2. Cannabina flavirostris (Linné)
LINOTE A BEC JAUNE
D. et G., I, p. 290.

Genre SIZERIN

1. Linaria borealis Vieill.
SIZERIN BORÉAL
D. et G., p. 293, 296.
(1)

a. Linaria holbölli Brehm
SIZERIN DE HOLBÖLL
D. et G., I, p. 295.

---

(1) Sous-espèce nouvelle : *Acanthis* (Linaria) *linaria islandica* Hantz (Islande). – Voyez l'APPENDICE.

b. -- **nana** Tschusi, Orn. Monatsb., 1901, p. 130;
meadewaldoi Hart., 1901.

Madère
et Ténériffe.

Bien distincte par sa taille beaucoup moindre. Aile : 75 à
80 millimètres (au lieu de 82 à 85). Quelques spécimens de
Ténériffe ont le bec plus gros, mais on trouve tous les
intermédiaires.

2. flavirostris (Linné), Syst. Nat., Ed. X, 1758,
p. 182; Dresser, III, p. 59, pl. 191; *montium*
Gmel., 1788.

Europe Nord-
Ouest (Écosse et
ses îles, Irlande,
Angleterre, Nor-
vège Ouest,
rare en Suède et
Russie); émigre
dans l'Europe
Centrale ;
plus rare en Es-
pagne, Italie,
Russie Sud.

LINARIA *Vieill.* 1816

Linota p., Auct; *Acanthis* p., Hartert.

1. linaria (Linné), Syst. Nat., Ed. X, 1758, p. 182;
1766, p. 322; Dresser, IV, p. 37, pl. 187;
canescens Gould (nec Auct.), 1834; *flammea
flammea* Hartert (ex Linné), Vög. Pal., 1903,
p. 77.

Europe (et Amé-
rique) Septen-
trionales; Lapo-
nie, Norvège,
Islande.

a. — **holbölli** Brehm, Handb. Naturg. Vög. Deuts.,
1831, p. 280; *brunnescens* Homeyer, 1879.

Europe (et Amé-
rique), plus au
Nord que le type ;
émigre en
grandes bandes
(mêlé au type)
vers l'Europe
Centrale, l'Asie
jusqu'au Japon.

Ne diffère du type que par sa plus grande taille (ailes plus
longues, bec plus long et plus fort).

b. Linaria rufescens Vieill.

SIZERIN CABARET

D. et G., I, p. 297.

2. « Linaria canescens Gould »
Degland et Gerbe (nec Gould),

SIZERIN BLANCHATRE

D. et G., I. p. 296.

a. Sous-espèce nouvelle.

Genres PASSERINE, FRINGILLAIRE, PROYER et BRUANT (1)

1. Passerina aureola (Pallas)

PASSERINE AURÉOLE

D. et G., I, p. 301.

---

(1) Les caractères sur lesquels sont fondés ces divers genres étant artificiels et inconstants, on a dû refondre le genre *Emberiza* de Linné dans son intégrité primitive.

b. — **cabaret** P. L. S. Müller, Natursyst., Suppl., 1776, p. 165 ; *rufescens* Vieill., Mém. R. Acc. Torino, Sc. Phys., 1816-1818, p. 202 ; Dresser, IV, p. 47, pl. 188 ; *linaria* Hewitson.

Europe Ouest et Centrale (dans les Montagnes); Écosse, Angleterre, Irlande, dans les plaines.

2. **hornemanni** Holböll, Naturk. Tidskr., IV, 1843, p. 398 ; Dresser, IV, p. 55, pl. 189, fig. 2, 190 ; *canescens* Auct. plurim., nec Gould.

Europe Arctique, Spitzberg, Islande, Groënland, Jan Mayen ; accidentel en Angleterre et en France.

a. — **exilipes** (Coues), Proc. Acad. Nat. Sc. Philad., 1861, p. 385 ; Dresser, IV, p. 51, pl. 189, fig. 1 ; *canescens* Auct., nec Gould ; *sibirica* et *pallescens* Homeyer, 1879 et 1880.

Europe, Asie, Amérique Septentrionales ; Laponie, émigre (en hiver) dans l'Europe Centrale.

Diminutif du type, dans son ensemble plus foncé, le croupion peu strié mais le blanc moins étendu, les flancs et les couvertures inférieures de la queue plus striés, le rouge du dessous, en général, plus étendu. Aile : mâle 74 à 77,9 ; femelle 69,6 à 74,6 millimètres.

EMBERIZA *Linné* 1758

Passerina Degl. et Gerbe (nec Vieill.); *Miliaria* Brehm ; *Fringillaria* Swains.; *Cynchramus* Boié ; *Fringilloïdes* Buturlin.

1. **aureola** (Pallas), Reis. Russ. Reichs., II, 1773, p. 711 ; Dresser, IV, p. 223, pl. 218 ; *dolichonia* Bp., 1845.

Russie Nord, au Sud jusqu'à Moscou ; Asie jusqu'au Japon ; accidentel dans l'Europe Ouest et Sud, Bohème, Italie, France Sud, Heligoland.

2. Passerina melanocephala (Scop.)

PASSERINE MÉLANOCÉPHALE (*Bruant crocote*)
D. et G., I, p. 304.

3. Fringillaria striolata (Licht.)

FRINGILLAIRE STRIOLÉ
D. et G., I, p. 306.

4. Miliaria europæa Swains.

PROYER D'EUROPE
D. et G., I, p. 308.

a. Sous-espèce nouvelle.

(1)

----

(1) Sous-espèces nouvelles : *Emberiza m. græca, obscura* (= *insularis*), Parrot; — *E. m. caucasica* (= *minor*). — Voyez l'APPENDICE.

2. melanocephala Scopoli, Annus I Hist. Nat., 1769,
  p. 142; Dresser, IV, p. 151, pl. 206; *crocea*
  Vieill., 1805.

Europe Sud-Est, de la Russie Sud à la France Sud, Heligoland, rare en Angleterre, Asie Mineure, jusqu'à l'Inde (en hiver).

? **3. striolata** Licht., Verz. Doubl. Mus. Berl., 1823,
  p. 24; Dresser, IV, p. 197, pl. 213 (type
  oriental de l'espèce).

Afrique Nord, Maroc, Algérie, Tunisie; Afrique Nord-Est et Asie jusqu'à l'Inde Nord-Ouest. ? Très accidentel dans l'Espagne Sud.

La présence de la sous-espèce *E. str. sahari* Levaill. jun., 1850 (qui représente l'espèce orientale dans le Nord-Ouest de l'Afrique) dans le *Sud de l'Espagne* est considérée comme douteuse par les ornithologistes modernes. Le type n'est pas européen.

4. miliaria Linné, Syst. Nat., 1766, I, p. 308 (nomen
  mutatum ex : *calandra* Linné, S. N., Ed. X,
  1758, p. 176); *miliaria* Dresser, IV, p. 163,
  pl. 208; *europæa* Swains., 1837.

Europe, du Sud de la Suède et des Iles Britanniques à la Méditerranée; Afrique Nord; Asie Ouest.

a. — thanneri Tschusi, Orn. Jahrb., 1903, p. 162.

Iles Canaries (Ténériffe).

Diffère du type par les larges taches foncées des parties supérieures, notamment par celles de la tête qui est presque noire, ainsi que les raies des flancs. Dessus brunâtre, dessous jaunâtre comme chez le type du Continent. — Ne semble pas différer nettement du type.

(1)

---

(1) *Emberiza lutenla* Sparrm., 1789, est une espèce Asiatique caractérisée par ses teintes orangées, variées de marron et de noir (Dresser, IX, p. 211, pl. 680), qui a été prise deux fois à Heligoland, et qui est, par suite, *très accidentelle* en Europe. Forme avec *melanocephala* le nouveau genre *Fringilloïdes* de Buturlin.

5. Emberiza citrinella Linné
BRUANT JAUNE
D. et G., I, p. 310.

a. Sous-espèce nouvelle.

6. Emberiza cirlus Linné
BRUANT ZIZI
D. et G., I, p. 311.
(1)

7. Emberiza cia Linné
BRUANT FOU
D. et G., I, p. 312.

---

(1) Sous-espèce nouvelle : *Emberiza cirlus nigrostriata* Schiebel (Corse). — Voyez l'APPENDICE.

5. citrinella Linné, Syst. Nat., 1758, p. 177; Dresser,
IV, p. 171, pl. 209.

Europe, du 70°
latitude Nord au
Sud de l'Europe,
plus rare
(en hiver) dans
la région
Méditerranéenne
et l'Afrique Nord,
Canaries.

a. — erythrogenys Brehm, Vogelfang, 1855, p. 414;
mollessoni Sarudny, Orn. Jahrb., 1902, p. 58.

Les plumes des parties supérieures sont bordées de gris-
brun clair, la bordure des rectrices est plus claire, de sorte
que le plumage de l'oiseau est, dans son ensemble, moins
foncé que celui du type. Les spécimens de l'Altaï sont
surtout très clairs et ont l'aile longue (61 à 64 millimètres).
Des spécimens à teinte claire se montrent comme oiseaux
de passage (en hiver), jusqu'en Italie. — Le nom de *E. mollessoni* s'applique à des spécimens d'Orenbourg et du Ienisséi
à gorge entièrement d'un rouge brun. (Forme insuffisamment
connue).

Russie (à l'Ouest
jusqu'à
la Prusse Est);
Asie, de la Sibérie
Ouest
à l'Asie Mineure
et la Perse.

6. cirlus Linné, Syst. Nat., 1766, I, p. 311; Dresser,
IV, p. 177, pl. 210; *elæothorax* Bechst., 1803.

Europe Sud,
sur le pourtour de
la Méditerranée;
remonte jusque
dans l'Europe
moyenne(France)
et l'Angleterre;
Afrique
Nord-Ouest.

7. cia Linné, Syst. Nat., 1766, I, p. 310; Dresser, IV,
p. 205, pl. 214.

Europe Sud, de
l'Espagne à l'Asie
Mineure
(France Sud);
remonte jusqu'en
Allemagne;
Afrique Nord
(en hiver).

a. Sous-espèce nouvelle.

8. Emberiza pithyornus Pallas
BRUANT PITHYORNE
D. et G., I, p. 314.

9. Emberiza hortulana Linné
BRUANT ORTOLAN
D. et G., I, p. 316.

10. Emberiza cœsia Cretzsch.
BRUANT CENDRILLARD
D. et G., I, p. 318.

11. Emberiza chrysophrys Pallas
BRUANT A SOURCILS JAUNES
D. et G., I, p. 319.

a. — **par** Hartert, Vög. Pal. Fau-a, 1904, I, p. 184.

Semblable au type mais les parties supérieures notablement plus claires (ce qui se voit nettement sur la plume
arrachée) ; l'extrémité des couvertures alaires d'un roux
brunâtre, et non blanchâtre. Aile (mâle) : 88 à 91 millimètres.
(1)

Caucase Nord, Turkestan, jusque dans l'Inde Nord (en hiver).

8. **leucocephala** (*leucocephalos*) Gmel., Nov. Comm.
Acad. Petrop., 1771, XV, p. 480, pl. 23,
fig. 3 ; Dresser, IV, p. 217, pl. 217 ; *pithyornis*
Pallas, 1773.

Accidentel dans l'Europe moyenne et Sud (France, etc.) ; niche en Sibérie, s'avance jusqu'en Mongolie.

9. **hortulana** Linné, Syst. Nat., Ed. X, 1758, p. 177 ;
Dresser, IV, p. 185, pl. 211 et 215, fig. 1.

Europe, du Cercle Arctique à la Méditerranée ; accidentel dans les Iles Britanniques, Afrique Nord-Ouest, Abyssinie (en hiver) ; Asie jusqu'en Mongolie.

10. **cæsia** Cretzschmar, Atlas Rüpp. Reis., Vög., 1826,
p. 17, pl. 10 ; Dresser, IV, p. 213, pl. 215,
fig. 2 et 216.

Europe Sud-Ouest (France, Italie, Dalmatie, Heligoland), jusqu'en Asie Mineure ; Afrique Nord-Est et Arabie (en hiver).

11. **chrysophrys** Pallas, Reis. Russ. Reichs., III,
1776, p. 698 ; Dresser, IV, p. 193, pl. 212.

Très accidentel en Europe (pris trois fois en Belgique, Luxembourg, France Nord, Lille) ; habite la Sibérie, la Chine Nord.

---

(1) *Emberiza cioides castaneiceps* Moore, forme plus petite et plus rousse
d'*E. cioides* Brandt de Sibérie (Dresser, IX, pl. 683), qui hiverne en
Chine, s'est égarée jusqu'en Angleterre en novembre 1886.

12. **Cynchramus schœniclus** (Linné)
CYNCHRAME SCHÉNICOLE
D. et G., I, p. 323.

a. Sous-espèce nouvelle.

b. Sous-espèce nouvelle.

c. Sous-espèce nouvelle.

12. schœniclus (Linné), Syst. Nat., Ed. X, 1758,
 p. 182; Dresser, IV, p. 241, pl. 221 et 222,
 fig. 1; Hartert, Vög. Pal., I, 1904, p. 197,
 fig. 37.

Europe (excepté le Sud-Est), des Iles Britanniques jusqu'à la Hongrie Nord-Ouest; Sibérie; hiverne dans l'Europe Sud, l'Afrique Nord, l'Asie jusqu'à l'Inde.

a. — canneti (Brehm), Vogelfang, 1855, p. 115;
 Naumann, Nouv. Édit., III, pl. 26; Hartert, Vög. Pal., fig. 39.

Europe Sud-Est, Dalmatie, Hongrie, Bulgarie, Serbie, Bosnie, Grèce.

Semblable au type, mais le bec plus voûté, plus épais, la mandibule supérieure à peu près aussi haute que l'inférieure, la première très renflée, sans l'être cependant autant que celles de *E. pyrrhuloïdes* ou *E. palustris*. Dos foncé, les plumes noires avec une bordure d'un roux-brunâtre clair. Croupion gris clair. Aile (mâle) : 81 à 83 millimètres.

b. — tchusii Reiser et Almásy, Aquila, V, 1898, p. 122;
 Hartert, Vög. Pal., 1904, p. 197, fig. 40.

Europe Sud-Est, du Nord de la Dobrudscha jusque dans la Russie Sud-Est au Nord du Caucase.

Bec encore plus haut et plus épais que celui d'*E. s. canneti*, les parties supérieures plus claires. Aile : 81 à 82 millimètres. — Les spécimens de cette forme figurent souvent dans les collections sous le nom d'*E. pyrrhuloides*, mais le bec est moins obtus et moins massif que chez ce dernier.

c. — othmari Hartert, Vög. Pal. Fauna, I, 1904,
 p. 198.

Remplace le précédent plus au Sud, en Bulgarie Est; va passer l'hiver en Égypte (Delta du Nil).

Semblable à *E. s. tchusii*, mais à bec plus gros et parties supérieures plus foncées. Se distingue d'*E. pyrrh. palustris* par son bec plus pointu et plus long et ses parties supérieures d'un brun moins foncé.

13. Cynchramus pyrrhuloïdes (Pallas)

CYNCHRAME PYRRHULOÏDE
D. et G., I, p. 325.
(Exclus. synon. : *Emberiza palustris* Savi, sous-espèce b, classée ci-après.)

a. Sous-espèce nouvelle.

b. Sous-espèce nouvelle.

14. Cynchramus pusillus (Pallas)

CYNCHRAME NAIN
D. et G., I, p. 327.

13. pyrrhuloïdes Pallas, Zoogr. Rosso-As., II, 1831, p. 49; Dresser, IV, p. 249, pl. 222, fig. 2, 3; *caspia* Menetriès, 1832 (genre *Pyrrhulorhyncha* Sharpe).

Russie Sud Est, Astrakan et du Volga au Caucase; Turkestan; pris une fois à Heligoland.

Dresser considère cette forme comme une sous-esp'ce de *E. schœniclus* auquel elle se relie par *E. s. tchusii* (Voyez les fig. 37 à 42, dans Hartert, Vög. Pal. Fauna, 1904, I, p. 197-198).

a. — reiseri Hartert, Vög. Pal. Fauna, 1904, I, p. 199

Thessalie (où il serait sédentaire).

Bec aussi gros et bombé que le type, mais les parties supérieures plus foncées, la bordure des plumes n'étant pas d'un gris-roux jaunâtre, mais d'un roux-brun, les couvertures de l'aile d'un roux-brun foncé, le croupion gris foncé. Flancs faiblement mais distinctement et régulièrement rayés. Ailes et queue plus courtes de 2 à 4 millimètres.

b. — palustris Savi, Orn. Toscana, II, 1829, p. 91; Naumann, Nouv. Éd., III, pl. 26.

Italie, France Sud, Sicile, Espagne.

Semblable au type mais plus grand. (Aile : 83 millimètres.) Bec épais, haut et très court, la mandibule supérieure très bombée. Les flancs rayés d'un riche roux-brun foncé; teinte générale d'un brun foncé. — Cette forme à bec court du *pyrrhuloides* se rapproche de la forme à long bec (*othmari*) de *schœniclus*.

14. pusilla Pallas, Reis. Russ. Reichs., III, 1776, p. 697; Dresser, IV, p. 235, pl. 220; *durazzi* Bonap., 1832; *oinops* (*Ocyris*) Hodgson, 1845.

Russie Nord, Sibérie, Turkestan; en hiver émigre dans l'Europe Centrale et Occidentale : France, Angleterre, Italie; Afrique Nord.

15. Cynchramus rusticus (Pallas):
CYNCHRAME RUSTIQUE
D. et G., 1, p. 329.

Genre PLECTROPHANE

1. Plectrophanes nivalis (Linné)
PLECTROPHANE DES NEIGES
D. et G., 1, p. 332.

1. Plectrophanes lapponicus (Linné)
PLECTROPHANE LAPON
D. et G., 1, p. 334.

15. rustica Pallas, Reis. Russ. Reichs., III, 1776, p. 698; Dresser, IV, p. 229, pl. 219; *lesbia* Gmel., 1788 (errore); *borealis* Zetterstedt, 1822.

Europe et Asie Nord; émigre dans l'Europe Centrale et Sud; Allemagne, Angleterre, France Sud, Italie, etc.

PLECTROPHANES (1) *Meyer et Wolf*
1810-1822

Passerina (Vieill.) Hartert, 1904;
Plectrophenax Stejneger.

1. nivalis (Linné), Syst. Nat., Ed. X, 1758, p. 176; 1766, p. 308; Dresser, IV, p. 261, pl. 224, 225, fig. 2.

Régions Arctiques des deux Continents; du Spitzberg aux Shetlands et à l'Écosse, Islande et Feroë; en hiver s'avance dans l'Europe Continentale jusqu'à la Méditerranée, les Canaries, les Açores, l'Afrique Nord.

CALCARIUS *Bechst.* 1803

1. lapponicus (Linné), Syst. Nat., Ed. X, 1758, p. 180; 1766, p. 317; Dresser, IV, p. 253, pl. 223, 225, fig. 1; *calcaratus* Pall., 1773.

Régions Arctiques et Sub-arctiques des deux Continents; Laponie, Jan-Mayen, Nouvelle-Zamble, Norvège (dans les hautes montagnes), Ile Fair. Emigre en automne dans l'Europe Centrale Est, plus rare dans l'Ouest, jusque dans l'Italie Nord.

---

(1) En face de l'indécision qui semble régner au sujet de l'application du nom générique « *Passerina* », qui aurait probablement la priorité, il semble préférable de conserver le nom de *Plectrophanes*.

Famille XVI — ALAUDIDÉS

Genre ALOUETTE

1. Alauda arvensis Linné
ALOUETTE DES CHAMPS
D. et G , I, p. 339.
(1)

a. Sous-espèce nouvelle
(Donnée par D. et G. comme synonyme de *A. arvensis*).

b. Sous-espèce nouvelle.

(1) Sous-espèces nouvelles : *Alauda sordida* et *A. subtilis* Ehmcke ; — *A. arvensis scotica* Tschusi (Ecosse) — Voyez l'APPENDICE.

XVI — ALAUDIDÆ

ALAUDA *Linné* 1758

1. arvensis Linné, Syst. Nat., Ed. X, 1758, p. 165 ;
1766, p. 287 ; Dresser, IV, p. 307, pl. 231.

Europe entière,
du cercle arc-
tique au Nord de
l'Italie ;
Madère, Canaries.

a. — cantarella Bonap., Icon. Fauna Ital., Unelli,
1832-41, Introd. p. 5 ; *intercedens, balcanica,
minuta* Ehmcke, Ann. Mus. Nat. Hung., 1904,
p. 296-298.

Italie Sud
(Apulie), Sicile,
Corse, Sardaigne,
Dalmatie, Hon-
grie Sud, Turquie,
Grèce, Russie
Sud, Caucase.

Diffère du type par ses teintes moins rousses et moins
brunes, la bordure des plumes sur le dessus du corps plus
grise, donnant à cette partie une teinte plus claire, des
taches larges et noires au jabot, le dessous presque blanchâtre, et une taille plus faible.

b. — cinerea Ehmcke, Journ. f. Orn., 1903, p. 149 ;
cinerascens Ehmcke, 1904.

Sibérie, Turkes-
tan, au Nord
du Caucase (en
hiver) ;
Afrique Nord.

Plus petite et notablement plus claire et plus grise que
cantarella. (Certains spécimens sont difficiles à distinguer, et
la distribution géographique de cette forme n'est pas encore
nettement établie.)

ALAUDA (partim), D. et G.

1. Alauda arborea Linné
ALOUETTE LULU
D. et G., I, p. 340.

a. Sous-espèce nouvelle.

ALAUDA (partim), D. et G.

1. Alauda brachydactyla Leisler
ALOUETTE CALANDRELLE
D. et G., I, p. 341.

2. Alauda lusitana ex Gmel.
ALOUETTE ISABELLINE
D. et G., I, p. 341.

LULLULA *Kaup* 1829

1. arborea Linné, Syst. Nat., Ed. X, 1758, p. 166 ;
   1766, p. 287 ; Dresser, IV, p. 321, pl. 232.

Les spécimens de Corse et de Sardaigne sont beaucoup
moins roux dessus, avec le croupion d'un gris olivâtre. (Il y
aura lieu d'en faire une sous-espèce quand on connaitra
exactement leur lieu de reproduction.)

Europe,
de la Scandinavie
moyenne à
la Méditerranée,
Corse, Sardaigne,
Asie jusqu'en
Perse.

a. — flavescens Ehmcke, Journ. f. Orn., 1903, p. 152.

Bordure des plumes du dessus du corps pâle, jaunâtre,
contrastant nettement avec le milieu noirâtre de la plume.

Roumanie,
Dalmatie, Herzé-
govine, Grèce.

CALANDRELLA *Kaup* 1829

1. brachydactyla (Leisler), Ann. Wetteronisch. Ge-
   sells., 1814, III, p. 357, pl. 19 ; Dresser, IV,
   p. 341, pl. 235.

Europe Ouest
et Sud, France,
Espagne, Italie,
Herzégovine,
Grèce ;
Russie Sud ,
Afrique Nord ;
Palestine ; acci-
dentel en Angle-
terre, Heligoland,
Suisse.

2. minor Cabanis, Mus. Hein., I, 1851, p. 123 ; Dresser, IV, p. 349, pl. 236, fig. 1 ; *reboudia* Loche,
   1858 ; Tristram, I bis, 1859, p. 58 ; *deserti*
   Tristram, I bis, 1866, p. 286.

Afrique Nord,
Palestine et Asie
jusqu'au
Golfe Persique ;
accidentel à Malte
et en Italie (Es-
pagne ? Grèce ?).

Diffère de *brachydactyla* par l'absence des taches confluentes
brunes au bas et de chaque côté du cou, cette partie étant
étroitement rayée de brun foncé ; les rémiges secondaires
notablement plus courtes que la plus longue primaire (de
plus de 20 millimètres).

a. Alauda pispoletta (1) Pallas
ALOUETTE PISPOLETTE
D. et G., I, p. 343.

b. Sous-espèce nouvelle.

c. Sous-espèce nouvelle.

---

(1) D'après Hartert (Vög. Pal. Fauna, I, p. 219, — article de *Species 341*) le nom de « *pispoletta* » est une corruption, due à Pallas, du nom de « *spinoletta* » — donné par Linné à une « *Alauda* » qui appartient actuellement au genre *Anthus*, — et doit être remplacé par « *minor* ». — Reste à savoir si *rufescens* Vieillot, 1820, n'a pas la priorité sur *minor* Cabanis, 1851, et s'il ne faudrait pas dire « *rufescens minor* », au lieu de « *minor rufescens* » ?

a. (minor) heini Homeyer, Journ. f. Orn., 1873, p. 197; *pispoletta* Pallas, Zoog. Ross.-As., I, p. 526, et Auct. plurim.; Dresser, IV, pl. 237.

Russie Sud (steppes du Volga), Transcaspie et Asie Mineure, très accidentel à Heligoland.

Diffère du type par ses parties supérieures moins isabelles, plutôt grisâtres; le croupion moins roux, plutôt isabelle; taille supérieure : (mâle) 95 à 100 millimètres. Bec : 9 à 10 millimètres.

b. (minor) rufescens (Vieill.), Tabl. Encycl. et Méthod., 1820, I, p. 322; *tigrina* Bp., 1854; *pispoletta rufescens* et *canariensis* Hartert, 1901.

Pics de Ténériffe et de Laguna.

Se distingue de toutes les autres formes de l'espèce, par le roux-brun cannelle de ses parties supérieures. La tache médiane des plumes est très étendue, les taches de la gorge plus grandes et plus foncées (moins grandes cependant que chez *bætica*). Le blanc du ventre est presque toujours coloré en rouge brun par le sol sur lequel vit l'oiseau, sauf au premier plumage du printemps. Aile (mâle) : 88 à 91,5 millimètres.

c. (minor) polatzeki Hartert, Vög. Pal. Fauna, I, 1904, p. 217; *minor distincta* Sassi, Orn. Jahrb., 1908, p. 30.

Iles Canaries Est, Lanzarote et Fuerteventura.

Les spécimens des Canaries Orientales se distinguent de ceux de Ténériffe par leurs parties supérieures plus claires (et non cannelle), d'un roux isabelle, et une taille moindre que celle de *rufescens*. Aile (mâle) : 87 à 88 millimètres. Le jeune a les plumes du dessus de couleur crème à leur pointe.

d. Sous-espèce nouvelle.

Genre OTOCORIS

1. Otocoris alpestris (Linné)
OTOCORIS ALPESTRE
D. et G., I, p. 346.

b. Otocoris bilopha (Temm.)
OTOCORIS BILOPHE
D. et G., I, p. 349.

d. (minor) bætica Dresser, Birds of Europe, IV, 1873, p. 351, pl. 236, fig. 2.

Espagne Sud, Andalousie, Grenade, Murcie, Valence.

Se distingue de *minor* et *heini* par ses parties supérieures d'un brun plus foncé, et par les taches allongées de la gorge plus grandes, plus foncées, d'un brun-noir, et qui se prolongent presque jusqu'au bec et sur les côtés du corps. La couleur du dessus varie, comme dans les autres formes de l'espèce, mais sans s'écarter de la teinte foncée caractéristique. Taille semblable à celle du type.

EREMOPHILA *Boie* 1828

Otocorys Bonap., 1839.

1. alpestris (Linné), Syst. Nat., Ed. X, 1758, p. 166; 1766, p. 289; *rufescens* Brehm, 1855.

Le type de l'espèce de Linné est de l'Amérique du Nord.

a. — flava Gm., Syst. Nat., I, 1788, p. 800; *nivalis* Pall., 1827; *alpestris* Dresser, IV, p. 387, pl. 243 (de Laponie); *alpestris* Degland et Gerbe, p. 347 (Observation).

Europe Nord presque jusqu'au Cercle arctique (zone des forêts et des tundras); émigre dans l'Europe Centrale jusqu'en Italie; Sibérie et Chine Nord.

Dresser (*Man. of Pal. Birds*, I, 1902, p. 378) ne distingue pas la forme de l'Ancien Continent de celle de l'Amérique du Nord, même comme sous-espèce.

b. — bilopha Temm., Pl. Col., 1823, pl. 244; Dresser, IV, p. 399, pl. 245.

Afrique Nord, de l'Algérie à l'Arabie; accidentel en Espagne.

|**Otocoris albigula** (Bonap. ex Brandt.)
OTOCORIS A GORGE BLANCHE
D. et G., I, p. 348'.

c. Sous-espèce nouvelle.

d. Sous-espèce nouvelle.

[Cette forme asiatique est considérée actuellement comme étrangère à la faune d'Europe. Elle a généralement été confondue avec *O. a. penicillata*.]

Perse Nord, Turkestan (dans les montagnes) jusqu'au Pamir.

c. — penicillata Gould, P. Z. S., 1837, p. 126 (la figure de Dresser, IV, pl. 244, représente *O. a. albigula* et non la présente sous-espèce), *larvata* Filippi, 1863.

Russie Sud-Est, Caucase, Asie Mineure.

Diffère des autres formes en ce que le noir des côtés de la gorge se confond avec celui des flancs. Le dos est gris avec des flammèches d'un roux brunâtre. Par l'usure du bord des plumes, le dessus devient plus foncé, la tache noire du milieu de chaque plume s'étendant ; le dessus de la tête et le derrière du cou sont plus roux. Les plumes des côtés de la tête au-dessous du noir, celles du creux de la gorge et du front, en automne et en hiver sont d'un jaune de soufre, tandis qu'au printemps elles passent au blanc. La cravate blanc-jaunâtre de la gorge est plus étroite que chez les autres formes. La bordure des rectrices médianes est d'un gris brunâtre. Les huppes des oreilles sont très longues et étroites, recourbées en dedans. Aile (mâle) : 117 à 122 millimètres.

d. — balcanica Reichenow, Orn. Monatsb., 1895, p. 42.

Péninsule des Balkans (dans les montagnes) : Bosnie, Bulgarie, Turquie, Grèce.

Semblable à *penicillata*, mais s'en distinguant, en plumage frais après la mue, par la claire teinte grise des parties supérieures, notamment sur la bordure des rectrices médianes, ainsi que par le jaune plus vif du front et de la gorge. Ce jaune s'atténue au printemps et passe au blanc jaunâtre, de telle sorte qu'au milieu de l'été la distinction entre les deux formes devient difficile.

Genre MELANOCORYPHE

1. Melanocorypha calandra (Linné)
CALANDRE ORDINAIRE
D. et G., I, p. 350.

2. Melanocorypha sibirica (Gmel.)
CALANDRE SIBÉRIENNE
D. et G., I, p. 352.

3. Melanocorypha tatarica (Pallas)
CALANDRE NÈGRE
D. et G., I, p. 353.

Genre SIRLI

1. Certhilauda desertorum (Stanl.)
SIRLI DES DÉSERTS
D. et G., I, p. 355.

MELANOCORYPHA *Boie* 1828

<table>
<tr><td>

1. calandra (Linné), Syst. Nat., 1766, I, p. 288;
Dresser, IV, p. 365, pl. 238, fig. 1 et 239.

</td><td>

Europe Sud,
de la France Sud
sur tout le pour-
tour de la Médi-
terranée (et
ses îles); l'Asie
Mineure,
l'Égypte et le Nord
de l'Afrique.

</td></tr>
<tr><td>

2. sibirica (Gmel.), Syst. Nat., 1788, I, p. 799;
Dresser, IV, p. 373, pl. 240; *leucoptera* Pallas,
1811.

</td><td>

Russie Sud-Est,
Transcaspie,
Turkestan; acci-
dentel en automne
et hiver en
Turquie et Europe
Centrale
et Occidentale;
Heligoland.

</td></tr>
<tr><td>

3. yeltoniensis (Forster), Phil. Trans., 1767, 57,
p. 350; Dresser, IV, p. 377, pl. 241; *tarta-
rica* Pall., 1773.

</td><td>

Russie Sud-Est,
du Volga
au Turkestan et à
la Sibérie Ouest;
en hiver, acci-
dentel en Galicie
Nord-Est, Belgi-
que, Heligoland.

</td></tr>
</table>

CERTHILAUDA *Swains.* 1827

Alœmon Keys. et Blas., 1841.

<table>
<tr><td>

1. alaudipes Desfont., Mém. de l'Acad., 1787, p. 504;
Dresser, IV, p. 273; *desertorum* Stanley, 1814;
Dresser, IV, p. 275, pl. 226; *bifasciata* Licht.,
1823.

</td><td>

Afrique Nord,
Sahara, du Rio de
Oro à l'Égypte;
accidentel
dans l'Europe Sud
(Espagne, Sicile,
France Sud).

</td></tr>
</table>

Genre nouveau

1. Certhilauda duponti (Vieill.)
SIRLI DE DUPONT
D. et G., I, p. 356.

Genre COCHEVIS

1. Galerida cristata (Linné)
COCHEVIS HUPPÉ.
D. et G., I, p. 357.

a. Sous-espèce nouvelle.

b. Sous-espèce nouvelle.

CHERSOPHILUS *Sharpe* 1890

1. duponti Vieill., Faune Franç., 1820, p. 173, pl. 76, fig. 2; Dresser, IV, p. 279, pl. 227; *d. lusitanica* Bocage, 1887; *ferruginea* v. d. Mühle, 1844.

Afrique Nord; très accidentel en France Sud, Espagne Sud, Baléares, Toscane.

GALERIDA *Boié* 1828

Corydus Dresser, 1902.

1. cristata (Linné), Syst. Nat., Ed. X, 1758, p. 166; 1766, p. 288; Dresser, IV, p. 285, pl. 228, 229.

Europe, du Sud de la Suède à l'Italie, aux Pyrénées, aux Balkans, à la Russie Sud

a. — tenuirostris Brehm, Naumannia, 1858, p. 208.

Russie Sud et Roumanie.

Plumage plus gris que celui du type, presque aussi gris que chez *caucasica*, et bec plus grêle.

b. — caucasica Taczarowski, Bull. Soc. Zool. France, 1887, p. 621; *magdæ* Loudon et Sarudny, 1903.

Caucase et bords Ouest de la Caspienne.

Semblable au type, mais les parties supérieures présentant, en plumage frais, une teinte grise si marquée qu'elles semblent couvertes de poussière (ce qui se voit bien en comparant deux séries de chacune de ces formes). Aile (mâle) : 106 à 110; (femelle) : 99 à 104 millimètres. Bec plus foncé que chez le type (au moins sur les peaux préparées).

c. Sous-espèce nouvelle.

d. Sous-espèce nouvelle.

(1)

2. Espèce nouvelle,
COCHLVIS DE THÉKLA

(1) Sous-espèce nouvelle · *Galerida cristata neumanni* Hilgert (Romagne). — Voyez l'Appendice

c. — **meridionalis** Brehm, Isis, 1841, p. 124, 126, *c. balcanica* Arrigoni, 1902, *crist. madaraszi* Herman, 1903.

Peninsule des Balkans, Dalmatie, Herzégovine, Montenegro, Grece.

En plumage frais à l'automne, le dessus est d'un brun clair avec une légère teinte rousse, les barbes externes des rectrices latérales très rousses, le dessous d'un roux-brun très clair; en plumage de printemps déjà fané, l'oiseau est très différent, devenant plus clair et plus grisâtre.

d. — **pallida** Brehm, Naumannia, 1858, p. 207; *rufescens, maculata*, etc., Brehm, 1855 à 1866.

Espagne et Portugal.

Semblable au type, mais le dessus plus clair, avec la bordure des plumes très claire, ce qui s'observe aussi bien dans le plumage frais de l'automne que dans celui du printemps.

2. theklæ Brehm, Naumannia, 1858, p. 210; *miramariæ* Homeyer, 1882.

Espagne, de Murcie et Valence jusque dans le Sud et partie du Portugal (plusieurs sous-espèces habitent l'Afrique Nord).

Diffère de *G. cristata* par son bec plus court et plus épais, par sa gorge fortement tachetée en forme de flammèches (comme chez les espèces du G. *Lullula*), et non d'un roux isabelle, mais d'un gris terreux sale, les couvertures inférieures de l'aile nettement grises. La première rémige n'est pas plus courte que les petites couvertures de l'aile mais aussi longue ou de 1 à 2 millimètres plus longue. Le dessus est semblable à celui de *G. cristata* d'Europe centrale, mais plus pâle, moins brun, un peu grisâtre, mais plus foncé que chez *G. c. pallida*. Le dessous n'a pas trace de teinte rousse; il est blanc avec une très faible teinte jaune sale. La gorge est comme le reste des parties inférieures sans trace de roux, ce qui dessine d'autant plus nettement les taches noires. Les couvertures inférieures de la queue sont d'une teinte uniforme. Bec : 14 à 15,5 millimètres; aile : 100 à 104 millimètres, la femelle un peu plus petite.

Famille XVII — MOTACILLIDÉS

Genres AGRODROME, CORYDALLE et PIPI (1)

1. Agrodroma campestris (Briss.)
AGRODROME CHAMPÊTRE
D. et G., I, p. 361.

2. Espèce nouvelle,
PIPI DE BERTHELOT
(2)

a. Sous-espèce nouvelle.

----

(1) Nous suivrons Dresser et Hartert en réunissant tous ces genres dans le G. *Anthus* de Bechstein.

(2) Sous-espèce nouvelle : *Anthus bertheloti lanzarotta* Tschusi (Ile Lanzarotte). — Voyez l'APPENDICE.

XVII — MOTACILLIDÆ

ANTHUS *Bechst.* 1802

Agrodroma Swains., *Corydalla* Vigors.

1. campestris Linné, Syst. Nat., Ed. X, 1758, p. 166 ; 1766, p. 285 ; Dresser, III, p. 317, pl. 137.

Europe, de la Suède Moyenne à la Méditerranée ; Afrique Nord ; à l'Est jusqu'à la Russie Moyenne et Sud et l'Asie Centrale.

2. bertheloti Bolle, Journ. f. Orn., 1862, p. 357 ; Dresser, III, p. 291, pl. 133.

Iles Canaries, de Lanzarotte à Hierro.

Ressemble à première vue à *A. pratensis* mais en diffère par ses parties supérieures plus pâles, d'une couleur plus uniforme, teintées de gris, les taches du cou, de la poitrine et des flancs formant d'étroites stries d'un brun foncé. Pattes d'un brun très pâle. Le jeune a les plumes du dessus bordées de roux et les pattes presque blanches. — Cet oiseau, que l'on a voulu rappprocher de *A. spinoletta*, en diffère nettement par son dos franchement tacheté, la gorge fortement striée, son bec et ses jambes plus gros, ses ailes très courtes, etc. etc., caractères qui en font une espèce bien distincte

a. — madeirensis Hartert, Vog. Pal. Fauna, I, 1905, p. 271.

Madère et Porto-Santo.

Semblable au type des Canaries mais le bec plus long (de 1 à 2, d'ordinaire 1,5 millimètres), ce que l'on constate en comparant deux séries provenant de ces deux localités.

3. Corydalla richardi (Vieill.)

CORYDALLE DE RICHARD
D. et G., I, p. 363.

4. Anthus arboreus (Briss.)

PIPI DES ARBRES
D. et G., I, p. 366.

5. Espèce nouvelle,

PIPI DE GUSTAVE ou DE LA PETCHORA

3. richardi Vieill., Nouv. Dict. H. Nat., 26, 1818,
p. 491 ; Dresser, III, p. 325, pl. 138.

Sibérie (où il niche) ; émigre en Europe Centrale et Ouest, France, Heligoland, Italie, Espagne, Angleterre ; Afrique Nord.

4. trivialis (Linné), Syst. Nat., Ed. X, 1758, p. 166 ;
1766, p. 288 ; Dresser, III, p. 309, pl. 132,
fig. 2 ; *arboreus* Bechst., 1807.

L'Europe, du 69° latitude Nord aux Pyrénées, la Haute-Italie, la Crimée, le Turkestan ; en hiver émigre dans la région Méditerranéenne, jusque dans l'Afrique Sud et l'Inde.

5. gustavi Swinhoe, P. Z. S., 1863, p. 90 ; *seebohmi*
Dresser, III, p. 295, pl. 134.

Russie et Asie Nord, de la Petchora au Kamtchatka, au Sud jusqu'à l'Altaï, émigre jusqu'aux Philippines et à Célèbes.

Parties supérieures d'un fauve vif richement strié de noir et de blanc ; parties inférieures comme celles d'*A. trivialis ;* la partie pâle des rectrices d'un fauve enfumé, non blanche. Ailes comme celles d'*A. trivialis* mais la couleur du fond plus noirâtre. Bec brun de corne, plus pâle à la base de la mandibule inférieure. Pattes brun pâle. Iris brun foncé. Les sexes semblables. Aile (mâle) 82 à 85 millimètres. En hiver, le dessus est plus olivâtre, les stries blanches sont plus distinctes et les parties inférieures lavées de fauve. Le *jeune* a la poitrine plus fortement tachetée, les taches noires s'étendant jusqu'au-dessous du menton qui reste blanc.

6. Anthus pratensis (Linné)

PIPI DES PRÉS

D. et G., I, p. 367.

7. Anthus cervinus (Pallas)

PIPI A GORGE ROUSSE

D. et G., I, p. 369.

8. Anthus spinoletta (Linné)

PIPI SPIONCELLE

D. et G., I, p. 371.

6. pratensis (Linné), Syst. Nat., Ed. X, 1758, p. 166;
1766, p. 287; Dresser, III, p. 285, pl. 132,
fig. 1.

Europe, de l'Islande et des Feroës aux Pyrénées, à l'Italie, les Carpathes; à l'Est jusqu'à la Sibérie, le Turkestan; émigre dans la région méditerranéenne, l'Afrique Nord et l'Asie Mineure.

7. cervinus (Pallas), Zoogr. Rosso-As., I, 1827,
p. 511; Dresser, III, p. 299, pl. 135, 136;
rufogularis Brehm, 1831.

Europe et Asie Nord, de la Scandinavie au Kamtschatka et même à l'Alaska; émigre à l'automne à travers l'Europe Centrale et Sud, jusque dans l'Afrique Nord et la Perse.

8. spinoletta (Linné), Syst. Nat., Ed. X, 1758, p. 166;
1766, p. 288; Dresser (*spipoletta*), III, p. 335,
pl. 140; *aquaticus* Bechst., 1807.

Europe Centrale et Sud (dans les montagnes), Vosges, Alpes (jusqu'à 2.500 mètres), Harz, Monts Sudètes, Pyrénées, Carpathes, Balkans, Espagne, Italie, Sardaigne; en hiver émigre dans l'Afrique Nord.

a. Sous-espèce nouvelle.

b. Anthus obscurus (Penn.)
PIPI OBSCUR
D. et G., I, p. 373.

c. Sous-espèce nouvelle.

a. — **blakistoni** Swinhoe, P. Z. S., 1863, p. 90 ; *ne-glectus* Brooks, 1876.

Asie Centrale, Turkestan (paraît s'étendre jusqu'au Caucase).

Plumage d'automne beaucoup plus clair que celui du type, plus pâle, moins jaune ou roux brunâtre que celui de *A. sp. coutelli* (de la Transcaucasie et Asie Mineure), le dessous d'un blanc sale, comme le type. Au premier printemps le dessous jusqu'au ventre est d'un jaune brunâtre lavé de rose, plus vif au-devant de la poitrine et au cou, et sans taches. La taille (variable) est en général plus faible que chez le type et *coutelli*. Aile : (mâle) 89 à 90, rarement 92 à 93 millimètres ; (femelle) 81 à 83 millimètres.

b. — **obscurus** (Latham), Index Ornith., 1790, II, p. 491 ; Dresser, III, p. 343, pl. 141 ; *immu-tabilis* Degland, 1849.

Iles Britanniques (sur les côtes), Jersey et Guerne-sey, Normandie, Bretagne ; en hiver visite toute la côte Ouest jusqu'à la Biscaye et l'intérieur du pays.

c. — **kleinschmidti** Hartert, Vög. Pal. Fauna, 1905, I, p. 284.

Iles Feroë (Nolsö).

Semblable à *obscurus* en pelage d'automne. mais le dessus plus sombre, le dessous plus obscur avec les taches plus étendues et même confluentes sur la ligne médiane. Le bec constamment aussi long que chez les spécimens à bec le plus long d'*obscurus*. Base de la mandibule inférieure pâle. Plumage du premier printemps semblable à celui de l'automne, mais le bec entièrement noir.

d. Sous-espèce nouvelle.

Genres BERGERONNETTE et HOCHEQUEUE
(réunis)

1. Budytes flava (Linné)
BERGERONNETTE PRINTANIÈRE
D. et G., I, p. 376.

a. Sous-espèce nouvelle.

d. — **littoralis** Brehm, Handb. Naturg. Deuts., 1831,
p. 331 ; *rupestris* (partim) Nilsson, Orn. Succ.,
I, 1817, p. 245, pl. 9, fig. 1, 2.

Plumage d'automne ne différant pas de celui d'*obscurus*. —
Plumage du premier printemps présentant à la gorge une
teinte rousse et dépourvue de taches, ou n'en présentant que
des vestiges.

Côtes de Scandinavie,
Mer Blanche,
en hiver émigre
au Sud (Heligo-
land, côtes d'Alle-
magne, Hollande,
Belgique,
France Nord,
Angleterre).

MOTACILLA *Linné* 1758

Budytes Cuv., 1817.

1. flava (Linné), Syst. Nat., Ed. X, 1758, p. 185 ;
Dresser, III, p. 261, pl. 129, fig. 1, 2.

Europe,
de la Scandinavie
moyenne a
l'Espagne Nord
et l'Italie Nord, a
l'Est jusqu'au
Danube, émigre
au Sud jusqu'à la
Colonie du Cap.

a. — **dombrowskii** Tschusi, Orn. Jahrb., XIV, 1903,
p. 161.

Roumanie, Vala-
chie, Dobrudscha,
Herzégovine.

Semblable au type mais la région auriculaire noirâtre
comme chez *M. fl. cinereocapilla*, le sommet de la tête plus
foncé, comme chez *borealis* et variable comme chez cette
dernière, mais la raie sourcilière blanche comme chez *flava*,
exceptionnellement obsolète. Gorge jaune, le menton seul
blanc. Dessous jaune, orangé chez les très vieux mâles.
Aile : 82 à 84 millimètres (Les spécimens de la Dobrudscha
sont tout à fait intermédiaires entre cette forme et le type).

b. Sous-espèce nouvelle.

c. Budytes cinereocapilla (Savi.)
BERGERONNETTE A TÊTE CENDRÉE
D. et G., I, p. 379.

d. Budytes rayi Bonap.
BERGERONNETTE DE RAY
D. et G., I, p. 378.

b. — **borealis** Sundev., Kongl. Vet. Acad. Handl.
Stockh., 1840 (1842), p. 53; *melanocephalus*
Brehm, Isis, 1842, p. 566 (nec Licht., 1823);
viridis Gm., 1788 ; Dresser, III, p. 269,
pl. 129, fig. 3.

Le mâle adulte se distingue du type par la région auriculaire plus foncée, ardoisée ou presque noire, le sommet de
la tête d'un gris plus foncé ; la raie sourcilière manque ou
est à peine indiquée, plus rarement elle est aussi nette que
chez le type. Sur la gorge on voit quelques ombres foncées,
qui manquent rarement, et souvent forment de grosses taches
olivâtres foncées. Les *jeunes* ressemblent à ceux du type. La
taille est la même.

Europe et Asie Nord, de la Scandinavie à la Mer d'Ochotsk ; émigre en Europe (rare dans l'Ouest), dans l'Afrique Nord et l'Inde.

c. — **cinereocapilla** (Savi), Nuov. Giorn. Litt., 1831,
n° 57, p. 190; *dalmatica* Sundev., 1842 ; *megarhynchos* Brehm, 1842.

Italie, Sicile, Péninsule des Balkans, de la Dalmatie au Monténégro ; Espagne ; émigre en Afrique jusqu'au Sénégal et au Lado.

d. — **rayi** Bonap., Geogr. et Comp. List of B. of
· Europe et N. Amer., 1838, p. 18; Dresser,
III, p. 277, pl. 131 ; *campestris* Keys. et Blas.,
1840 (nec Pallas).

Angleterre et Écosse Sud, Irlande Nord-Est, France Ouest, Portugal ; émigre dans l'Europe Ouest, l'Espagne, Héligoland, rare en Allemagne ; Afrique Ouest jusqu'au Congo.

e. Sous-espèce nouvelle.

f. Budytes melanocephala (Licht.)
BERGERONNETTE A TÊTE NOIRE
D. et G., I, p. 380.

2. Budytes citreola (Pallas)
BERGERONNETTE CITRINE
D. et G., I, p. 381.
(1)

3. Motacilla alba Linné
HOCHEQUEUE GRISE
D. et G., I, p. 383.

---

(1) Sous-espèce nouvelle : *Budytes citreola werae* (Russie Est). — Voyez l'APPENDICE.

e. — campestris Pallas, Reis. Russ. Reichs., III, 1776, p. 696 ; *flavifrons* Sewertzow, 1875.

Semblable à *M. fl. rayi* mais la tête présentant plus de jaune, la région auriculaire presque entièrement de cette couleur. Au printemps, le mâle adulte a le sommet de la tête entièrement jaune, mais avec des ombres vertes, de telle sorte que la raie sourcilière est à peine visible, ou fait complètement défaut.

Russie Sud, Steppes, du Volga à la Transcaspie ; émigre en Perse, Arabie, Afrique Est jusqu'au Transvaal (pris une fois en Hongrie).

f. — melanocephala (Licht.), Verz. Doubl. Zool. Mus. Berl., 1823, p. 36 ; Dresser, III, p. 273, pl. 160 ; *feldeggi* Michah., 1830 ; *paradoxa* Brehm, 1855.

Péninsule des Balkans, de la Dalmatie à la Grèce, Russie Sud, Caucase, Asie Mineure ; s'égare à l'Ouest jusqu'à Héligoland ; émigre en Italie, Afrique Nord-Est et Arabie.

2. citreola (Pallas), Reis. Russ. Reich., III, 1876, p. 696 ; Dresser, III, p. 245, pl. 127.

Russie Nord et de Moscou à Orembourg ; Sibérie et Mongolie ; émigre dans l'Asie Centrale, s'égare quelquefois en Italie, à Héligoland, dans la Prusse Est et (?) les Pyrénées.

3. alba Linné, Syst. Nat., Ed. X, 1758, p. 185 ; Dresser, III, p. 233, pl. 125 et 126.

Europe, de l'Islande et de la Scandinavie Nord à la Méditerranée et à l'Oural ; Angleterre, Écosse (accidentel) ; émigre en Afrique jusqu'au Niger et à l'Ouganda ; exceptionnellement à Madère, les Canaries, les Açores.

a. Motacilla yarrelli Gould.

HOCHEQUEUE DE YARRELL
D. et G., I, p. 384.

4. Motacilla sulfurea Bechst.

HOCHEQUEUE BOARULE
D. et G., I, p. 385.

a. Sous-espèce nouvelle.

b. Sous-espèce nouvelle.

a. — **lugubris** Temm., Man. d'Orn., I, 1820, p. 253;
Dresser, III, p. 239, pl. 125, fig. 3; 126,
fig. 2.

> Iles Britanniques,
> Hollande Ouest,
> Belgique, France
> Nord-Ouest;
> Suède Sud-Ouest,
> Danemark, Héli-
> goland; émigre
> en France Sud,
> Espagne, Maroc
> (sédentaire en An-
> gleterre Centrale
> et Sud).

4. boarula Linné, Mantissa plantarum, 1771, p. 527
(nec Scop.); *melanope* Dresser, III, p. 251,
pl. 128; *sulfurea* Bechst., 1807; *? canariensis*
Hartert, Nov. Zool., 1901, p. 322.

> Europe,
> de la Suède Sud
> à la Méditerranée;
> Iles Britanniques,
> Espagne, Oural
> Sud, Iles Cana-
> ries, Afrique
> Nord; émigre jus-
> qu'au Sénégal
> et à l'Ouganda.

a. — **melanope** Pallas, Reis. Russ. Reich., III, 1776,
p. 696; *bistrigata* Rafles, 1820, *noræ-guineæ*
Meyer, 1875.

> De l'Oural
> et du Caucase
> au Kamtschatka
> et aux Kouriles;
> émigre dans
> l'Inde, la Malaisie,
> Célebes,
> jusqu'à la
> Nouvelle-Guinée.

Diffère du type par sa queue plus courte (seulement 88 à
95 millimètres). La rectrice externe a très souvent un peu
de brun dans le milieu de sa tige, la plus voisine un peu de
brun sur son bord interne et la troisième presque toujours
plus ou moins de noir sur son bord interne.

b. — **schmitzi** Tchusi, Orn. Jahrb., XI, 1900, p. 223.

> Madère
> et les Açores
> (sédentaire).

Se distingue à première vue du type par la région auriculaire d'un ardoisé foncé, ses lores noires, les raies sourcilière et malaire plus ou moins obsolètes, et le gris foncé
des parties inférieures. La troisième rectrice (en partant de
la plus externe) passe à une teinte foncée et, presque toujours, présente une large bordure noire (rarement les barbes
internes sont entièrement blanches), et cette plume est, sur

Famille XVIII — HYDROBATIDÆ

Genre AGUASSIÈRE (ou CINCLE)

1. Hydrobata melanogaster (Brehm)
AGUASSIÈRE A VENTRE NOIR
D. et G., I, p. 391.

a. Sous-espèce nouvelle.

la moitié de sa longueur ou sur toute son étendue, entièrement noire. Le jaune des parties inférieures est très vif chez les vieux mâles, la gorge d'un beau noir. La *femelle* adulte a beaucoup de noir à la gorge. Les *jeunes* sont plus foncés que ceux du type.

XVIII — CINCLIDÆ

CINCLUS *Borkh.* 1797

Hydrobata Vieill., 1816.

1. **cinclus** (Linné), Syst. Nat., Ed. X, 1758, p. 168; *melanogaster* Brehm, 1823; Dresser, II, p. 177, pl. 20, fig. 2; *septentrionalis* Brehm, 1823.

Adulte. — Tête et nuque d'un brun noirâtre; ailes et queue de même couleur, bordées en dehors de gris ardoisé; dos d'un gris ardoisé foncé écaillé de noirâtre; poitrine et gorge ainsi qu'une petite tache au-dessus et au-dessous des yeux, d'un blanc pur, le reste des parties inférieures d'un brun noirâtre, les flancs lavés de gris ardoisé. Bec noirâtre, pieds bruns. — Le *jeune* est en dessus d'un brun ardoisé terne, les rémiges terminées de blanc; le dessous blanc, barré de brun, les flancs et la région anale d'un brun ardoisé. Aile : 94 à 98 millimètres.

Europe Nord, Scandinavie, Russie, Prusse Est; Poméranie; en hiver émigre vers le Sud.

a. — **britannicus** Tschusi, Orn. Jahrb., XIII, 1902, p. 69; *gularis* Lath., 1801 (juv.).

Grande-Bretagne.

Dessus semblable au type, mais la partie antérieure du dessous teinte plus ou moins de roux cannelle jusqu'aux couvertures de la queue; exceptionnellement le dessous est presque aussi foncé que chez certains spécimens du Nord

b. Sous-espèce nouvelle.

c. Sous-espèce nouvelle.

d. Sous-espèce nouvelle.

(non typiques). — Diffère de *C. c. aqualuus* par son dessus
foncé avec des bordures noires plus larges. Quelques spéci
mens très foncés sont très semblables à *C. c. cinclus ;* exceptionnellement, les plus clairs sont difficiles à distinguer des
plus foncés d'*aqualicus,* quand on n'a pas de séries assez
nombreuses sous les yeux.

b. — **hibernicus** Hartert, Vög. Pal. Fauna, I, 1910,
     p. 790.　　　　　　　　　　　　　　　　　Irlande.

Se distingue des deux formes précédentes par la largeur
plus grande de la bordure d'un noir enfumé des plumes du
dessus, de telle sorte que le dos, en plumage nouveau après
la mue, paraît entièrement noir. Diffère en outre de *britan-*
nicus par moins de roux-brun à la poitrine, la teinte du
dessous étant intermédiaire entre celle de *cinclus* et celle de
britannicus.

c. — **pyrenaïcus** Dresser, Ibis, 1892, p. 382.　　　Chaine des Pyré-
                                           nées (Basses et
                                           Hautes-Pyrénées).

Diffère de *C. c. cinclus* (ou *melanogaster*) par ses ailes plus
courtes, les parties supérieures d'un brun pâle, surtout sur
la tête et le cou, les parties inférieures plus pâles et d'une
teinte plus brune. Aile : 85 à 95 millimètres.

d. — **(cinclus) subsp?** Hartert, Vög. Pal. Fauna, I,　　Espagne,
      1910, p. 790.　　　　　　　　　　　　Sierras Nevada
                                        et Guadarrama.

Les spécimens d'Espagne ne semblent pas appartenir à la
sous-espèce précédente, la partie antérieure du dessus est
plutôt d'un rouge-brun et le dessus de la tête est d'un rouge
brunâtre, le dos également brunâtre. Aile : 94 à 100 millimètres.

e. Sous-espèce nouvelle.

f. Hydrobata cinclus (*partim*)
AGUASSIÈRE CINCLE
D. et G., I, p. 389.

g. Sous-espèce nouvelle.

h. Sous-espèce nouvelle.

e. — **sapsworthi** Arrigoni, Atlante Ornith., 1902, p. 150; *sardus* Hartert, 1901.

Corse et Sardaigne

Dessous comme chez *cinclus* (du Nord), dessus également, mais le dessus de la tête et le derrière du cou plus clairs, non d'un brun chocolat, mais grisâtres (Quelques spécimens d'*aquaticus* sont semblables, mais la présente forme est nettement plus petite). Aile : (mâle) 88 à 92, rarement 95 à 96; (femelle) 81 à 83 millimètres.

f. — **aquaticus** Bechst., Orn. Tasch., I, 1803, p. 206; Dresser, II, p. 167, pl. 19 (*partim*, excepté les spécimens d'Écosse); *tchusii* Kleinschm. et Hilg., 1907.

Europe Centrale, Allemagne. Belgique, France (sauf le Sud-Ouest et le Sud-Est), Carpathes et Roumanie Nord.

Diffère de *C. c. cinclus* par la partie antérieure du dessous, en arrière du plastron blanc, plus ou moins teintée de rouge-brun, ou d'un roux cannelle. En outre, le dessus de la tête et la nuque sont moins foncés; le dos est aussi d'ordinaire plus clair, la bordure noire des plumes étant plus étroite. Aile : (mâle) 85 à 97,5 ; (femelle) moins de 90 millimètres.

g. — **meridionalis** Brehm, Naumannia, 1856, p. 186 ; *albicollis* Vieill., 1816 (*partim*); Dresser, II, p. 181, pl. 20, fig. 1 ; *rufipectoralis* Brehm, 1856.

Europe Sud-Est, Alpes, Italie, Dalmatie, Bosnie, Serbie, Bulgarie, Turquie, Grèce.

Diffère d'*aquaticus* par ses parties supérieures plus pâles et la poitrine d'un roux plus vif, cette couleur s'étendant jusque sur l'abdomen.

h. — **caucasicus** Madarasz, Mus. Hung., I, 1902, p. 560.

Caucase Nord et Sud, Asie Mineure, Perse.

Diffère de *C. c. aquaticus* par ses parties inférieures qui sont d'un brun cannelle sombre (et non rouge-brun), cette région étant tout entière d'un brun foncé et passant seule-

Famille XIX — ORIOLIDÉS

Genre LORIOT

1. Oriolus galbula Linné
LORIOT JAUNE
D. et G., I, p. 392.

Famille XX — TURDIDÉS

Genre TURDOÏDE

1. Ixos obscurus Temm.
TURDOÏDE OBSCUR
D. et G., I, p. 396.

ment vers la poitrine au brun cannelle foncé ; diffère de
cinclus par ses parties supérieures moins foncées et la partie
antérieure du dessous brunâtre, moins grise également sur
les côtés. — Aile : (mâle) 89 à 94, rarement 97 (en général
90 à 92 millimètres); (femelle) 84 à 87,5 millimètres.

XIX — ORIOLIDÆ

ORIOLUS *Linné* 1766

1. **galbula** (Linné), Syst. Nat., Ed. X, 1758, p. 107 ;
   1766, p. 160 ; Dresser, III, p. 365, pl. 144 ;
   garrulus Brehm, 1831.

Europe, du 63°
latitude Nord
à la Méditerranée
et au Caucase,
à Madère et aux
Açores ; émigre en
hiver en Afrique
jusqu'au Sud
et Madagascar ;
en Asie
jusqu'à la Perse.

XX — TURDIDÆ

PYCNONOTUS (1) *Boié* 1828

Ixos Temm., 1840.

1. **Turdus barbarus** Desf., Mém. Acad. Roy. Sciences, 1787 (1789), p. 500, pl. III ; Dresser, III, p. 353, pl. 142 ; *obscurus* Temm.,
   1840.

Afrique Nord,
du Maroc
à la Tunisie ; pris
une ou deux fois
dans
l'Espagne Sud (*).

---

(1) Ce genre appartient, pour les modernes, à la famille des *Brachy-
podidæ* dont la grande majorité des représentants est des régions chaudes
de l'ancien continent.

Genre MERLE

1. Turdus merula Linné
MERLE NOIR
D. et G., I, p. 399.

a. Sous-espèce nouvelle.

b. Sous-espèce nouvelle.

c. Sous-espèce nouvelle.

TURDUS *Linné* 1758

Merula Boié, 1822.

I. merula Linné, Syst. Nat., Ed. X, 1758, p. 170; Dresser, II, p. 91, pl. 13.

Europe, du Cercle Arctique aux Pyrénées, l'Italie et la Russie; Iles Britanniques, etc.

a. — hispaniæ Kleinschmidt, Falco, 1909, p. 22.

Espagne.

Se distingue du type par ses ailes obtuses (les rémiges 3 à 5 étant plus courtes que chez le type) et sa queue relativement plus allongée. Aile (mâle) : 120,3 à 120,7 millimètres.

b. — cabreræ Hartert, Nov. Zool., VIII, 1901, p. 313; 1902, p. 326; *canariensis* Madarasz, 1903.

Madère, Canaries Ouest (Ténériffe, Grande Canarie, Palma, Hierro, Gomera).

Diffère du type par le noir plus foncé et plus brillant de son plumage, ses ailes remarquablement courtes, sa queue plus courte et plus forte, son bec d'ordinaire moins long, d'un orangé plus vif à l'époque de la reproduction. Aile 121 à 128; queue 100 à 110 millimètres. *Femelle,* dessus d'un brun plus enfumé que celle du type, plus foncé dessous. Le devant de la poitrine est olivâtre (non roussâtre), le bec souvent orangé comme celui du mâle. Aile (femelle) : 115 à 124; queue : 94 à 108 millimètres.

c. — azorensis Hartert, Nov. Zool., XII, 1905, p. 116.

Iles Açores (Santa-Cruz, Graciosa), de la côte jusque dans les montagnes.

Voisin du *cabreræ,* mais la queue notablement plus courte, les ailes plus massives et plus arrondies. Aile : 117 à 125; queue : 90 à 102 millimètres. — *Femelle* ayant comme la précédente le dessus d'un brun enfumé, mais la gorge en

d. Sous-espèce nouvelle.

2. Turdus torquatus Linné
MERLE A PLASTRON
D. et G., I, p. 401.

a. Sous-espèce nouvelle.

partie blanchâtre, rayée de plus foncé, le devant de la poitrine lavé de roux-brun avec des taches plus foncées, l'abdomen d'une couleur moins uniforme et plutôt d'un brun ardoisé. Bec supérieur plus ou moins brun, le reste comme celui de *cabreræ*. Aile : (femelle) 112 à 122 ; queue : 90 à 100 millimètres.

d. — aterrimus Madarasz, Orn. Monatsber., XI, 1903, p. 186.

Europe Sud-Est, Péninsule des Balkans, Roumanie, Grèce, Caucase ; Chypre, Asie Mineure, Perse Nord.

Mâle distinct du type de Suède par son plumage d'un noir plus pur et plus brillant et son bec plus grêle, jaune comme chez celui-ci. Aile : 123 à 134 ; queue 105 à 115 millimètres. — *Femelle* distincte à première vue par ses parties inférieures plus ternes et plus pâles. La gorge est d'un blanc plus pur et les raies brunes plus régulières et plus nettes, avec une tache blanche, sans raies, sur le milieu du gosier. Le devant du cou est d'un roux brunâtre avec très peu de taches. La poitrine et le ventre sont d'un gris ardoisé sombre, les plumes de la poitrine avec des bordures claires. Aile : 118 à 125 ; queue : 95 à 110 millimètres.

2. torquatus Linné, Syst. Nat., Ed. X, 1758, p. 170 ; Dresser, II, p. 113, pl. 14 ; *montana* et *collaris* Brehm, 1831.

Europe Nord. Scandinavie, Grande-Bretagne, Irlande, Iles Orcades ; émigre jusqu'à la Méditerranée et dans l'Afrique Nord-Ouest.

a. — orientalis Seebohm, Ibis, 1888, p. 311.

Caucase Nord et Sud, Perse Nord et parties montagneuses de la Transcaspie.

Semblable au type, mais la bordure blanche des plumes du dessous et du dessus du corps encore plus large (ce qui est loin d'exister chez *alpestris*), mais surtout la bordure blanche des rémiges et des grandes couvertures alaires plus large, ce qui fait paraître l'aile plus blanche. La bordure brillante du bord interne des rémiges est aussi plus marquée. Aile (mâle) : 137 à 147 millimètres.

b. Sous-espèce nouvelle.

[Turdus pallidus Gmel.

MERLE PALE

D. et G., 1, p. 402.]

[Turdus olivaceus Linné

MERLE OLIVE

D. et G., 1, p. 405.]

[Turdus migratorius Linné

MERLE ERRATIQUE

D. et G., 1, p. 406.]

3. Turdus pilaris Linné

MERLE LITORNE ou GRIVE LITORNE

D. et G., 1, p. 407.

b. — alpestris Brehm, Isis, 1828, p. 1281 ; Handb. Naturg. Vög. Deuts., 1831, p. 377.

Diffère du type par les plumes des parties inférieures qui sont plus largement bordées de blanc, et qui ont dans leur milieu une tache blanche, grande ou petite, allongée en fer de lance ; les couvertures inférieures de la queue portent de larges raies blanches. — La plupart des spécimens sont faciles à reconnaitre à première vue, mais lorsque les taches blanches sont étroites et peu accusées, on peut confondre cette forme avec *torquatus*.

Europe Centrale et Sud (dans les montagnes), des Pyrénées et Sierras d'Espagne aux Alpes, Sudètes, Carpathes, Balkans, Monténégro (mais non en Grèce, où la forme du Nord vient en hiver); Asie Mineure; signalée en Belgique, Luxembourg, près d'Osnabruck, etc.

[Cette espèce n'est plus admise comme européenne par les Ornithologistes modernes.]

Sibérie et Japon (espèce exclusivement asiatique).

[Espèce africaine qui n'est plus considérée comme européenne par les Ornithologistes modernes.]

Afrique Australe, Abyssinie.

[Espèce américaine qui n'est plus considérée comme européenne par les Ornithologistes modernes.]

Amerique du Nord.

3. pilaris Linné, Syst. Nat., Ed. X, 1758, p. 168 ; Dresser, II, p. 41, pl. 4, 5.

Europe et Asie Nord, des Tundras à la Pologne et la Thuringe; émigre en hiver dans toute l'Europe jusqu'aux Canaries, l'Afrique Nord, l'Asie Mineure et l'Inde Nord-Ouest.

4. **Turdus fuscatus** Pallas
MERLE BRUN
D. et G., I, p. 409.

5. **Turdus naumanni** Temm.
MERLE DE NAUMANN
D. et G., I, p. 410.

6. **Turdus ruficollis** Pallas
MERLE A COU ROUX
D. et G., I, p. 412.

7. **Turdus atrigularis** Temm.
MERLE A GORGE NOIRE
D. et G., I, p. 415.

8. **Turdus sibiricus** Pallas
MERLE SIBÉRIEN
D. et G., I, p. 416.

4. **fuscatus** Pallas, Zoogr. Rosso-As., I, 1827, p. 451, pl. 12; *?dubius* Bechst., Naturg. Deuts., 1795, IV, p. 240; Dresser, II, p. 63, pl. 7.

Sibérie Nord; en hiver émigre vers le Sud de l'Asie; s'égare en Europe Sud, Italie, France Sud, Allemagne, Norwège, Angleterre, etc.

5. **naumanni** Temm., Man. d'Orn., I, 1820, p. 170; Dresser, II, p. 59, pl. 6.

Sibérie Nord; en hiver émigre vers le Sud de l'Asie, s'égare en Europe, Allemagne, Hollande, Italie, France Sud, etc.

6. **ruficollis** Pallas, Reis. Russ. Reichs., III, 1776, p. 694; Dresser, II, p. 67, pl. 8.

Sibérie Est; en hiver émigre dans l'Asie Centrale; s'égare assez rarement jusqu'en Allemagne et à Héligoland.

7. **atrigularis** Temm., Man. d'Orn., I, 1820, p. 169; Dresser, II, p. 83, pl. 2.

Sibérie Ouest; en hiver émigre dans l'Asie Centrale et jusqu'en Arabie; en Europe, Finlande, Norwège, Allemagne, Autriche, Écosse, Angleterre, France, Italie.

8. **sibiricus** Pallas; Reis. Russ. Reichs., III, 1776, p. 694; Dresser, II, p. 19, pl. 12; *atrocyaneus* Homeyer, 1843.

Sibérie Nord; en hiver émigre dans l'Asie Centrale et Méridionale, les îles Malaises; en Europe s'égare en Allemagne, Hollande, France, Angleterre, Bulgarie.

9. **Turdus viscivorus** Linné

MERLE DRAINE

D. et G., I, p. 418.

10. **Turdus aureus** Hollandre

MERLE DORÉ

D. et G., I, p. 420.

11. **Turdus iliacus** (1) Linné

MERLE MAUVIS

D. et G., I, p. 421.

12. **Turdus musicus** Linné

MERLE GRIVE

D. et G., I, p. 422.

_____

(1) D'après Hartert (Vög. Pal. Faun., 1910, p. 653), cette espèce est (d'après la description) le véritable *T. musicus* de Linné dans la 10ᵉ édition de 1758.

9. **viscivorus** Linné, Syst. Nat., Ed. X, 1758, p. 168; Dresser, II, p. 3, pl. 1 ; *major, arboreus, meridionalis* (part.) Brehm, 1855.

Europe Nord et Centrale et dans les Montagnes du Sud-Europe, Corse, Sardaigne, Sicile, Oural ; passe l'hiver sur le pourtour de la Méditerranée.

10. **aureus** Hollandre, Faune de la Moselle, 1825, p. 60 ; Seebohms, Mon. Turd., pl. 1 ; *dauma* (1) *aureus* Hartert, Vög. Pal. Fauna, I, 1910, p. 642 ; *whitei* Eyton, 1836 (*Oreocincla* des Auteurs); *varius* Pallas, 1827.

Sibérie Est jusqu'au Japon ; émigre en Chine, Formose, Philippines ; Europe, Russie, Scandinavie, Autriche, Italie, France, Iles Britanniques, Héligoland, Allemagne.

11. **musicus** Linné, Syst. Nat., Ed. X, 1758, p. 169 ; *iliacus* Linné, 1766 (nec 1758); Dresser, I, p. 35, pl. 3 ; *musicus* Hartert, 1910 ; *coburni* Sharpe, 1901.

Europe et Asie Nord, Islande, Spitzberg, Scandinavie, Russie Nord, Allemagne, Pologne Nord, montagnes de l'Europe Centrale ; émigre en Europe Sud, Madère, Canaries ; Afrique Nord et Asie Sud.

12. **philomelos** Brehm, Handb. Naturg. Vög. Deuts., 1831, p. 382 ; *musicus* Linné 1766 (nec 1758) et Auctorum Recent. ; Dresser, II, p. 19, pl. 2.

Europe entière et Sibérie, du 60° latitude Nord jusqu'aux Pyrénées, aux Monts Cantabriques, aux Alpes, aux Apennins, au Caucase, à la Grèce ; émigre au pourtour de la Méditerranée, aux Canaries, en Afrique Nord, en Perse.

---

(1) Le type de l'espèce (*T. dauma dauma* Latham. 1790) est des hautes montagnes de l'Himalaya. Il est plus petit, avec seulement douze rectrices.

a. Sous-espèce nouvelle.

[Turdus minor Gm.
MERLE GRIVETTE
D. et G., I, p. 424.]

[Turdus solitarius Wils. et **Turdus swainsoni** Cab.
D. et G., I, p. 426 et 427.]

13. Espèce nouvelle
(pour l'Europe)
MERLE OBSCUR

a. — clarkei Hartert, Bull. Brit. Orn. Club., XXIII,
  1909, p. 54.

                  Grande-Bretagne
                   et ses îles,
                    Irlande.

Le dessus du corps est d'un brun plus chaud et plus roussâtre, particulièrement sur le croupion (les spécimens du
Continent ont cette partie d'un brun-olivàtre avec le croupion
gris-verdàtre). Le roux-jaunâtre de la gorge s'étend jusque
sur les flancs. Le dessous est plus richement tacheté (ce qui
frappe surtout sur une partie des oiseaux qui nichent aux
Hébrides et qui ont en outre le dessus plus foncé ; quand on
aura des séries plus complètes, il y aura peut-être lieu de
faire de ces derniers une sous-espèce distincte).

[Espèce américaine qui n'est plus considérée comme européenne par les Ornithologistes modernes.]

                   Amérique du
                    Nord.

[Ces deux espèces américaines ne sont plus admises dans
  la faune européenne.]

                   Amérique du
                    Nord.

13. obscurus Gmel., Syst. Nat., 1789, I, 2, p. 816 ;
  Dresser, II, p. 71, pl. 8 ; *rufulus* Drapiez,
  Dict. Class., 1826, X, p. 443 ; *pallens* Pall.,
  1827 ; *werneri* Géné, 1834 ; *davidianus* A. M.-
  Edw., 1865 ; *pallidus* Temm. (nec Gm.).

                   Sibérie,
                   du Iénisséi
                  au Kamtchatka ;
                  émigre en Asie
                  Sud, Japon,
                  Malaisie, Philip-
                  pines, Inde, Tur-
                  kestan, Europe :
                  Italie, France
                  Sud, Hollande,
                  Allemagne,
                  Héligoland ?

Tête et cou d'un brun ardoisé ; le reste des parties supérieures d'un brun olivàtre ; ailes et queue brunes, les rectrices
externes terminées de blanc ; une raie sourcilière blanchàtre.
Menton et une tache sous les yeux blancs ; poitrine et flancs
d'un fauve orangé ; le reste du dessous blanc. Plumes axillaires et couvertures alaires grises. Bec brun avec la mandibule inférieure jaune pàle ; iris brun. Aile : 123 à 130 millimètres. — La *femelle* est plus terne avec la tête et le cou
bruns, la raie oculaire d'un blanc fauve, le menton, la poitrine et les côtés du cou d'un blanc sale. — Le *jeune* est

Genre ROUGE-GORGE

1. Rubecula familiaris Blyth.
ROUGE-GORGE FAMILIER
D. et G., I, p. 429.

a. Sous-espèce nouvelle.

b. Sous-espèce nouvelle.

en dessus olivâtre tacheté d'ocre, les plumes noires à leur
pointe ; le dessous blanc, tacheté de brun sur la gorge et la
poitrine ; les flancs d'un orangé sale ; la raie sourcilière
indistincte.

ERITHACUS *Cuvier* 1801

Rubecula Brisson, 1760 ; *Dandalus* Kleinschmidt.

1. **rubecula** Linné, Syst. Nat., Ed. X, 1758, p. 188 ;
    1766, p. 337 ; Dresser, II, p. 329, pl. 51 ;
    dandalus Brehm, 1828.

Europe, du 68°
latitude Nord
à la Méditerranée
et de l'Atlantique
à l'Oural ;
Sibérie Ouest,
Turkestan.

a. — **microrhynchus** Reichen., Journ. f. Orn., 1906,
    p. 153.

Madère.

Diffère du type par son bec plus petit, la nuance moins
verte, plus brunâtre des parties supérieures. Aile : 69 à
72 millimètres.

b. — **superbus** Kœnig, Journ. f. Orn., 1889, p. 183 ;
    1890, pl. III.

Ténériffe et
la Grande Canarie
(de 130 à
700 mètres).

Dessus plus foncé, d'un brun plus olivâtre que le type
d'Europe (non roux-brun comme *melophilus*) ; le plastron
rouge de la gorge bordé d'une bande grise qui se prolonge
sur les côtés du cou ; d'ordinaire aussi, une grande partie du
dessus du corps présente une teinte d'un gris cendré. Le
roux du plastron très foncé, encore plus rougeâtre que chez
melophilus. Flancs très clairs. Dessous jusqu'à la poitrine
blanc sans teinte crème, qui se montre seulement sur le
ventre. Bordure interne des rémiges d'un ocre jaunâtre vif.
Deuxième rémige à peine plus longue que les rémiges

c. Sous-espèce nouvelle.

d. Sous-espèce nouvelle.

secondaires, les 4e à 6e rémiges à peu près égales, la 7e moins
longue que la 6e et presque aussi longue que la 3e, de sorte
que l'aile est obtuse. Aile : 65 à 72 millimètres. — Les
spécimens des Canaries Ouest (Gomera, Palma, Hierro),
examinés par Hartert, appartiennent peut-être à cette forme,
mais sont de plus grande taille. Aile : 70 à 75 millimètres
(Les spécimens de Fuerteventura ne sont que de passage, et
se rattachent au type d'Europe).

c. — melophilus Hartert, Nov. Zool., 1901, p. 317.

Iles Britanniques,
y compris l'Ir-
lande, les Orca-
des, les Hébrides.

Diffère du type par ses parties supérieures plus foncées,
tirant sur le roux-brun, sa gorge d'un roux plus brunâtre.
Les flancs sont d'un roux-brun plus foncé, de telle sorte
qu'il y a très peu de blanc sur les parties inférieures. Couvertures inférieures de l'aile d'un roux-jaunâtre, tachetées
sur le bord de roux-rouge. Couvertures inférieures de la
queue roux clair. Bec plus épais et plus massif. La pointe
de l'aile obtuse, arrondie, mais variable. Aile : 71 à 76 millimètres.

d. — (dandalus) sardus Kleinschm., Falco, 1906,
    p. 71.

Sardaigne, Corse
(dans les mon-
tagnes, à 750
et 1.000 metres).

Dessus plus foncé que le type, plus olivâtre (et moins
roux-brun). Taille du type. Gorge et poitrine presque aussi
rouge-brun que chez *melophilus*. Couvertures supérieures de
la queue et base des rectrices à peine ou pas plus rousses
que le dos. — (Sédentaire en Sardaigne où le type du continent se montre en hiver.) — Aile 70 à 74 millimètres (1).

____

(1) Il est possible que les spécimens du Sud de l'Espagne se rattachent à *L. r. witerbyi* Hartert d'Algérie, qui ressemble à *melophilus* par
sa gorge d'un roux-brun foncé. D'ailleurs, le *rubidus* type est de passage
en Algérie.

e. Sous-espèce nouvelle.

Genre ROSSIGNOL

1. Philomela luscinia (Linné)
ROSSIGNOL ORDINAIRE
D. et G., I, p. 131 (1) (*partim*).

---

(1) Les deux espèces de Rossignol semblent confondues ou mal délimitées géographiquement dans Degland et Gerbe.

e. — caucasicus Buturlin, Orn. Monatsb., 1907, p. 9.

> Caucase,
> versant Nord
> et versant Sud.

Intermédiaire entre le type d'Europe continentale et *E. r. hyrcanus* (de Perse). Semblable à ce dernier (qui est d'un roux foncé dessus), mais en différant par la base de la queue d'un roux-rouge moins vif et moins étendu, la teinte plus brune, moins intense du dos (qui se rapproche de celle du type), et le plastron plus pâle, d'un roux ocracé. Bec plus long que *rubecula* mais plus court qu'*hyrcanus*. — Les spécimens en habit de noces usé sont difficiles à distinguer de *rubecula*.

LUSCINIA *Forster* 1817

Philomela Selby, 1833; *Daulias* Boié, 1831;
Calliope Gould.

1. luscinia Linné Syst. Nat., Ed. X, 1858, p. 184; Dresser, II, p. 363, pl. 56, fig. 1 et 2; *philomela* Bechst., 1795; *luscinia* B., *major* Gm., 1789.

> Europe Nord,
> du Sud de la Fin-
> lande au Nord-Est
> de l'Allemagne,
> la Pologne,
> la Russie jusqu'à
> l'Oural,
> la Crimée,
> le Caucase Nord;
> Sibérie, Turkes-
> tan. A l'automne,
> émigre dans
> l'Afrique Est;
> s'égare rarement
> dans
> l'Europe Ouest.

La première rémige est toujours plus courte que les couvertures primaires (tectrices antérieures).

2. **Philomela major** (Shewenck) ?

ROSSIGNOL PROGNÉ
? D. et G., I, p. 432 (partim).
(1)

3. **Calliope camtschatkensis** (Gm.)

CALLIOPE DU KAMTSCHATKA
D. et G., I, p. 464 (2)

---

(1) Sous-espéce nouvelle : *Luscinia megarhynchus corsa* Parrot (Corse). — Voyez l'APPENDICE
(2) Cette espèce, type du genre *Calliope* de Gould, classée par Degland et Gerbe près du genre *Saxicola,* doit être placée ici, dans le genre *Luscinia* et près du genre *Cyanecula* qui diffère à peine de *Luscinia.*

2. megarhynchus Brehm, Handb. Naturg. Vög. Deuts.,
1831, p. 356; *media, okeni, peregrina, minor,
vera* Brehm, 1831-1855; *schuchii* Schinz, 1840.

La première rémige est plus longue que les couvertures
primaires, ou tout au moins aussi longue. Bec plus long et
plus grêle que celui de *luscinia*.

> Europe Centrale,
> de la Mer du Nord
> à la Méditerranée;
> Angleterre (pas
> en Écosse ni en
> Irlande), Europe
> Ouest et Sud,
> Iles de la Méditer-
> ranée; Afrique
> Nord-Ouest,
> Asie Mineure,
> Grèce, Crète,
> Russie Sud, Cri-
> mée; en hiver
> s'avance jusqu'à
> la Côte d'Or
> et l'Abyssinie.

3. calliope Pallas, Reis. Russ. Reichs., III, 1776,
p. 697; *camtschatkensis* Gm., 1789; *lathami*
Gould, 1837; *ignigularis* Dubois, 1862; *camtschatkensis* (*Calliope*) Dresser, II, p. 341, pl. 52.

Dessus brun teinté d'olivâtre, la tête plus foncée; une
ligne passant du front sur l'œil et une moustache blanches;
lores et dessous de l'œil noirs; devant du cou et gorge d'un
rouge vif bordé de gris ardoisé foncé; haut de la poitrine
d'un gris brunâtre; bas de la poitrine et flancs d'un fauve
gris; le reste du dessous blanc. Bec brun, blanchâtre à la
base; pieds d'un brun plombé, iris brun — La *femelle* n'a
pas la gorge rouge mais d'un blanc sale, et n'a pas de moustache blanche; le reste du dessous est brun clair, le ventre
blanc. Le *jeune* est tacheté. — Aile (mâle) : 74 à 83 millimètres.

> Sibérie jusqu'aux
> iles Kouriles,
> Mongolie;
> émigre en hiver
> dans l'Asie Méri
> dionale jusqu'au
> Japon et aux
> Philippines;
> s'égare en Eu-
> rope : Oural, Cri-
> mée, Caucase,
> France Sud, Italie
> et même
> Angleterre.

Genre GORGE-BLEUE

1. Cyanecula suevica (Linné)
GORGE-BLEUE SUÉDOISE
D. et G., I, p. 334.
et
Var. **Cyanecula cærulecula** (1) Pallas
GORGE-BLEUE ORIENTALE
D. et G., I, p. 437.

a. Sous-espèce nouvelle.

b. Sous-espèce nouvelle.

(1) D'après Hartert, « *cærulecula* » Pallas n'est qu'un nouveau nom pour la *suecica* de Linné, et non une forme distincte.

CYANECULA *Brehm* 1828

Luscinia (part.) Hartert, 1910; *Erythacus* Auct.

I. suecica (ou **suevica**) Linné, Syst. Nat., Ed. X, 1758, p. 187; Dresser, II, p. 317, pl. 49 et 50, fig. 2; *cœrulecula* Pallas, 1811-1831; *orientalis* Brehm, 1831.

Laponie, Suède, Russie Nord; Sibérie Ouest jusqu'au Iénisséi; en hiver émigre dans l'Est de l'Europe, la Transcaspie et l'Inde Ouest.

La tache de la gorge est variable du rouge au blanc, ou blanche avec le milieu rouge ou presque obsolète, mais la gorge n'est jamais complètement bleue.

a. — gaetkei Kleinschm., Journ. f. Orn., 1904, p. 302.

Norwège (dans les montagnes); émigre au Sud: Héligoland, Hollande, Allemagne Ouest, Grande Bretagne, France, Espagne; hiverne en Afrique Nord.

Diffère du type par une plus grande taille, notamment la pointe de l'aile plus longue, le dessus du corps d'un brun plus foncé, et dans son ensemble tout le plumage plus foncé. Aile (mâle): 76 à 81 millimètres (Pointe de l'aile: 17 à 20, au lieu de 15 à 17 millimètres chez le type).

b. — cyanecula Wolf, in Meyer et Wolf, Taschenb. d. Deuts. Vög., 1810, I, p. 240; *wolfi* Brehm, 1822; Dresser, II, p. 311, pl. 47, 48 et 50, fig. 1; *suecica* Naum., II, p. 414, pl. 75, fig. 3, 4 (nec L.).

Europe Centrale, France, Belgique, Hollande, Suisse, Allemagne, Pologne, Autriche, Hongrie, Russie Est jusqu'à Pétersbourg; émigre en Espagne, France Sud, Italie; Afrique Nord-Ouest, plus rare à l'Est.

Dessus brun, lores et région auriculaire d'un brun foncé; une raie sur l'œil d'un blanc fauve; ailes, rectrices médianes et partie terminale des latérales brun foncé avec la base châtain. Joues, menton, gorge et haut de la poitrine d'un riche bleu d'outremer avec une large tache centrale blanche, quelquefois également bleue, bordée en-dessous de noir et de bai. Le reste des parties inférieures, les flancs et les cou-

c. Sous-espèce nouvelle.

Genre ROUGE-QUEUE

1. Ruticilla phœnicura (Linné)
ROUGE-QUEUE DE MURAILLE
D. et G., I, p. 438.

vertures inférieures d'un blanc fauve. Bec, pieds et iris brun.
— *Femelles* plus pâle, le dessous d'un blanc fauve avec une
bande d'un brun foncé en travers de la poitrine ; les vieilles
femelles ont cependant des taches bleues sur la gorge et la
poitrine. — *Jeunes* semblables aux femelles. Aile (mâle)
71 à 81 millimètres.

c. — **volgæ** Kleinschm., Falco, III, 1907, p. 47.

Russie Sud,
Volga inférieur
(au Nord
jusqu'à Moscou),
Transcaspie
Ouest ; émigre
en Égypte.

Tache médiane de la gorge ordinairement blanche (cependant variable et quelquefois rousse avec une bordure blanche,
ou tout entière d'un rougeâtre foncé). Les spécimens à tache
rouge se confondent avec *suecica* sauf que la tache est plus
petite, surtout plus étroite. Le bleu de la gorge, au premier
printemps, est plus pâle ; en été, plus foncé. Les lores ont
quelquefois un reflet bleuâtre. Aile : 70 à 74 millimètres.

PHŒNICURUS *Forster* 1817

Ruticilla Brehm, 1828.

1. **phœnicurus** (Linné), Syst. Nat., Ed. X, 1758,
p. 187 ; Dresser, II, p. 227, pl. 41 ; *ruticilla*
Gould, Birds of Eur., II, pl. 95 ; *erithacus* et
tithys Linné, 1758 (la femelle) ; *nigra* Giglioli
(mélanisme accidentel).

Europe,
du Cap Nord
à la Méditerranée
(au Sud seulement
dans les mon-
tagnes) ; Russie
sauf les Steppes
et la Crimée ;
Sibérie ; émigre à
travers le Cau-
case, en Asie Mi-
neure et Afrique
Nord et Ouest.

a. Sous-espèce nouvelle.

2. Ruticilla tithys (Scop.)

ROUGE-QUEUE TITHYS
D. et G., I, p. 440 (partim).

a. Sous-espèce occidentale
(*Ruticilla tithys,* D. et G., partim).

3. Ruticilla erythrogastra (Güldenst.)

ROUGE-QUEUE A VENTRE ROUX
D. et G., I, p. 444.
(1)

------

(1) Sous-espèce nouvelle : *Ruticilla semenowi* Sarudny (Russie Est, Orenbourg). — Voyez l'APPENDICE.

a. — **mesoleuca** Hempt. et Ehremb., Symbol. Phys.,
1832, fol. ee; Dresser, II, p. 285, pl. 42.

Diffère du type par une tache alaire blanche (miroir) très
nette; les parties supérieures plus foncées, les parties inférieures d'un orangé plus vif. Aile (mâle) : 77 à 83 millimètres.

Crimée, Caucase, Asie Mineure, Perse; s'égare en Turquie, Grece, Hongrie, très rarement à Héligoland et à Alger.

2. ochruros (Gmel.), Reis. d. Russl., 1775, III, p. 101,
pl. 19, fig. 3; *titys* Scop. (nec Linné), 1769;
Dresser, II, p. 39, pl. 642.

Diffère de la Sous-Espèce **a** par son dos noir (non ardoisé),
cette couleur s'étendant jusque sur la poitrine, et par son
abdomen d'un roux châtain (et non gris).

Caucase, Armé-nie, Perse Nord-Ouest (race orientale du Tithys d'Europe).

a. — **gibraltariensis** (Gmel.), Syst. Nat., I, 1789,
p. 987; *tithys* Dresser, II, p. 293, pl. 29;
cairei Gerbe, 1848; *tithys* Auctorum plurim.
(nec Linné).

C'est à cette forme occidentale que se rapporte la description de *Ruticilla tithys* (1) dans Degland et Gerbe (p. 440).

Europe, de la Mer du Nord et de la Baltique à la Méditerranée et à la Russie et la Roumanie, accidentel en Cri-mée; de passage en Corse et Sardaigne, en An-gleterre; émigre dans l'Afrique Nord-Ouest, la Nubie, l'Asie Mineure; s'égare jusqu'en Scandinavie et en Islande.

3. erythrogastra (Güld), Nov. Comm. Petrop., XIX,
1775, p. 469, pl. 16, 17; Dresser, IX, p. 43,
pl. 643; *rufigularis* Moore, 1854; *ceraunia*
Pall., 1811-1831.

Caucase, Transcaucasie et Asie jusqu'au Nord de la Chine.

----

(1) La *Motacilla titys* de Linné paraît être la femelle de *Phœnicurus phœnicurus*, si l'on s'en rapporte à sa description.

Genre PÉTROCINCLE

1. Petrocincla saxatilis (Linné)
PÉTROCINCLE DE ROCHE
D. et G., I, p. 446.

2. Petrocincla cyanea (Linné)
PÉTROCINCLE BLEU
D. et G., I, p. 447.

Genre TRAQUET

1. Saxicola œnanthe (Linné)
TRAQUET MOTTEUX
D. et G., I, p. 450.

MONTICOLA *Boié* 1822

Petrocincla Vigors, 1825.

1. saxatilis (Linné), Syst. Nat., 1766, I, p. 294 ;
Dresser, II, p. 129, pl. 16, 17.

Europe Centrale
et Sud (dans
les montagnes),
Harz, Taunus,
etc., Vosges, Jura,
Alpes, Pyrénées,
Corse, Sicile,
Caucase, etc. ;
Afrique Nord,
Asie Mineure
jusqu'en
Chine Nord.

2. solitarius (Linné), Syst. Nat., Ed. X, 1758, p. 170 ;
cyanus (Linné), Syst. Nat., I, 1766, p. 296 ;
Dresser, II, p. 139, pl. 18.

Europe Centrale
et Sud (dans
les montagnes),
Alpes de Suisse,
Croatie, Dalma
tie, Monténégro,
Grèce, îles de
la Méditerranée,
Caucase ; s'égare
plus au Nord
(Belgique); Perse,
Afrique Nord,
Oasis du Sahara.

SAXICOLA *Bechst.* 1802

1. œnanthe (Linné), Syst. Nat., Ed. X, 1758, p. 186 ;
1766, p. 332 ; Dresser, II, p. 187, pl. 21.

Europe entière,
des Iles Britanni-
ques à la mer
de Behring et à
l'Alaska ; au Sud
jusqu'aux Monts
Cantabres ; Asie
Mineure, Perse ;
émigre jusque
dans l'Afrique
tropicale.

a. Sous-espèce nouvelle.

2. Espèce nouvelle
(pour l'Europe)
TRAQUET DÉSERTIQUE

3. Saxicola saltator Ménétr.
TRAQUET SAUTEUR
D. et G., I, p. 452.

a. — **leucorrhoa** Gm., Syst. Nat., I, 2, 1789, p. 966.

Diffère du type par ses parties inférieures, particulièrement la gorge et le haut de la poitrine en costume d'automne, d'un roux vif, et ne devenant pas, à l'époque de la reproduction, aussi clair que chez le type. Taille supérieure. Aile de 5 à 12 millimètres plus longue (soit 98 à 111 millimètres). Patte plus longue de 2 millimètres ; mais le bec n'est pas plus long. Les bordures brunes des rémiges sont presque obsolètes.

Groenland et Amérique Nord, Spitzberg, Islande, Iles Feroë ; émigre à travers l'Europe Ouest (Angleterre, Hollande, etc., Canaries, Açores, Algérie), jusqu'au Sénégal.

2. deserti Rüpp., in Temm., Pl. Col., 1825, pl. 359, fig. 2 ; Dresser, II, p. 215, pl. 27.

Sommet de la tête, nuque, dos, scapulaires et grandes couvertures alaires isabelles ; face, sourcils, croupion, couvertures inférieures de l'aile, poitrine et abdomen blancs ; ailes noires, les rémiges bordées d'isabelle et de blanc ; queue noire avec l'extrême base blanche ; côtés de la tête, cou et gorge d'un noir brillant ; flancs et poitrine lavés d'isabelle ; bec et pieds noirs. — Aile : 87 à 92 millimètres. — *Femelle*, en dessus, plus grise et plus terne, le croupion lavé d'isabelle, les ailes brunes, la gorge et le dessous isabelle. — En hiver, le *mâle* est, en dessus, plus gris, et le noir de la gorge est atténué par la bordure crémeuse des plumes. — Cette espèce est bien caractérisée par le peu de blanc qu'elle porte à la base de la queue, en dessous.

Afrique Nord, Sahara, du Cap Blanco à l'Égypte et l'Arabie, Algérie ; s'égare vers le Nord jusque sur les côtes d'Angleterre (Norfolk) et en Italie.

3. isabellina Cretzschm., Atlas zu Rüpp. Reis. Vog., p. 52, pl. 34, b ; Dresser, II, p. 199, pl. 22 ; *saltator* Ménétr., Cat. Rais. Caucase, 1832, p. 30.

Russie Sud-Est, Asie Mineure jusque dans la Chine Nord-Ouest ; émigre en Afrique, Arabie, Inde, Algérie ; accidentel en Europe Sud-Est et jusqu'en Angleterre.

4. **Saxicola stapazina** (Gm.)
TRAQUET STAPAZIN
D. et G., I, p. 454.

a. **Saxicola aurita** Temm.
TRAQUET OREILLARD
D. et G., I, p. 455 (*partim*).

5. **Saxicola leucomela** (Pallas)
TRAQUET LEUCOMÈLE
D. et G., I, p. 457.

4. hispanica (Linné), Syst. Nat., Ed. X, I, 1758, p. 186; *stapazina* (Linné), Syst. Nat., 1766, p. 331; Dresser, II, p. 207, pl. 24 et 25, fig. 2; *rufa* Stephens, 1817; *aurita* (part.) Temm., 1820; *caterinæ* Whitaker, 1898.

Europe Sud-Ouest, dans la région méditerranéenne, France Sud, Savoie, Espagne, Italie, Istrie, îles de la Méditerranée; Afrique Nord-Ouest; émigre jusqu'au Sénégal; accidentel à Heligoland et en Angleterre.

a. — xanthomelaena Hempr. et Ehr., Symb. Phys. Aves, 1833, fol. c, aa. n° 6; *eurymelaena* H. et E., loc. cit., 1833, n° 9; *melanoleuca* (part.) Dresser, II, p. 211, pl. 26 et 25, fig. 1 (spécimens ex Asia minori, nec ex Georgia [1], Persia); *aurita var. libyca*; *amphileuca* H. et E., 1833, n° 4; *albicilla* Müller, 1851.

Russie Sud, Crimée, Bulgarie, Turquie, Monténégro, Grèce, Dalmatie, Croatie, Italie Sud; Asie Mineure, Palestine; émigre en Afrique Nord-Est, Égypte, Abyssinie, Soudan Est, s'étendant jusqu'en Algérie.

5. pleschanka Lepechin, Nov. Comm. Petrop., 1770 (1771), XIV, p. 503, pl. 24; *leucomela* Pall., l. c., 1771, p. 584, pl. 22, fig. 3; *morio* Hempr. et Ehr., 1828; Dresser, II, p. 235, pl. 33, fig. 1; *somalica* Sharpe, 1896, Dresser, IX, pl. 637 (V. pour la synonymie : Hartert Vög. Pal. Fauna, I, p. 688) [2].

Russie Sud, d'Orenbourg et du cours moyen du Volga à la Crimée, Caucase; Transcaspie, Perse jusqu'en Chine Nord; émigre en Afrique Nord-Est; s'égare en Italie, à Heligoland.

---

(1) Le véritable *Saxicola melanoleuca* Guldenst. ne se montre pas au Nord du Caucase, et c'est à tort qu'on a appliqué ce nom à la forme orientale d'*hispanica*, qui est la présente sous-espèce.

(2) *Saxicola lugens* Licht., 1823 (Degland et Gerbe, I, p. 458), est une forme asiatico-africaine (Algérie, Égypte, Syrie), qui n'appartient pas à la faune d'Europe, et qui a pu être confondue avec d'autres espèces; elle est figurée par Dresser, II, pl. 33, 2 (sous le nom de *leucomela*).

6. Saxicola leucura (Gmel.)
TRAQUET RIEUR
D. et G., I, p. 459.

Genre TARIER

1. Pratincola rubetra (Linné)
TARIER ORDINAIRE
D. et G., I, p. 461.

a. Sous-espèce nouvelle.

6. leucurus (Gmel.), Syst. Nat., I, 2, 1789, p. 820;
Dresser, II, p. 247, pl. 36; *cachinnans* Temm.,
1820.

> Espagne, Portugal, France Sud, Italie, Sicile.

PRATINCOLA *Koch* 1816

1. rubetra (Linné), Syst. Nat., Ed. X, 1758, I,
p. 186; 1766, p. 332; Dresser, II, p. 255,
pl. 37, 38.

> Europe, du 70° latitude Nord, Scandinavie, Russie, Iles Britanniques, à la Méditerranée (mais ne dépassant pas les chaînes de montagnes d'Espagne Nord et d'Italie); émigre en Grèce, Afrique Nord et tropicale.

a. — spatzi Erlanger, Journ. f. Orn., 1900, p. 101;
dalmatica Kollibay, 1903.

> Dalmatie (où il niche); émigre dans le Sud de l'Algérie.

Plumage plus clair que celui du type, la bordure des
plumes du dessus plus pâle, plutôt jaune-brun que rouge-
brun; le dessous plus clair. Cette différence se voit déjà
immédiatement après la mue; les spécimens du type du
Nord en plumage d'été fané sont aussi plus clairs, mais, par
suite de l'usure du bord des plumes, le noir prédomine sur
le dos. Quelques spécimens en plumage nouveau sont
cependant assez pâles, et se rapprochent de la teinte de
P. r. spatzi.

b. Sous-espèce nouvelle.

c. Sous-espèce nouvelle.

2. Pratincola rubicola (Linné)
TARIER RUBICOLE
D. et G., I, p. 462.

a. Sous-espèce nouvelle.

b. — noskæ Tschusi, Orn. Jahrb., 1902, p. 234.

Caucase Nord (vraisemblablement aussi en Perse Nord-Ouest).

Semblable à *P. r. spatzi* mais le bord des plumes du dessus encore plus clair et d'un jaune-gris brunâtre. En outre, les taches allongées d'un brun noirâtre sur le dos paraissent plus grandes, et l'oiseau, en général, a toutes ses dimensions plus grandes. Aile (mâle) : 80 à 81 et 82 millimètres.

c. — dacotiæ Meade-Waldo, Ibis, 1889, p. 504, pl. 15 ; Dresser, IX, 1895, p. 37, pl. 640.

Ile Fuerteventura (Canaries Est).

Dessus d'un brun noirâtre, les plumes ayant leur bordure plus claire ; sommet de la tête et nuque plus foncés ; lores et côtés de la tête noirs ; une raie sourcilière blanche. Ailes et queue brunes avec une bordure blanche ; une tache alaire blanche. Dessous blanc avec une tache d'un roux pâle à la poitrine. Bec et pieds noirs. Aile : 60 à 63 millimètres. — La *femelle* est plus pâle et plus terne surtout sur la tête, et la tache de la poitrine est presque obsolète.

2. (torquata) [1] **rubicola** (Linné), Syst. Nat., 1766, p. 332 ; Dresser, II, p. 263, pl. 39 et 40.

Europe Continentale du Sud de la Suède à la Méditerranée avec ses îles ; émigre en Afrique Nord et Palestine.

a. — hibernans Hartert, Journ. f. Orn., 1910, p. 173.

Iles Britanniques (où elle est sédentaire).

Diffère de *rubicola* en plumage d'automne par la bordure des plumes du dessus qui est plus foncée, d'un rouge-brun ; par la couleur du dessous plus foncée, d'un brun châtain pur sur la poitrine ; cette couleur rouge-brun se montre déjà sur les jeunes encore au nid. Le plumage d'été ne devient pas plus clair, mais conserve la bordure d'un rouge-

---

(1) Le type (*Muscicapa torquata* L.) est africain, et le nom de « torquata » a la priorité (de quatre pages) dans le *Systema naturæ* de 1766.

b. Sous-espèce nouvelle.

3. Espèce nouvelle
(pour l'Europe).

Genres ACCENTEUR et MOUCHET

1. Accentor alpinus (Gmel.)
ACCENTEUR DES ALPES
D. et G., I, p. 466.

brun sur les plumes du dessus, et les côtés du corps ne deviennent pas aussi clairs que chez *rubicola*. Aile (mâle) : 66 à 68 millimètres.

b. — maura (Pallas), Reiss. Russ. Reichs., II, 1773, p. 708 ; Gould, Birds of Asia, IV, pl. 34.

Russie Sud-Est, Oural inférieur jusqu'à Oren-bourg, Caucase ; Transcaucasie, Perse ; émigre en Afrique Nord-Est, Abyssinie et en Arabie Sud.

Diffère de *rubicola* par ses couvertures supérieures de la queue qui sont d'un blanc pur, **sans taches**, par ses couvertures caudales inférieures et axillaires plus noires, et par sa taille un peu moindre. Aile (mâle) : 68,5 à 72,5, exceptionnellement 74 à 78 millimètres.

3. (caprata) rossorum Hartert, Journ. f. Orn., 1910, p. 180 ; Dresser, IX, 1895, pl. 641.

Espèce asiatique (Transcaspie), signalée une seule fois en Russie, près la rivière Sakmara, affluent de l'Oural

Dessus, toute la tête, le cou, la gorge, la poitrine et les flancs, les ailes et la queue d'un noir brillant (mâle). Grandes couvertures de l'aile, couvertures caudales supérieures et inférieures et dessous du corps blancs. Les plumes de la poitrine, en plumage frais après la mue, ont une bordure d'un brun blanchâtre. Aile : 73 à 78 millimètres. — *Femelle*, dessus d'un brun plus ou moins foncé avec le milieu des plumes plus foncé, les couvertures caudales roussâtres. Ailes brun foncé à bordure d'un roux pâle. Dessous brun clair, la gorge d'un brun blanchâtre.

PRUNELLA *Vieill.* 1816

Accentor (1) Bechst., 1802.

1. collaris (Scop.), Annus I Histor.-Natur., 1769, p. 131 ; Dresser, III, p. 29, pl. 99 ; *alpinus* Gm., 1789 ; Naumann et Auct.

Montagnes d'Europe Sud ; Pyrénées, Alpes, Carpathes, Monts des Géants, Apennins, Sicile, Espagne ; en hiver s'avance jusqu'en Belgique, Angleterre, Heligoland.

---

(1) Ce nom, préoccupé, a dû être remplacé par *Prunella*.

a. Sous-espèce nouvelle.
(1)

b. Sous-espèce nouvelle.

2. Prunella modularis (Linné)
MOUCHET CHANTEUR
D. et G., I, p. 168.

(1) Sous-espèce nouvelle *Accentor collaris tschusii*, Schiebel (Corse) — Voyez l'APPENDICE.

a. — **subalpina** Brehm, Handb. Naturg. Vög. Deuts., 1831, p. 1009; *reiseri* Tschusi, Orn. Monatsb., 1901, p. 131.

Dalmatie et Peninsule des Balkans jusqu'à la Grèce.

Diffère du type par son dessus plus franchement gris, presque sans mélange de brun. La partie tachetée du dos est un peu moins étendue. Poitrine plus claire, franchement grise, les taches d'un rouge-brun des côtés s'étendant moins sur la poitrine et un peu plus pâles. Ordinairement la 1e rémige aussi longue que la 3e (chez le type, elle est, le plus souvent, plus courte de 1 à 2 millimètres).

b. — **caucasica** Tschusi, Orn. Mon., 1902, p. 186; *hypanis* Tschusi, l. c., 1905, p. 135.

Caucase Nord, Asie Mineure (Taurus).

Dessus aussi clair que chez *subalpinus* mais avec une légère teinte jaunâtre; les taches presque limitées à la partie antérieure du dos, à l'automne manifestement; en plumage de noce plus faiblement marquées et presque obsolètes. Scapulaires plus pâles. Bordure des couvertures supérieures de la queue jaunâtre, et non blanche. Le roux des flancs plus ou moins étendu.

2. modularis (Linné), Syst. Nat., Ed. X, 1758, p. 184; Dresser, III, p. 39, pl. 100; *plumbea* Pall., 1764; *pinetorum* Brehm, 1831.

Europe, du 70° latitude Nord à la Méditerranée, à l'Oural et la Mer Noire; Corse et Sardaigne (dans les montagnes); émigre l'hiver en Afrique Nord, Asie Mineure; accidentel seulement dans l'Angleterre Est.

a. Sous-espèce nouvelle.

.

3. Prunella montanella (Pallas)
MOUCHET MONTAGNARD
D. et G., I, p. 170.

.

Genres FAUVETTE et BABILLARDE

1. Sylvia atricapilla (Linné)
FAUVETTE A TÊTE NOIRE
D. et G., I, p. 473.

.

a. Sous-espèce nouvelle.

a. — occidentalis Hartert, Brit. Birds, 1910, p. 313.

Iles Britanniques (y compris l'Irlande, les Orcades, les Hébrides); sédentaire.

Gorge et haut de la poitrine gris foncé; milieu du dessous du corps moins manifestement blanchâtre que chez le type; couleur fondamentale des flancs plus foncée, de telle sorte que les larges raies brunes qui les barrent se détachent moins nettement. Le dessus est, en général, moins vivement coloré en rouge-brun. — Chez la *femelle* ces différences sont moins accusées. Le bec est plus épais et plus robuste. L'aile est plus obtuse (Les spécimens du continent provenant de Suisse, des Pyrénées, par exemple, sont difficiles à distinguer par leurs teintes, mais n'ont pas l'aile aussi obtuse).

3. montanella Pallas, Reis. Russ. Reichs., 1776, II, 1, p. 695; Dresser, III, p. 35, pl. 100; *temmincki* Brands, 1848.

Asie Nord, Sibérie de l'Oural à la mer de Behring; émigre en Chine et Corée; s'égare en Europe. monts Oural, Crimée, Autriche, Italie.

SYLVIA *Scop.* 1769

Curruca Boié, 1822.

1. atricapilla (Linné), Syst. Nat., Ed. X, 1758, p. 187; 1766, p. 332; Dresser, II, p. 421, pl. 66; *ruficapilla* Naumann, 1853; *pauluccii* Arrigoni, Avicula, VI, 1902, p. 103.

Europe, du 66° latitude Nord à la Méditerranée; Açores, Afrique Nord, Asie Mineure jusqu'à la Perse.

a. — heineken Jardine, Edimb. Journ. Nat. and Geogr., I, 1830, p. 243; *obscura* Tschusi, 1901; *capirote* Floerike, 1905.

Madere (les spécimens des Canaries sont plus clairs, probablement simplement de passage).

Plumage plus sombre que celui du type, ce qui est surtout

2. Sylvia hortensis « (Gm.) »
FAUVETTE DES JARDINS
D. et G., I, p. 474.

3. Curruca garrula Briss.
BABILLARDE ORDINAIRE
D. et G., I, p. 477.

4. Espèce nouvelle
(pour l'Europe).

marqué sur le dessus de la *femelle*, dont la tête et le dos sont plus foncés, de telle sorte que le noir de la coiffe se détache moins nettement. Les flancs sont plus bruns que sur le type. Chez le *mâle*, le dessus, très foncé, est olivâtre et les flancs d'un brun foncé. Aile : (mâle) 69 à 72, (femelle) 68 à 71 millimètres.

2. borin (Bodd.), Table Pl. Enlum., 1783, p. 35, ex Pl. Enl., 579, 2; *hortensis* Auctorum (nec Gmelin); Dresser, II, p. 429, pl. 53; *passerina* Gmel., 1788.

Europe, des Iles Britanniques, de la Scandinavie et de la Russie Nord, au Sud (où elle est plus rare); Sibérie et Perse; émigre dans la région méditerranéenne et hiverne en Afrique jusqu'au Sud.

3. curruca (Linné), Syst. Nat., Ed. X, 1758, p. 184; Gmel., 1788, p. 954; Dresser, II, p. 383, pl. 58; *garrula* Briss., 1760; Bechstein, 1807.

Europe, de la Grande-Bretagne et de la Norwège à la Méditerranée et à l'Oural; Caucase; Asie Mineure, Perse; hiverne dans l'Afrique Nord.

4. (nana) [1] **deserti** (Loche), Rev. et Mag. Zool., 1858, p. 394, pl. XI, fig. 1 (*Stoparola*).

Sahara algérien et tunisien jusqu'à la Tripolitaine; pris une fois à Porto-Santo (Madère) et une fois en Italie (Crémone).

Diffère du type (oriental) par sa teinte isabelle se rapprochant beaucoup plus du roux que du gris-brun. Les ailes sont d'un brun pâle bordées de roux-isabelle, les rémiges internes de la couleur du dos. Croupion et couvertures supérieures de la queue roussâtres. Dessous blanc avec une légère teinte crème, les flancs lavés d'isabelle clair. Iris d'un jaune vif. Bec d'un brun de corne, la mandibule inférieure

---

(1) Le type (*Curruca nana* Hempr. et Ehr., 1833) figuré par Dresser, IX, p. 63, pl. 648, est des steppes du Turkestan et s'étend jusqu'au Sinaï, à l'Arabie, au Somali.

5. Curruca orphea (Temm.)

BABILLARDE ORPHÉE

D. et G., I, p. 479.

a. Sous-espèce nouvelle.

6. Curruca cinerea Briss.

BABILLARDE GRISETTE

D. et G., I, p. 480.

7. Curruca subalpina (Bonelli)

BABILLARDE SUBALPINE

D. et G., I, p. 482.

et le bord des mandibules d'un brun-jaune pâle. Aile : 56 à
59 millimètres.

5. **hortensis** (Gm. nec Auctorum), Syst. Nat., 1788,
     I, p. 955, ex Buff. et Daub., Pl. Enlum., 579,
     1 ; *orphea* Temm., Man. Orn., 1815, p. 107,
     et Auct. plurim ; Dresser, II, p. 411, pl. 64 ;
     grisea Vieill., 1817.

Europe Sud-Ouest et Afrique Nord-Ouest, Portugal, Espagne, France Centrale et Sud, Suisse, Italie, Corse, Sardaigne, Sicile, rare en Angleterre et à Heligoland.

a. — **crassirostris** Cretzschm., Atlas Reise Rüpp.,
     1826, p. 49, pl. 33, fig. a ; *jerdoni* (Blyth)
     Kollibay, 1904.

Europe Sud-Est, de la Dalmatie à la Grèce ; l'Asie jusqu'à la Perse et au Turkestan ; hiverne en Nubie, Somali, Arabie, Inde citérieure.

Diffère du type occidental par un bec plus long (arête de
18 à 20,5 millimètres, au lieu de 16 à 18) ; le dessous du
corps est plus blanchâtre et prend à l'automne une teinte
rose qui passe ensuite au roux jaunâtre. L'aile a la même
longueur que celle du type, exceptionnellement jusqu'à
85 millimètres.

6. **communis** Latham., Gen. Syn. Suppl., I, 1787,
     p. 287 ; ? *rufa* Bodd., 1783 ; *cinerea* Bechst.,
     1803 ; Dresser, II, p. 377, pl. 57.

Europe, du 65° latitude Nord à la Méditerranée, d'Arkangel à l'Oural en Russie ; hiverne en Afrique ; émigre aux Canaries.

7. **subalpina** Temm., Man. Orn., 2ᵉ Éd., 1820, I,
     p. 214 ; Dresser, II, p. 389, pl. 59 ; *leucopogon*
     Meyer, 1822.

Italie et Alpes à partir de la Savoie, France Sud, Espagne, Corse, Sardaigne, Sicile (probablement sédentaire) ; pris une fois à Saint-Kilda.

a. Sous-espèce nouvelle.

8. Curruca conspicillata (Marmora)
BABILLARDE A LUNETTES
D. et G., I, p. 484.

a. Sous-espèce nouvelle.

9. Curruca nisoria (Bechst.)
BABILLARDE ÉPERVIÈRE
D. et G., I, p. 485.

a. — **albistriata** (Brehm), Vogelfang, 1855, p. 229; *leucopogon orientalis* Brehm, 1866.

Dalmatie et Péninsule des Balkans, Grèce, Asie Mineure, Égypte, Oasis du Sahara.

Ailes plus longues que celles du type. La raie blanche de la barbe plus large, le rouge-brun de la gorge tirant davantage sur le châtain, plus claire sur les côtés; le milieu du dessous plus nettement blanc, les couvertures inférieures de la queue avec une très légère teinte rousse. La bordure externe des rémiges, en pelage nouveau, plus claire et plus pâle. Taille plus grande; aile (mâle) : 59 à 65, rarement 67 millimètres.

8. conspicillata Temm., Man. Orn., 2ᵉ Éd., 1820, I, p. 210; Dresser, II, p. 393, pl. 60.

Europe Sud, Espagne, France Sud-Est, Italie, Corse, Sardaigne, Sicile, Malte, Ile Fuerteventura; Afrique Nord-Ouest, Oasis du Sahara.

a. — **bella** Tschusi, Orn. Monatsb., 1901, p. 130.

Madère, Canaries; Iles du Cap-Vert (sédentaire).

Diffère du type d'Europe par le dessus de la tête d'un gris plus foncé, le dos d'un brun plus foncé, la bordure des rémiges plus châtain chez le *mâle*, et le dessus d'un brun plus foncé chez la *femelle*.

9. nisoria (Bechst.), Gem. Naturg. Deuts., IV, 1795, p. 580; Dresser, II, p. 435, pl. 68; *undata* Brehm, 1831 (nec Bodd., 1783).

Europe, de la Suède Sud et du Golfe de Finlande au centre du continent jusqu'à la Haute-Italie et la Péninsule des Balkans; niche rarement en France; accidentel en Angleterre; de passage dans le Nord de l'Italie, hiverne dans l'Afrique Nord-Est.

10. Curruca melanocephala (Gm.)
BABILLARDE MÉLANOCÉPHALE
D. et G., 1, p. 487.

a. Sous-espèce nouvelle.

11. Curruca ruppelli (Temm.)
BABILLARDE DE RÜPPELL
D. et G., 1, p. 488.

Genre PITCHOU

1. Melizophilus provincialis (Gm.)
PITCHOU PROVENÇAL
D. et G., 1, p. 490.

10. melanocephala (Gm.), Syst. Nat., I, 2, 1788, p. 970; Dresser, II, p. 401, pl. 62; *ruscicola* (part.), Vieill., 1817; *ochrogenion* Linderm., 1843; *luctuosa* et *nigricapilla* Brehm.

Espagne, France Sud, Baléares, Italie, Corse, Sardaigne, Sicile, Péninsule des Balkans, Grèce et Cyclades, Canaries Est ; Asie Mineure et Afrique Nord jusqu'à la Nubie.

a. — leucogastra (Ledru), Voy. à Ténériffe, 1810, I, p. 182.

Canaries Ouest (Ténériffe, Grande-Canarie, Palma, Hierro).

Mâle plus petit que le type ; la tache terminale claire des barbes internes des rectrices latérales étroite et non d'un blanc pur, mais teintée de gris. Aile : 55 à 58 millimètres. *Femelle* plus foncée en dessus, la tache des rectrices externes comme chez le mâle.

11. ruppelli (Temm.), Pl. Color., 1823, pl. 245, fig. 1 ; Dresser, II, p. 417, pl. 65 ; *guttata* Landbeck, 1849; *melandiros* Krüper, 1861.

Grèce; Asie Mineure, Palestine ; hiverne en Afrique Nord-Est.

MELIZOPHILUS (1) *Leach* 1816

Sylvia (partim) Hartert, 1909.

1. undatus Bodd., Tabl., Pl. Enlum., 1783, p. 40, ex Buff. et Daub., pl. 655; Dresser, II, p. 441, pl. 69; *provincialis* Gm., 1789 ; *ferruginea* Vieill., 1817; *obsoleta* Brehm, 1855.

Europe Sud-Ouest, France Sud, Pyrénées, Espagne, Italie Sud, Corse. Sardaigne ; de passage dans le Nord de l'Italie; signalé à Heligoland ?

(1) Hartert (Vög. Pal. Fauna, I, p. 577) rattache ce petit genre au genre *Sylvia* — *S. conspicillata* formant la transition entre les deux subdivisions génériques.

a. Sous-espèce nouvelle.

2. Melizophilus sardus (Marmora)
PITCHOU SARDE
D. et G., I, p. 492.

Genre AGROBATE

1. Ædon galactodes (Temm.)
AGROBATE RUBIGINEUX
D. et G., I, p. 495.

a. Sous-espèce nouvelle.

a. — **dartfordiensis** (Latham), Ind. Orn., II, 1790,
p. 517; *ulicicola* Blyth, 1833; *armoricus* Cretté
de Palluel, Ornis, 1899, p. 42.

Parties supérieures d'un brun-chocolat terne sauf le dessus
de la tête qui passe au gris ardoisé et se distingue assez
nettement de la teinte du dos. La teinte brune s'étend sur
toute la partie visible des plumes, et n'est pas produite par
l'usure. — (Chez le type du Sud-Europe, le dos est gris
ardoisé, et présente, seulement par suite de l'usure, surtout
chez les vieux oiseaux, une faible teinte brune). — Les flancs
sont ici teintés de brun et non de gris. La taille est un peu
moins forte. Aile (mâle) : 52 à 55 millimètres.

Angleterre Sud, au Nord jusqu'à la vallée de la Tamise (Suffolk) et dans le Shropshire, îles Normandes; France Nord-Ouest (Bretagne).

2. sardus Temm., Man. Orn., 2ᵉ Éd., I, 1820, p. 204
(ex Marmora M. S.); Dresser, II, p. 447,
pl. 70.

Iles de la Méditerranée, Baléares, Corse, Sardaigne, Capri, Sicile; Ligurie; Tunisie, Algérie.

AGROBATES *Swains.* (1837) 1838

Ædon Boié, 1826.

1. galactodes (Temm.), Man. Orn., 2ᵉ Éd., I, 1820,
p. 182; Dresser, II, p. 547, pl. 85, fig. 1;
rubiginosus Meyer, 1822; *pallens* Brehm, 1856.

Espagne Sud, Portugal, accidentel en Italie, Irlande, Angleterre; Afrique Nord; Palestine.

a. — **syriaca** Hempr. et Ehr., Symb. Phys., 1833,
fol. bb; *bruchii* Brehm, 1856.

Diffère à première vue du type par ses parties supérieures
d'un gris-brun rougeâtre, qui sur le croupion passe au brun-
roux des couvertures supérieures de la queue; par ses rectrices médianes d'un gris-brun rougeâtre en tout ou en

Grèce, Herzégovine et Dalmatie Sud, Cyclades; s'égare en Italie; Asie Mineure, Syrie; hiverne en Arabie, Somali, British East Africa (Mombaza).

b. Sous-espèce (rangée dans la synonymie du type).

Genre HYPOLAIS

1. Hypolaïs icterina (Vieill.)
HYPOLAIS ICTÉRINE
D. et G., I, p. 498.

partie (et non d'un rouge-brun comme celles du type). La bande subterminale noirâtre des rectrices est plus large et s'étend jusqu'au bord externe. Les rémiges sont d'un gris-brun et leur bordure est d'un gris-brun et plus étroite, presque blanchâtre sur les rémiges secondaires. Le dessous est lavé de gris-brun pâle. La 1re rémige (au lieu de dépasser les couvertures primaires de 3 à 5 millimètres comme chez le type), ne les dépasse que de 1 millimètre, ou même atteint à peine leur extrémité.

b. — **familiaris** Ménétr., Cat. Rais. des Obj. du Caucase, 1832, p. 32; Dresser, II, p. 553, pl. 85, fig. 2.

Asie Mineure, du Caucase à la Mésopotamie, Turkestan, Beloutchistan; hiverne dans l'Inde Nord-Ouest; pris une fois à Heligoland.

Semblable à *A. g. syriaca* mais le dessus encore plus clair avec une teinte grisâtre très nette quand on a une série de spécimens sous les yeux. Le croupion est tant soit peu moins roux, et le dessous encore plus pâle.

HIPPOLAIS *Brehm* 1828

1. **icterina** (Vieill.), Nouv. Dict. Hist. Nat., 2ᵉ Éd., XI, 1817, p. 185; Dresser, II, p. 521, pl. 81; *mollessoni* Zarudn. et Nasar., 1888.

Europe, du Cercle Arctique à la Méditerranée et l'Oural (mais répartie localement), rare en Sardaigne, Grèce, Asie Mineure (fait défaut dans l'Ouest de la France et s'égare rarement en Angleterre); hiverne dans l'Afrique tropicale.

2. Hypolaïs polyglotta (Vieill.)
HYPOLAÏS POLYGLOTTE
D. et G., I, p. 502.

3. Hypolaïs olivetorum (Strickl.)
HYPOLAÏS DES OLIVIERS
D. et G., I, p. 504.

4. Hypolaïs pallida Hemp. et Ehr.
et *H. elaeica* Linderm.
HYPOLAÏS PALE ET AMBIGU
D. et G., I, p. 506, 509.

a. Sous-espèce nouvelle.

2 polyglotta (Vieill.), Nouv. Dict. Hist. Nat., XI, 1817, p. 200; Dresser, II, p. 517, pl. 80, fig. 2; *italica* Baldenst., 1827.	France entière (sauf le Nord et le Nord-Est), Espagne, Portugal, Italie, Tyrol Sud ; s'égare en Angleterre, Heligoland, Bohême, etc.; Maroc jusqu'au Rio de Oro ; hiverne au Sénégal et en Guinée.
3. olivetorum (Strickl.), in Gould, Birds of Europe, II, 1837, pl. 107 ; Dresser, II, p. 527, pl. 82, fig. 2.	Grèce, Dalmatie Sud, Cyclades, Asie Mineure, Palestine ; rare en Roumélie, Italie, Algérie ; hiverne en Afrique (Abyssinie).
4. pallida Hemp. et Ehr., Symb. Phys., 1833, fol. bb (et Var. *andromeda* et *maxillaris*); Dresser, III, p. 537, pl. 80, fig. 1 ; *elaeica* Lindermayer, Isis, 1843, p. 342; *ambigua* Schleg., 1844 ; *preglii* Frauenfeld, 1852.	Grèce, Turquie, Dalmatie, Roumanie ; rare en Italie, pris une fois à Heligoland ; Turkestan, Asie Mineure, Perse, etc. ; Ténériffe ? hiverne en Arabie et Afrique Nord-Est.
a. — opaca Cab., Mus. Hein., 1851, I, p. 36 ; *arigonis* Brehm, 1857; *cinerascens* Brehm, 1866 ; *fucescens* Sélys in Loche, 1867.	Espagne Moyenne et Sud; Afrique Nord ; hiverne dans l'Afrique Ouest jusqu'au Niger ; accidentel en France Sud (Nice).

Plus grand que le type. Aile : 66 à 71,5 millimètres ; bec plus fort et surtout plus large.

5. Hypolaïs caligata (Licht.)
HYPOLAÏS BOTTÉ
D. et G., I, p. 510.

Genres ROUSSEROLLE et PHRAGMITE (1)

1. Calamoherpe turdoïdes (Meyer)
ROUSSEROLLE TURDOÏDE
D. et G., I, p. 515.

a. Sous-espèce nouvelle.

____

(1) Le genre *Calamodyta* (Phragmite) admis par Gerbe (p. 532) comme distinct, est réuni au G. *Acrocephalus* par les ornithologistes modernes, et ses deux espèces doivent prendre place ici.

5. caligata Licht., in Eversmann, Reise von Orenb. nach Buch., 1823, p. 128; Dresser, II, p. 451, pl. 84; *scita* Eversm., 1842.

Russie Est (de Moscou jusqu'en Sibérie Ouest), Turkestan, Cachemir; hiverne dans l'Inde Nord et Centrale.

ACROCEPHALUS *Naum.* 1819

Calamoherpe Boié, 1822;
Calamodyta Mey. et Wolf, 1822.

1 arundinaceus (Linné), Syst. Nat., Ed. X, 1758, p. 170; Dresser, II, p. 579, pl. 88; *turdoïdes* Meyer, Vög. Livl. and Esth., 1815, p. 116.

Europe Moyenne et Sud, de l'Espagne à la Grèce et au Caucase; au Nord jusqu'au Jutland et au golfe de Finlande; accidentel en Angleterre et Suède Sud; Afrique Nord-Ouest; hiverne en Afrique jusqu'au Natal.

a. — zarudnyi Hartert, Bull. Brit. Orn. Club., 1907, p. 26.

Turkestan; à l'Ouest jusqu'à l'embouchure du Volga (Russie Sud-Est).

Diffère de type par ses parties supérieures moins rousses, plutôt olivâtres, surtout sur le croupion; les couvertures inférieures de la queue et les flancs sont plus pâles.

2. Calamoherpe arundinacea (Gm.)
(nec Linné.)
ROUSSEROLLE EFFARVATE
D. et G., I, p. 516.

3. Calamoherpe palustris (Bechst.)
ROUSSEROLLE VERDEROLLE
D. et G., I, p. 518.

4. Espèce nouvelle
(pour l'Europe)
ROUSSEROLLE DES BRUYÈRES

2. streperus (Vieill.), Nouv. Dict., 2ᵉ Éd., 1817, XI, p. 182; Dresser, p. 567, pl. 87, fig. 1 ; *arundinaceus* Auctorum (nec Linné); *calamoherpe* Kleinschm., 1903.

Europe, du 58° latitude Nord (Suède), à la Méditerranée et Afrique Nord ; à l'Est jusqu'au delta du Volga ; Angleterre Sud ; s'égare jusqu'aux Orcades et Shetland ; hiverne en Afrique jusqu'à Zanzibar.

3. palustris Bechst., Orn. Taschenb., 1803, p. 186 ; Dresser, II, p. 573, pl. 27, fig. 2 ; *philomela* Brehm, 1855 ; *obscurocapilla* Dubois, 1856 ; *frumentarius* Kleinschm., 1903.

Europe, du Danemark à l'Espagne Sud, l'Italie, le Monténégro, la Bulgarie, la Russie Sud-Est ; Afrique Nord-Ouest ; rare et locale en Angleterre Sud ; hiverne en Afrique jusqu'au Natal.

4. dumetorum Blyth., Journ. As. Soc., XVIII, 1849, p. 815 ; Dresser, II, p. 561, pl. 86, fig. 2 ; *magnirostris* Lilljeb., 1850 ; *macronyx, eurhyncha, sphenura, ilensis* Sewertz., 1879 ; Var. *affinis* Sarudny, 1890.

Espèce asiatique (Sibérie Ouest, Turkestan, Himalaya) qui fait une pointe en Europe (Russie), jusque près Saint-Pétersbourg ; et de Moscou à Orenbourg, au Nord jusqu'à Arkangel ; hiverne dans l'Inde, Ceylan, Pégou.

Dessus d'un brun olivâtre teinté de roussâtre, plus foncé et plus olivâtre que chez *A. agricola*. Au premier printemps la couleur est plus pâle et moins rousse. Les jeunes oiseaux sont plutôt roux-brun. — La 1ʳᵉ rémige à peu près égale aux couvertures primaires ; la 2ᵉ intermédiaire entre la 5ᵉ et la 6ᵉ ou entre la 6ᵉ et la 7ᵉ ; les 3ᵉ et 4ᵉ égales et les plus longues. Barbes externes des 3ᵉ et 4ᵉ rémiges plus étroites à partir de leur partie moyenne. Barbes internes de la 2ᵉ présentant une entaille bien nette ; celles de la 3ᵉ et surtout de la 4ᵉ ont cette entaille indistincte.

5. Espèce nouvelle
(pour l'Europe)
ROUSSEROLLE DES STEPPES

6. Calamodyta (1) phragmitis (Bechst.)
PHRAGMITE DES JONCS
D. et G., I, p. 533.

7. Calamodyta aquatica (Lath.)
PHRAGMITE AQUATIQUE
D. et G., I, p. 535.

---

(1) Comme nous l'avons indiqué plus haut, le genre *Calamodyta* est réuni par les modernes au genre *Acrocephalus*.

5. agricola Jerdon, Madras Journ. Litt. and Sc., XIII, 1845, p. 131; Dresser, II, p. 559, pl. 86, fig. 1; *brevipennis* et *capistrata* Sewertz., 1873.

Parties supérieures d'un roux-brun clair assez vif, plus foncé sur la tête, plus clair sur le croupion. Rémiges et rectrices bordées de fauve brun. Une raie sourcilière claire. — Dessous blanc, les flancs et l'abdomen lavés de fauve pâle. Bec à mandibule supérieure brun foncé, l'inférieure d'un jaune chair. Pattes d'un brun rosé. Iris jaune, paupières d'un gris plombé. Ailes courtes et arrondies : la 1re rémige étroite, plus longue que les couvertures primaires (de 4 millimètres); la 2e intermédiaire entre la 6e et la 7e; la 3e et la 4e égales et les plus longues. Queue très arrondie. — Le *jeune* a le dessus plus clair et le dessous lavé de fauve ocreux.

Russie Sud-Est; Crimée et Steppes des Kirghis; delta du Danube; Oural Moyen et Sud; Turkestan, Perse, Asie Centrale jusqu'au Tibet; hiverne dans l'Inde.

6. schœnobænus (Linné), Syst. Nat., Ed. X, 1758, p. 184; 1766, p. 329; Dresser, II, p. 597, pl. 90, fig. 2; *phragmitis* Bechst., 1803; *tritici* Brehm, 1831.

Europe, du 70° latitude Nord jusqu'à l'Espagne, l'Italie, la Grèce; Irlande; Sibérie, Turkestan; de passage dans l'Afrique Nord; hiverne en Asie Mineure et Afrique jusqu'au Damara et au Transvaal.

7. aquaticus (Gm.), Syst. Nat., 1788, p. 953 (ex Scop., Annus I, Hist. Nat., 1769, p. 158); Dresser, II, p. 591, pl. 89; *cariceti* Naum., 1821; *paludicola* Vieill., 1817; *striata* et *limicola* Brehm, 1822 et 1828.

Europe Moyenne et Sud, du Danemark à la Sicile, à l'Oural et la Russie Sud; rare en Angleterre, Héligoland, Belgique, Grèce : hiverne en Afrique tropicale.

Genres LUSCINIOLE (Gerbe nec Gray)
et LOCUSTELLE

1. Lusciniopsis luscinioïdes (Savi)
LUSCINIOLE LUSCINIOÏDE
D. et G., I, p. 520.

2. Lusciniopsis fluviatilis (Meyer et Wolf)
LUSCINIOLE FLUVIATILE
D. et G., I, p. 521.

3. Espèce nouvelle
(pour l'Europe)
LUSCINIOLE CERTHIOLE

LOCUSTELLA *Kaup* 1829

Lusciniopsis Bp., 1842 ; *Pseudoluscinia* Bp., 1838.

1. luscinioïdes (Savi), Nuov. Giorn. Litt. e Sc., VII,
1824, p. 341 ; Dresser, II, p. 627, pl. 93 ;
acheta Shauer, 1873 ; *geyri* Kœnig, 1908.

France Sud jusqu'à Nantes, Espagne, Algérie, Italie, Pologne, Russie Sud et tout le pourtour de la Méditerranée ; Angleterre Est ; hiverne en Afrique tropicale.

2. fluviatilis Wolf, Meyer et Wolf, Taschenb. Deuts.
Vög., I, 1810, p. 229 ; Dresser, II, p. 621,
pl. 92, fig. 1 ; *stagnatilis* Naum., 1811 ; *stre-
pitans* Brehm, 1855 ; *gryllina* Schauer, 1873 ;
cicada Hausmann, 1873.

Europe Est, de la Finlande et de la Russie Nord (Oural, 60°) à la Hongrie, la Silésie, etc. A l'Ouest jusqu'au Rhin ; accidentel en Hollande, Héligoland ; Asie Mineure ; hiverne en Afrique jusqu'au Zambèze.

3. certhiola (Pallas), Zoogr. Rosso-As., I, 1827,
p. 509 ; Dresser, II, p. 633, pl. 94.

Sibérie ; hiverne dans l'Inde et la Malaisie ; pris une seule fois (1856) à Héligoland ; de passage douteux en Russie Sud.

Dessus de la tête et nuque brun foncé rayé de gris fauve ;
parties supérieures d'un brun ocreux vif tacheté de brun
noirâtre, le croupion plus uni. Ailes et queue brunes, les
pennes portant une bordure externe claire, celles de la queue
plus foncées à l'extrémité et terminées de blanc grisâtre.
Sourcil d'un blanc-gris. Dessous blanc, la poitrine, les flancs,
les couvertures inférieures de la queue lavées de fauve pâle,
ces dernières terminées de blanc. Bec brun avec la mandibule
inférieure jaunâtre à la base ; pieds d'un blanc rosé ; iris
brun. Aile : 64 à 69 millimètres. — Les sexes semblables.
Les *jeunes* sont plus foncés dessus : le dessous est jaunâtre et
la gorge striée.

4. Locustella nævia (Bodd.)
LOCUSTELLE TACHETÉE
D. et G., I, p. 529

a. Sous-espèce nouvelle.

5. Locustella lanceolata (Temm.)
LOCUSTELLE LANCÉOLÉE
D et G., I, p. 531.

Genre AMNICOLE
1. Amnicola melanopogon (Bp.)
AMNICOLE A MOUSTACHES NOIRES
D. et G., I, p. 527.

4. nævia (Bodd.), Tabl. Pl. Enl., 1783, p. 35, ex Buff. et Daub., Pl. Enl. 531, fig. 3; Dresser, II, p. 611, pl. 91; *locustella* Lath., 1790; *gryllus* Hausmann, 1873.

Europe Moyenne et Sud; Iles Britanniques, Europe continentale, de la Hollande à la Russie; Suisse, France, Espagne Nord, Italie Nord; de passage dans l'Espagne Sud; hiverne dans l'Afrique Nord.

a. — **straminea** Sewertz., Turkest. Jevotn., 1873 (nom. nud.); Seebohm, Cat. Birds Brit. Mus., V, 1881, p. 117; Dresser, IX, pl. 652.

Remplace le type à l'Est, de l'Oural (Orenbourg) à l'Altaï et dans le Caucase; hiverne dans l'Inde.

Plus petit que le type (Aile : 57 à 60 millimètres); le bout de l'aile moins aigu, la 2ᵉ rémige étant plus courte que la 4ᵉ. Dessus du corps plus olivâtre et moins brunâtre. La disposition des taches est la même.

5. lanceolata (Temm.), Manuel Orn., 2ᵉ Éd., 1840, IV, p. 614; Dresser, II, p. 617, pl. 92, fig. 2.

Sibérie entière, rare en Russie (jusqu'au lac Onéga); hiverne dans le Sud de l'Asie et la Malaisie.

LUSCINIOLA *Gray* 1841 (nec Gerbe)

Amnicola Gerbe, 1867.

1. melanopogon (Temm.), Pl. Col., 1823, pl. 245, fig. 2; Dresser, II, p. 605, pl. 90, fig. 1; *bonelli* (*Caricicola*) Brehm, 1855.

Espagne Est et Sud-Est, France Sud, Italie et ses iles, Dalmatie, Hongrie, péninsule des Balkans, Grèce; Égypte dans le delta du Nil

Genre NOUVEAU
(pour l'Europe).

1. Espèce nouvelle
(pour l'Europe).

a. — mimica Madarasz, Vorlaüf. über e. neuen Rohr-
   säng., 1903.

Plus grand que le type, à bec plus long. Pelage plus serré,
moins rouge-brun, plutôt brun olivâtre en dessus; flancs
plus pâles. Aile (mâle) : 61 à 65,5 millimètres.

HERBIVOCULA *Swinhoë* 1871

Lusciniola Dresser.

CARACTÈRES. — Voisin du G. *Phylloscopus*, mais à bec plus
court, plus épais, plus robuste, avec de fortes soies à la
commissure de la bouche et un doigt postérieur très robuste.
1re rémige large et longue, environ deux fois aussi longue
que les couvertures primaires, ayant à peu près la moitié de
la longueur de la 2e qui vient, pour la longueur, entre la 7e
et la 8e ou la 8e et la 9e. La 4e est la plus longue, la 5e presque aussi longue, la 3e un peu plus courte. Queue presque
arrondie, les rectrices latérales plus courtes de 3 à 4 millimètres. Les pattes, très robustes, sont couvertes par devant
de grosses écailles qui tombent seulement chez les très vieux
oiseaux. — Il ne semble y avoir qu'une seule mue annuelle,
comme chez *Phylloscopus*. — Genre asiatique (une espèce
très accidentelle en Europe).

1. schwarzi Radde, Reis. Süd. v. Ost-Sibérie, II,
   1863, p. 260, pl. IX; *incerta* David et Oust.,
   1877.

Parties supérieures d'un brun olivâtre sombre, le croupion
teinté de brun de tan; ailes et queue brunes, bordées de
brun olivâtre sur les barbes externes. Sourcil blanchâtre
nettement défini et s'étendant jusqu'à la nuque; lores et
dessous des yeux brun foncé; région auriculaire fauve pâle
et brune. Dessous blanc teinté de fauve pâle. Bec couleur

Genre CISTICOLE

1. Cisticola schœnicola Bp.
CISTICOLE ORDINAIRE
D. et G., I, p. 537.

Genre BOUSCARLE

1. Cettia cetti (Marmora)
BOUSCARLE CETTI
D. et G., I, p. 524.

a. Sous-espèce nouvelle.

de corne, blanc rosé à la base ; pieds jaune chair ; iris brun.
Aile : 61 à 65 millimètres. — Après la mue d'automne, le
dessus est d'un brun de tan olivâtre et le dessous lavé de
fauve tanné.

CISTICOLA *Kaup* 1829

1. cisticola Temm., Man. d'Orn. 1820, I, p. 228;
cursitans Franklin, P. Z. S., 1831, p. 118;
Dresser, III, p. 3, pl. 96; *schœnicola* Bonap.,
1838.

> Europe Sud :
> Espagne, Portu-
> gal, France Sud,
> Corse, Sardaigne,
> Italie Sud,
> Grèce ;
> Asie Mineure,
> Égypte.

CETTIA *Bonap.* 1838

1. cetti (Marmora), Mem. Accad. Torino, 1820, XXX,
p. 251; Dresser, II, p. 639, pl. 95; *sericea*
Temm., 1820; *altisonans* Bp., 1838.

> Europe Sud .
> France Sud (sé-
> dentaire),
> Espagne, îles Ba-
> léares, Corse,
> Sardaigne,
> Italie Sud, Sicile,
> péninsule des
> Balkans, Crimée,
> Caucase ;
> Asie Mineure,
> Palestine.

a. — cettioïdes Hume, Stray Feath., I, 1873, p. 194;
albiventris Sewertz., 1873, et *scalenura* Sew.,
1873.

> Russie Sud,
> de l'Oural et de
> la Volga infé-
> rieure jusqu'au
> Turkestan
> et à la Perse ;
> hiverne dans le
> delta de la Volga
> et dans l'Inde.

Diffère du type par une taille supérieure, le dessus d'un
brun plus clair et le dessous plus pâle. Aile (mâle) : 70 à
72,5 millimètres. — (D'après Dresser et Hartert, les formes
orientales de *C. cetti* varient beaucoup, et les différences
signalées pourraient être purement individuelles).

Famille XXI — TROGLODYTIDÉS

Genre TROGLODYTE

1. Troglodytes parvulus Koch
TROGLODYTES MIGNON
D. et G., I, p. 510.
(1)

a. Sous-espèce nouvelle.

b. Sous-espèce nouvelle.

(1) Sous-espèce nouvelle . *Troglodytes parvulus kœnigi* Schiebel. — Voyez l'APPENDICE.

XXI — TROGLODYTIDÆ

TROGLODYTES *Vieill.* 1807

1. troglodytes (Linné), Syst. Nat., 1758, Ed. X, p. 188; *parvulus* Koch; Dresser, III, p. 219, pl. 124, fig. 1; *europea* Vieill., 1819; *regulus* Meyer, 1822; *linnei* Malm, 1877; *bergensis* Stejn., 1884.

Europe, du Nord de la Scandinavie à la Méditerranée, et des Iles Britanniques à l'Oural (sédentaire ou erratique dans le Centre et le Sud).

a. — islandicus Hartert, Bull. Brit. Orn. Club, 1907, p. 25.

Islande.

Semblable à *T. t. borealis* (des Feroë) mais encore plus grand : Aile (mâle) 57,5 à 61 millimètres. Le dessus, surtout la tête, d'un brun plus foncé. Pieds d'un gris roussâtre.

b. — zetlandicus Hartert, Vög. Pal. Fauna, I, 1910, p. 777.

Iles Shetland.

Plus grand que le type, comparable pour la taille à *islandicus*. Bec aussi fort que chez celui-ci. Ailes plus courtes : 52 à 53,3, et même 48,1 millimètres. Diffère de *borealis* par son dessus plus foncé, surtout le sommet de la tête, ses ailes plus foncées et son dessous plus sombre, mais surtout par son bec plus épais; — d'*hirtensis*, par ses teintes foncées, surtout sur les parties inférieures. Rayures transversales larges et foncées.

c. Sous-espèce nouvelle.

d. Sous-espèce nouvelle.

e. Sous-espèce nouvelle.

c. — **borealis** Fischer, J. f. Orn., 1861, p. 14, pl. 1 ;   Iles Feroë.
Dresser, II, p. 229, pl. 124, 2.

Se place entre *islandicus* et *troglodytes* type. Plus grand que ce dernier ; le brun du dessus moins rouge-brun, d'un brun terreux foncé ; dessous variable. Aile (mâle) : 49 à 55 millimètres. Pieds plus robustes ; doigt postérieur plus fort et plus long que celui du type. Forme de l'aile variable. — Les Troglodytes des Hébrides et de l'ile Fair, paraissent former la transition au *T. t. troglodytes* d'Angleterre.

d. — **hirtensis** Seebohm, Zoologist, 1884, p. 333.   Ile Saint-Kilda (à l'Ouest des Hébrides).

Semblable à *borealis* par ses parties supérieures foncées, mais le dessous plus blanchâtre ; les couvertures inférieures de la queue ne présentent pas la teinte d'un roux-brun ordinaire, mais sont rayées de blanc sale et de brun-noir.

e. — **hyrcanus** Sarudny et Loudon, Orn. Monatsb.,   Caucase Nord et Sud, Perse Nord (pro-(bablement aussi Crimée Sud).
1905, p. 107 ; *talyschensis* Buturlin, 1908.

Intermédiaire entre *T. t. troglodytes* et *pallidus* (du Turkestan), par ses teintes ; moins roussâtre que le premier et plus foncé que *pallidus*.

Famille XXII (1) — PHYLLOPNEUSTIDÉS

Genres POUILLOT et RÉGULOÏDE

1. Phyllopneuste trochilus (Linné)
POUILLOT FITIS
D. et G., I, p. 545.

a. Sous-espèce nouvelle.

(1) Hartert (*Vög. Pal. Fauna*, I, p. 469) rattache cette famille, ainsi que celles des *Turdidæ*, *Sylviidæ* et *Timeliidæ*, à la famille des *Muscicapidæ*. — Cette famille aurait dû être nommée par Gerbe « *Regulidæ* », le nom de *Regulus* ayant la priorité.

XXII — PHYLLOSCOPIDÆ

ou mieux *Regulidæ*.

PHYLLOSCOPUS *Boie* 1826

Phyllopneuste Mey. et Wolf, 1822 (1);

Reguloïdes Blyth., 1847.

1. trochilus (Linné), Syst. Nat., Ed. X, 1758, p. 188; 1766, p. 338; *acredula* Linné, l. c., 1758, p. 189; *trochilus* Dresser, II, p. 491, pl. 75, fig. 2, 76, fig. 2; *fitis* Bechst., 1793; *tamaricis* Crespon, 1844; *arborea* Brehm, 1831.

Europe, de la Laponie et de la Russie Nord à la Méditerranée et au Caucase; de passage en Grèce; hiverne au pourtour de la Méditerranée et dans l'Afrique Sud.

a. — eversmanni Bonap., Consp. Av., I, 1850, p. 289; *gracilis* Brehm, 1855.

Forme orientale du type, distincte par ses ailes plus longues (mâle : 68 à 72,1 ; femelle 64 à 66 millimètres); plus grise au printemps et en été, moins verdâtre. A l'automne, la différence de teinte est beaucoup moins sensible.

Russie Nord-Est le long des Monts Oural (Orenbourg); Sibérie jusqu'à la Kolyma; de passage en Roumanie; hiverne en Égypte et dans l'Afrique Sud.

(1) Le nom de « *Phyllopneuste* » n'est pas pris par les auteurs dans un sens générique.

2. Phyllopneuste rufa (Briss.)
POUILLOT VÉLOCE.
D. et G., I, p. 546.

a. Sous-espèce nouvelle.

b. Sous-espèce nouvelle.

2. collybita (Vieill.), Nouv. Dict. Hist. Nat., 2e Ed.,
1817, p. 235; Dresser, II, p. 485, pl. 75,
fig. 1, et 76, fig. 1; *brehmi* Homeyer; *rufus
occidentalis* Flöricke, 1892; *rufus splendens*
Tschusi, 1906; *rufus* Auctorum (le nom de
Ph. rufus Bechst., 1795, basé sur *Motacilla
rufa* Gmelin, ne peut s'appliquer à un *Phylloscopus*).

Europe Ouest,
des Iles Britanni-
ques aux Pyré-
nees, à l'Espagne,
la France Sud,
l'Italie, la Corse,
la Sardaigne,
la Sicile; séden-
taire dans
la région méditer-
ranéenne;
de passage dans
l'Europe Occi-
dentale et
Moyenne; hiverne
en Afrique
Nord-Ouest,
à Fuertaventura,
etc

a. — abietina (Nilsson), Kgl. Vet.-Akad. Handl.,
1819, p. 115; *brevirostris* Strickl., 1836; *rufus
pleskei* Flöricke, 1892.

Diffère du type occidental par ses ailes plus longues, son
plumage plus clair, du moins au premier printemps. Aile :
(mâle) 62 à 67,3; (femelle) 56 à 60 millimètres (forme
encore mal connue).

Europe Est,
de la Scandinavie
et de la Russie
(65° Nord)
au Monténégro
et au Caucase;
hiverne en Grèce,
Asie Mineure,
Afrique Est.

b. — canariensis Hartwig, Journ. f. Orn. 1886,
p. 486; *fortunatus* Tristram, 1889.

Diffère du type par une taille plus faible, ses parties supérieures plus foncées, d'un olive brunâtre; le dessous est
également plus brunâtre; même à l'époque de la reproduction, le plumage est plus foncé que le plumage frais de
l'automne chez le type. Aile plus large, plus courte, moins
aiguë, arrondie, la différence de longueur entre les rémiges
primaires et secondaires étant moindre. Aile : (mâle) 53,5 à
56; (femelle) 48 à 50 millimètres.

Iles Canaries
Ouest (Ténériffe,
Grande Canarie,
Palma et Hierro),
sédentaire.

c. Sous-espèce nouvelle.

d. Sous-espèce nouvelle.

3. Espèce nouvelle
(pour l'Europe)
POUILLOT DE LORENZ

c. — **exsul** Hartert, Vög. Pal. Fauna, I, 1907, p. 505.

Ile Lanzarote (des Canaries Est).

Diffère de la forme des Canaries Ouest par sa taille plus faible, ses parties supérieures plus pâles (moins d'un olive brunâtre), et ses parties inférieures moins rousses, d'un jaune très pâle. Aile : (mâle) 50 à 52 ; (femelle) 47 à 48,5 millimètres.

d. — **tristis** Blyth, Journ. As. Soc. Bengal, XII, 1843, p. 966 ; Dresser, II, p. 477 ; Gould, Birds of Asia, IV, pl. 59 ; *fulvescens* (et var. *nævia*) Sewertz., 1873.

Russie Est (de la Petschora au Sud de l'Oural), et en Asie jusqu'à l'Inde (Calcutta) ; s'égare jusque dans l'Europe Occidentale : Héligoland, Orcades.

Plus petit que le type, le dessus plus brun et le dessous plus blanchâtre, le bec et les pieds plus foncés. La 1re rémige courte, à peine plus longue que les couvertures primaires ; la seconde plus courte que la 3e et notablement plus courte que la 7e ; les 3e, 4e et 5e presque égales, la 4e étant la plus longue. Le *femelle* est un peu plus petite. Le plumage d'automne est plus brun et plus foncé que celui de l'été. Aile : (mâle) 60 à 67 ; (femelle) 55 à 60 millimètres.

3. (neglectus) lorenzi Lorenz, Beitr. Kennt. Orn. Fauna Nordseite Kaukasus, 1887, p. 28, pl. 2.

Caucase Nord (où il niche à une altitude de 1.300 à 2.300 mètres) ; hiverne probablement en Transcaucasie.

L'espèce (voisine de *Ph. collybita*) est asiatique (du Turkestan au Punjab). Elle est caractérisée par ses rémiges, de la 3e à la 6e, rétrécies comme chez *collybita*, mais le rétrécissement presque insensible sur la 6e. La 1re rémige proportionnellement plus longue que chez *Ph. coll. tristis* (qui habite le même pays). Elle en diffère par ses couvertures inférieures de l'aile qui ne sont pas jaunes mais couleur crème, presque blanches, et sa taille moindre.

La sous-espèce *lorenzi* diffère du type (*Ph. neglectus neglectus*) par sa taille plus forte, ses parties supérieures plus foncées, d'un brun tirant davantage sur le rouge (et non gris-brun). Aile : (mâle) 62 à 63 ; (femelle) 48 millimètres.

4. Phyllopneuste sibilatrix (Bechst.)
POUILLOT SIFILEUR
D. et G., I, p. 548.

5. Espèce nouvelle
(pour l'Europe)
POUILLOT BRILLANT

a. Sous-espèce nouvelle.

4. sibilatrix (Bechst.), Naturf., 1793, XXVII, p. 47 ;
Dresser, II, p. 497, pl. 77, fig. 2 ; *sylvicola*
Montagu, 1798 ; *megarhynchos* Brehm, 1831.

Europe, des Iles Britanniques, de la Finlande Sud et d'Arkangel à l'Europe moyenne (France Centrale) et à la Hongrie ; Russie Sud (?) ; hiverne en Afrique, au Congo et dans l'Arabie Sud.

5. nitidus Blyth., Journ. As. Soc. Bengal, XII, 1843,
p. 965 ; Dresser, IX, p. 83, pl. 651, fig. 2.

Sommet de la tête et parties supérieures d'un vert brillant ;
parties inférieures et raie sourcilière d'un jaune soufre ; ailes
portant deux bandes jaunes. Bec brun, la base de la mandibule inférieure couleur chair ; pieds d'un brun plombé ; iris
brun foncé. La 2e rémige primaire plus courte que la 6e.
Aile : 60 à 66 millimètres.

Caucase et Crimée (ou il niche), Transcaspie, Perse ; hiverne dans l'Inde et à Ceylan ; pris une fois à Heligoland.

a. — viridanus Blyth, Journ. As. Soc. Beng., XII,
1843, p. 967 ; Dresser, IX, p. 87, pl. 651,
fig. 1.

Plus foncé que le type, le vert du dessus tirant sur l'olivâtre ; la raie sourcilière fauve, les ailes ne portant qu'une
seule bande d'un blanc sale ; le dessous d'un blanc lavé de
vert-jaune pâle. A l'automne le dessus est d'un vert plus
franc et le dessous plus jaune. La 2e rémige est de longueur
intermédiaire entre la 7e et la 8e ; les 3e, 4e et 5e les plus
longues. Aile : 57 à 65, rarement 66 millimètres.

Prusse Est, Esthonie, Livonie, Courlande Nord, Moscou, Kasan, Perm, Oural ; Sibérie Ouest, Turkestan, Cachemyr, hiverne dans l'Inde, de l'Himalaya à Ceylan ; pris trois fois à Heligoland.

6. Phyllopneuste bonellii (Vieill.)

POUILLOT BONELLI
D. et G., I, p. 519.

a. Sous-espèce nouvelle.

7. Espèce nouvelle
(pour l'Europe)
POUILLOT BORÉAL

6. bonellii Vieill., Nouv. Dict. Hist. Nat., 2ᵉ Ed., XXVIII, 1819, p. 91; Dresser, II, p. 503, pl. 77, fig. 1, et 78; *nattereri* Temm., 1820; *montana* Brehm, 1831; *prasinopyga* Gloger, 1834.

Europe moyenne et Sud (dans les montagnes), de la Bavière et de la France Nord (Metz, Paris), la Belgique jusqu'à l'Espagne, l'Italie, la Sicile; Afrique Nord (Atlas); hiverne au Sud de l'Atlas et en Sénégambie.

a. — orientalis Brehm, Vogelfang, 1855, p. 332; *? platystoma* Hempr. et Ehr., 1833.

Grèce, Crimée; Chypre, Asie Mineure; hiverne dans la vallée du Nil.

l'orme orientale différant du type de l'Ouest par ses ailes plus longues (mâle 66 à 71,5; femelle 64 à 67 millimètres).

7. borealis Blasius, Naumannia, 1858, p. 313; Dresser, II, p. 509, pl. 79.

Europe sub-arctique, de la Norvège et de la Russie Nord à travers la Sibérie jusqu'a l'Alaska; a été pris à Héligoland, hiverne dans le Sud de l'Asie et la Malaisie jusqu'aux Moluques.

Parties supérieures d'un brun grisâtre teinté de vert pâle; croupion d'un vert jaunâtre; ailes portant deux bandes d'un blanc jaunâtre. Raie sourcilière large, jaunâtre. Dessous d'un blanc grisâtre, la poitrine et les flancs plus gris et lavés de jaunâtre. Bec brun avec la mandibule inférieure plus pâle. Pattes brunes, iris brun foncé. Aile : (mâle) 64 à 70, rarement 72; (femelle) 62 à 65 millimètres. Les 3ᵉ et 4ᵉ rémiges primaires sont les plus longues, la 5ᵉ beaucoup plus courte; la rémige bâtarde très courte, pointue. — A l'automne le dessous est jaune pâle, la poitrine et les flancs lavés de gris. La *femelle* est semblable.

8. Reguloïdes superciliosus (Gm.)
RÉGULOIDE A GRANDS SOURCILS
D. et G., I, p. 551.

9. Espèce nouvelle
(pour l'Europe)
POUILLOT ROITLLET

10. Espèce nouvelle
(pour l'Europe)
POUILLOT COURONNÉ

8. superciliosus (Gm.), Syst. Nat., 1788, p. 975 ;
Dresser, II, p. 469, pl. 74.

Sibérie, de l'Obi
à l'Est
du Continent ;
hiverne
dans l'Asie Sud ;
de passage irrégu-
lier en Europe :
Russie, Autriche,
Italie, Hollande,
Allemagne,
Héligoland, Iles
Britanniques,
ile Fair (au Nord
de l'Écosse).

9. proregulus (Pall.), Zoog. Ross.-As., I, 1827,
p. 499 ; Dresser, IX, p. 73, pl. 650, fig. 1 ;
modestus Gould, 1837 ; *pallasi* Dubois, 1863.

Sibérie Est ;
hiverne dans la
Chine Sud,
de passage régu-
lier à l'automne
près d'Orenbourg
(Russie Est,
Oural);
pris à Héligoland,
en Angleterre,
en Dalmatie.

Parties supérieures d'un vert olive, la tête plus foncée ;
croupion jaune ; dessous blanc lavé de gris sur les flancs ;
une raie médiane et une raie sourcilière d'un jaune soufre
bien définies. Ailes portant deux bandes distinctes d'un blanc
jaunâtre. Bec brun, la mandibule inférieure jaunâtre à sa
base. Pattes d'un brun verdâtre et brun foncé. La 1re rémige
primaire est plus courte que la 2e, qui est égale à la 8e ou à
peine plus longue ; la 4e la plus longue. Aile : (mâle) 52 à 56 ;
(femelle) 48 à 50 millimètres.

10. (occipitalis) coronatus Temm. et Schl., Fauna
Jap., Aves, 1847, p. 48, pl. 18.

Sibérie Sud-Est,
Corée, Japon ;
hiverne
dans l'Indo-Chine
et la Malaisie ;
pris à Héligoland.

Semblable au précédent, plus grisâtre en dessus, la raie
médiane irrégulière, mais la raie sourcilière bien marquée,
se prolongeant jusqu'à la nuque ; deux bandes sur l'aile ;
dessous lavé de jaune sur la poitrine et les flancs. Couvertures inférieures de l'aile jaunes. Aile 58 à 60 et même
62 millimètres. 1re rémige courte, en lancette, de 2 à 5 millimètres plus longue que les couvertures primaires ; la 2e
intermédiaire pour la longueur entre la 6e et la 7e. En hiver,
le plumage est plus clair et plus jaunâtre.

Genre ROITELET

1. Regulus cristatus Charleton
ROITELET HUPPÉ
D. et G., I, p. 553.

a. Sous-espèce nouvelle.

b. Sous-espèce nouvelle.

REGULUS (*Cuvier* 1800) *Vieill.* 1807

1. regulus (Linné), Syst. Nat., Ed. X, 1758, p. 188;
1766, p. 338; Dresser, II, p. 453, pl. 71, 72,
fig. 2 ; *cristatus* Koch, 1816 ; *aureocapillus*
Meyer, 1822; *flavicapillus* Naum., 1823; *septentrionalis* et *chrysocephalus* Brehm, 1831.

Europe, de la zone
des forêts
à la Méditerranée,
au Caucase
et l'Asie Mineure
(sédentaire,
erratique et de
passage); ne niche
pas en Angleterre,
à Héligoland,
ni en Espagne et
. Portugal (où
les petites bandes
s'égarent
à l'époque de la
reproduction).

a. — anglorum Hartert, Bull. Brit. Orn. Club, XVI,
1905, p. 11.

Angleterre,
Écosse, Irlande,
île de Wight
(niche
dans ces pays).

Diffère du type par ses parties supérieures plus foncées,
plus olivâtre, ce qui se remarque surtout sur le front, la
nuque et le croupion. Le dessous est aussi plus foncé. Aile
plus courte : d'ordinaire 53 à 54, souvent seulement 51,5 à
52, exceptionnellement 54 à 57 millimètres.

b. — azoricus Seebohm, Hist. Brit. Birds, I, 1883,
p. 454.

Açores.

Bec plus long que celui du type (11,8 à 13 millimètres,
au lieu de 10 à 11). Dessus plus foncé, plus olivâtre. La
couleur du dessous est très variable : les spécimens de San
Miguel l'ont brunâtre, ceux des autres îles l'ont plus pâle,
blanchâtre, sauf quelques exceptions.

c. Sous-espèce nouvelle.

d. Sous-espèce nouvelle.

2. Regulus ignicapillus Licht.
ROITELET A TRIPLE BANDEAU
D. et G., I, p 555.

a. Sous-espèce nouvelle.

c. — **teneriffæ** Seebohm, Hist. Brit. Birds, I, 1883, p. 459; Dresser, II, p. 92; *satelles* Kœnig, 1889.

Canaries Ouest (Ténériffe).

Diffère du type par la raie noire qui borde le sommet de la tête, qui est ici plus large et se continue sur le devant du front, et par la ligne frontale bordant le bec, qui est d'un blanc grisâtre.

d. — **interni** Hartert, Bull. B. Orn. Club, XVI, 1906, p. 45.

Corse et Sardaigne.

Diffère du type par les côtés de la tête et la nuque gris, et la teinte d'un vert terne, moins jaune, du dessus du corps. Aile : (mâle) 54,5 à 55 millimètres. — En hiver, le type du Continent se trouve dans les deux îles conjointement avec la présente forme, qui est sédentaire.

2. ignicapillus (Temm.), Man. Orn., 2ᵉ Ed., I, 1820, p. 231; Dresser, II, p. 459, pl. 72, fig. 1, et 73, fig. 1; *mystaceus* Vieill., 1822; *pyrocephalus* Brehm, 1822.

Région méditerranéenne, Europe, de la Baltique et la mer du Nord à la Méditerranée; Afrique Nord; Angleterre Est et Sud (de passage); Asie Mineure.

a. — **madeirensis** Harcourt, Sketch of Madeira, 1851, p. 118; Dresser, II, p. 465, pl. 73, fig. 2.

Ile de Madère (dans les montagnes).

Couronne de la tête moins richement colorée, les raies pâles au-dessus et au-dessous de l'œil plus courtes, les côtés de la tête et le cou, la nuque et la partie antérieure du dos d'un beau gris ardoisé; le tarse plus long et le pied plus grand que celui du type. Aile : (mâle) 55 à 57 millimètres; (femelle) 52 à 53 millimètres. — La *femelle* est plus terne et sa couronne est plus pâle.

Famille XXIII — PARIDÉS

Genres MÉSANGE et NONETTE

1. Parus major Linné
MÉSANGE CHARBONNIÈRE
D. et G., I, p. 558.

a. Sous-espèce nouvelle.

b. Sous-espèce nouvelle.
(1)

(1) Sous-espèce nouvelle : *Parus major peloponensis*, Parrot (Grèce Sud). — Voyez l'Appendice.

XXIII — PARIDÆ

PARUS *Linné* 1758

Præcile et *Cyanistes* Kaup, 1829 ; *Lophophanes* Kaup, 1829.

1. major Linné, Syst. Nat., Ed. X, 1758, p. 189 ;
1766, p. 341 ; Dresser, III, p. 79, pl. 106 ;
fringillago Pallas, 1827 ; *robustus, cyanotus,*
etc., Brehm.

· Europe,
du cercle arctique
à la Méditerranée
et à la Sibérie
(Altaï) [mais non
les Iles Britan-
niques].

a. — newtoni Prazak, Orn. Jahrb., V, 1894, p. 239.

Angleterre,
Écosse, Irlande.

Bec plus gros, plus massif mais non plus long que celui
du type. Par ailleurs, les teintes du plumage ne diffèrent pas
de celles des Mésanges du Nord de l'Europe.

b. — corsus Kleinschm., Orn. Monatsb., 1903, p. 6.

Corse et Sardai-
gne (où le type du
Continent
est seulement de
passage).

Aile plus courte de 2 à 3 millimètres. Taille plus faible,
couleurs plus sombres, le jaune du dessous plus terne, la
tache blanche triangulaire des barbes internes des rectrices
plus étroite et semblant en train de disparaitre.
(1)

(1) *P. major apbrolile* Madarasz (Term. Fuzetek, 1901, p. 272), à dessous couleur crème (type de Chypre), parait habiter aussi la Grèce et
l'Asie Mineure.

2. Parus ater Linné
MÉSANGE NOIRE
D. et G., I, p. 560.

a. Sous-espèce nouvelle.

b. Sous-espèce nouvelle.

c. Sous-espèce nouvelle.

2. ater Linné, S. N., Ed. X, 1758, p. 190; 1766, p. 341; Dresser, III, p. 87, pl. 107, fig. 3; *carbonarius* Pall., 1827; *schwederi* Loudon et Tschusi, Orn. Jahrb., 1904, p. 140.

Europe, du 65° latitude Nord jusque dans les montagnes de l'Espagne, de l'Italie et de la Sicile; Sibérie jusqu'au Kamtchatka.

Espèce très variable sous le rapport de la longueur de l'aile, de la grosseur du bec, du développement de la huppe, des teintes du plumage (flancs, dessous du corps, croupion, etc.), caractères sur lesquels sont fondées les sous-espèces *P. a. abietum* Brehm; *P. a. sardus* Hartert (1905), dont il est difficile de fixer la répartition géographique avec quelque certitude.

a. — britannicus Sharpe et Dresser, Ann. Nat. Hist., 1871, VIII, p. 437; Dresser, III, p. 93, pl. 107, fig. 2.

Iles Britanniques (Angleterre, Écosse, Irlande).

Diffère du type par son dos d'un gris olivâtre, le croupion d'un fauve pâle, les flancs et les couvertures inférieures de la queue d'un fauve brunâtre. Aile (mâle), 60 à 62 millimètres (en moyenne, plus courte que chez le type).

b. — sardus Kleinschm., Orn. Monats., 1903, p. 186.

Sardaigne (sédentaire).

Le dos n'est pas d'un gris bleuâtre, comme chez *P. a. ater* du continent, mais lavé d'un ton roux jaunâtre moins prononcé néanmoins que chez *P. a. britannicus*. Flancs d'un roux brunâtre prononcé, plus roux que chez *britannicus*. Aile encore plus courte que chez ce dernier.

c. — moltchanovi Menzb., Bull. Brit. Orn. Club, 1903, XIII, p. 49.

Crimée Sud (dans les montagnes).

Semblable au type, mais le gris du dessus plus clair. Dessous presque sans trace de roux sur les flancs. Aile et queue

3. Parus cæruleus Linné
MÉSANGE BLEUE
D. et G., I, p. 561.

a. Sous-espèce nouvelle.

b. Sous-espèce nouvelle.

plus longues ; le bec plus long et plus grêle (culmen :
11,9 millimètres).

(1)

3. cæruleus Linné, Syst. Nat., Ed. X, 1758, p. 190;
Dresser, III, p. 131, pl. 113, fig. 1, 2; *erectus*
Müller, 1776; *pallidus* Grote, 1902; *languidus*
Grote, 1904.

Europe, du 64°
latitude Nord
à la Méditerranée
et au Caucase
(mais non dans
l'extrême Ouest);
de passage
seulement (en
hiver)
en Angleterre.

a. - **obscurus** Prazak, Orn. Jahrb., 1894, p. 246.

Grande Bretagne
et Irlande.

Diffère du type par son dessus plus foncé, plus verdâtre,
par l'extrémité blanche des rémiges secondaires internes plus
étroite et coupée plus carrément, surtout par ses dimensions
moindres et son bec notablement plus épais. Aile (mâle), 61
à 64, rarement 65 à 66 millimètres.

b. — **ogliastræ** Hartert, Vög. Pal. Fauna, I, 1905,
p. 349.

Corse et Sar-
daigne
(sédentaire).

Diffère du type par ses teintes plus foncées (dessus vert
foncé, dessous d'un jaune plus terne, plus verdâtre). Se rapproche d'*obscurus,* mais le bec est moins épais et l'extrémité
blanche des rémiges secondaires internes est plus arrondie
(comme chez le type), et non coupée carrément (comme
chez *obscurus*). — Le *P. c. cæruleus* typique se montre seulement pendant l'hiver dans ces iles.

---

(1) *Parus ater phæonotus* Blanford ne parait pas se montrer au Nord du
Caucase, mais seulement en Perse et dans la Transcaspie Sud.

c. Sous-espèce nouvelle.

d. Sous-espèce nouvelle.

e. Sous-espèce nouvelle.

c. — meridionalis Brehm, Verz. Sammlung, 1866, p. 7 (nomen nudum) ; *subsp. nov.* Hartert, Vög. Pal. Fauna, 1905, p. 349.

Espagne, Madrid, Sierra Nevada et Grenade.

Voisin de *obscurus* et surtout de *ogliastræ* par son dos vert (peut-être identique à ce dernier). Dessous d'un jaune vif ; bec plus fort (Ne peut être rapproché d'*ultramarinus* (1), mais a besoin d'être mieux étudié, sur une série de spécimens en plumage frais d'automne, avant d'être définitivement admis).

d. — degener Hartert, Nov. Zool., 1901, p. 309, 322 ; *ultramarinus insularis* Bianchi, 1902

Iles Fuerteventura et Lanzarote.

Très semblable à *ultramarinus*, mais les parties supérieures sont d'un bleu-gris plus pâle, le dessous d'un jaune clair. Taille moindre que celle d'*ultramarinus*, mais non d'une façon constante.

e. — teneriffæ Lesson, Traité d'Ornith., 1840 (?), p. 456 ; Dresser, IX, p. 127, pl. 660, fig. 2 ; Bolle, Journ. f. Ornith., 1854, p. 455.

Pic de Ténériffe, Grande Canarie et Gomera (dans le même groupe).

Semblable à *ultramarinus*, mais sans extrémité blanche aux rémiges secondaires et sans bande sur l'aile (les grandes couvertures alaires n'ayant pas la pointe blanche) ; c'est seulement sur les très jeunes oiseaux que l'on trouve une indication de cette bande blanche.

---

(1) *Parus cæruleus ultramarinus* Bp., d'Algérie, Tunisie et Maroc, se distingue à première vue par ses parties supérieures d'un bleu intense (sans trace de vert) ; voyez Dresser, III, p. 139, pl. 113, fig. 2.

f. Sous-espèce nouvelle.

g. Sous-espèce nouvelle.

h. Sous-espèce nouvelle.
(1)

(1) Sous-espèce nouvelle *Parus cæruleus orientalis* Sarudny et Loudon (Russie Est, Orenbourg, Kazan) — Voyez l'Appendice

f. — ombriosus Meade-Waldo, Ann. and Mag. Nat.
    Hist., 1890, V, p. 103; Dresser, IX, p. 131,
    pl. 661.

    Ile Hierro (groupe des Canaries).

Derrière du cou et nuque d'un bleu-gris, le reste du dessus d'un vert olivâtre (plus foncé que chez *obscurus*); couvertures supérieures de la queue d'un gris verdâtre. Dessous sans trace blanche médiane, mais avec des taches noirâtres sur la poitrine.

g. — palmensis Meade-Waldo, Ann. and Mag. Nat.
    Hist., 1889, III, p. 490; Dresser, IX, p. 129,
    pl. 660, fig. 1; Ibis, 1889, pl. 16.

    Ile de Palma (groupe des Canaries).

Sommet de la tête d'un bleu-noir foncé, dessus plus foncé que chez *teneriffæ*, non d'un bleu-gris pur, mais plutôt gris-ardoisé, les grandes couvertures alaires et les rémiges secondaires internes présentant une étroite extrémité d'un blanc pur. Devant de la poitrine, flancs, croupion et couvertures inférieures de la queue d'un jaune soufre pur, assez clair. Poitrine et dessous du corps d'un blanc qui passe sur les côtés au gris avec un reflet crème; le milieu de la poitrine porte des taches noires allongées peu développées ou même indistinctes.

h. — pleskei Cabanis, Journ. f. Orn., 1877, p. 213;
    flavipectus pleskei Dresser, IX, p. 125, pl. 659;
    pleskei pallescens Hellmayr, 1901 (hybride de
    pleskei × *cyanus*); *pallidus* Grote, 1902.

    Russie Nord-Est (automne et hiver), Orenbourg, Moscou, Saint-Pétersbourg (lieu de reproduction encore inconnu).

Dessus comme chez le type (*P. c. cæruleus*) mais dont le jaune serait éliminé, par conséquent non verdâtre mais d'un gris-bleu pâle; en plumage frais, avec une très légère teinte verte. Dessus de la tête et bande du cou comme *cæruleus* mais le bleu plus pâle et plus terne. Rémiges secondaires internes à pointe blanche plus large, mais ne présentant pas

4. Parus cyanus Pallas
MÉSANGE AZURÉE
D. et G., I, p. 562.

a. Sous-espèce nouvelle.

5. Parus cristatus Linné
MÉSANGE HUPPÉE
D. et G., I, p. 563.

de bordure blanche externe comme *cyanus*. Dessous d'un
blanc de crème, plus terne et plus jaune sur les flancs, d'un
blanc pur sur la ligne médiane, la gorge avec des taches
noires plus étroites que chez le type, la tache du haut de la
gorge petite ou nulle. Le devant de la poitrine d'un jaune
soufre, souvent très pâle ou présentant des taches allongées
ardoisées. Taille moindre que celle du type. Queue comme
chez celui-ci, moins longue que celle de *cyanus*. — (Les
hybrides de *cyanus* et *pleskei* ne sont pas rares, ce qui permet
de supposer que les deux espèces se reproduisent dans les
mêmes localités.)

4. cyanus Pallas, Nov. Comm. Acad. Petrop., 1770,
    XIV, I, p. 588, pl. 23, 1 ; Dresser, III, p. 143,
    pl. 114 ; *saebiensis* Sparrm., 1786 ; *elegans* et
    major Brehm.

Russie Est et Sibérie Ouest ; émigre (en hiver) en Russie Ouest, Suède, Pologne, Silésie, Prusse, rarement plus à l'Ouest.

a. — tianschanicus Menzbier (ex Severzow, nom.
    nud.), Bull. Soc. Zool. France, 1884, IX,
    p. 276.

Sibérie et Turkestan ; émigre l'hiver en Europe (pris près de Gotha).

Plus petit que le type. Sommet de la tête et tache de la
nuque lavés de gris bleuâtre ; dos plus sombre, gris ardoisé,
les rectrices externes avec une bordure grise étroitement
liserée de blanc ; les rémiges secondaires internes étroitement
bordées de blanc.

5. cristatus Linné, Syst. Nat., Ed. X, 1758, p. 189 ;
    Dresser, III, p. 151, pl. 115 ; *septentrionalis*
    Brehm, 1866.

Europe Nord, de la Scandinavie et Russie Nord aux Carpathes, Pologne et Prusse Est, au Caucase, et accidentel jusqu'à l'Angleterre Sud.

a. Sous-espèce nouvelle.

b. Sous-espèce nouvelle.

6. Pœcile sibirica (Gm.)
MÉSANGE SIBÉRIENNE
D. et G., I, p. 568.

a. — **mitratus** Brehm, Handb. Naturg. Vog. Deuts., 1831, p. 467; *rufescens* Brehm, 1855; *brunnescens* Prazak, 1897.

Diffère du type du Nord par ses parties supérieures moins grises, plus brunâtres, teintées de roux-brun. Le croupion et les couvertures supérieures de la queue notamment, sont roux-brun. Les côtés blancs de la tête ont d'ordinaire une teinte crème bien marquée. Les flancs sont colorés d'un roux-jaune plus vif et plus foncé. Le bec est légèrement plus long. Les ailes ont la même longueur que celles du type. — (Ces différences sont bien sensibles quand on compare deux séries assez nombreuses des deux provenances.)

Allemagne, Jutland, Hollande, France, Alpes, Pyrénées, Autriche, Hongrie, péninsule des Balkans, Espagne jusqu'à Gibraltar.

b. — **scoticus** Prazak, Journ. f. Orn., 1897, p. 347.

Se distingue des formes continentales de l'espèce par ses parties supérieures plus foncées, teintées de brun olivâtre. Taille moindre; aile : 60 à 63 millimètres. Ventre plus brunâtre (Forme bien distincte).

Écosse Nord.

6. cinctus Bodd., Tableau des Pl. Enl. de Buffon, p. 44, pl. 708; Dresser, III, p. 125, pl. 112; *sibiricus* Gm., 1788; *lapponicus* Lundahl, 1848; *septentrionalis* Brehm; *microrhynchos* Brehm.

Sommet de la tête et nuque d'un brun foncé; poitrine noirâtre. Dos d'un brun doré pâle, légèrement lavé de roux; ailes et queue noirâtres, les rémiges avec une étroite bordure blanche; la queue lavée de gris, les rectrices externes bordées et terminées de blanc sale. Plumes du bas de la gorge étroitement bordées de blanc; poitrine et milieu de l'abdomen blancs; le reste des parties inférieures d'un roux pâle. Bec noirâtre, pieds plombés. Les sexes semblables. Aile (mâle) : 68 à 70 millimètres.

Scandinavie Nord, Laponie, Russie Nord et Sibérie Ouest, émigre (en hiver) jusqu'à Saint-Pétersbourg et Moscou.

7. Pœcile palustris (Linné)
NONETTE DES MARAIS
D. et G., I, p. 564.

a. Sous-espèce nouvelle.

b. Pœcile communis (Baldenst.)
NONETTE VULGAIRE
D. et G., I, p. 567.

c. Sous-espèce nouvelle.

7. palustris Linné, Syst. Nat., Ed. X, 1758, p. 190;
  1766, p. 341; Dresser, III, p. 99, pl. 108,
  109, fig. 1; *meridionalis* (part.) Liljeb., 1852;
  fruticeti Wallengr., 1854; *vera* Brehm, 1856.

Scandinavie
moyenne et Sud.
provinces russes
de la Baltique.
Prusse Est.

a. — stagnatilis Brehm, Vogelfang, 1855, p. 242.

Dos plus brunâtre et bordure des plumes de l'aile plus
brune que chez le type; bec plus long et plus fort, la mandibule supérieure très recourbée, plus large à la pointe que
chez le type (Ces différences ne sont bien sensibles que
lorsqu'on peut comparer deux séries en plumage frais).

Péninsule des
Balkans,
Russie Sud,
Caucase,
Asie Mineure.

b. — communis Baldenst., Neue Alpina, II, 1827,
  p. 31; *subpalustris* Brehm, 1855; *sordida* et
  vulgaris Brehm.

Diffère des deux formes précédentes par ses parties supérieures plus foncées, plus brunâtres. Les côtés de la tête sont
couleur crème ou roux clair, les rémiges secondaires plus
brun olivâtre. Aile longue (mâle) : 65 à 67, plus rarement
69 millimètres.

Allemagne
(à l'exception de la
région rhénale
et de la
Prusse Est),
Alpes (1.000 à
1.200 metres),
Autriche,
Hongrie, Croatie.

c. — longirostris Kleinschm., Orn. Jahrb., 1897,
  p. 65.

Région rhénale,
France, Belgique,
Hollande.

Semblable à la sous-espèce précédente, mais le dos, surtout la région interscapulaire et le croupion plus foncés, plus
olivâtres. Taille de la précédente. Aile (mâle) : 65 à 67,
rarement 68 millimètres. Bec variable, mais plutôt gros et
long, sans que ce caractère soit constant.

d. Sous-espèce nouvelle.

e. Sous-espèce nouvelle.

8. Espèce nouvelle (1)
(pour l'Europe)
NONETTE DES SAULES
(*P. salicarius* Brehm, cité comme synonyme de *communis* par Degland et Gerbe).

---

(1) Le type (*Parus atricapillus* Linné) est de l'Amérique du Nord.

d. — dresseri Stejneger, Proc. U. S. Nat. Mus., IX, 1886, p. 200 ; Dresser, pl. 109, fig. 2.

Angleterre et Sud de l'Écosse ; de passage en Irlande.

Parties supérieures encore plus foncées et proportionnellement d'un rouge-brun plus ou moins marqué, beaucoup moins olivâtre que chez *longirostris ;* la teinte vive crème ou presque rousse des côtés plus étendue, les côtés du cou également plus sombres. Taille moindre que celle de *longirostris* et des formes précédentes. Aile : (mâle) 62 à 65, exceptionnellement 66 millimètres ; (femelle) 58 à 60. Bec en général épais et court.

e. — italicus Tschusi et Hellmayr, Orn. Jahrb., 1900, p. 204 ; *tschusii* Hellm., 1901.

Italie entière, Sicile et (?) Sardaigne.

Semblable à *communis* mais les parties supérieures plus rousses et plus vivement colorées, ainsi que la bordure des plumes de l'aile ; les côtés du cou et les flancs d'un brun crémeux pur.

8. (atricapillus) salicarius Brehm, Handb. Naturg. Vög. Deuts., 1831, p. 465 ; *accedens* et *murinus* Brehm ; *musicus* Homeyer ; *communis* Olphe-Gaillard ; *alpestris* Bailly, 1851.

Allemagne moyenne, Autriche (jusqu'à 1.000 mètres dans les montagnes).

Diffère des autres « Nonettes » par sa tête noire, sans reflets brillants, à plumes faiblement pigmentées, allongées, peu compactes, à barbes presque décomposées. La tache noire de la gorge presque obsolète. Bec plus allongé, comprimé. Queue plus étagée, les deux paires de rectrices externes nettement plus courtes. Dos d'un gris-brun teinté de roux. Côtés du cou jusqu'à la région auriculaire d'un blanc crémeux sale. Flancs lavés de roux plus vif que chez *P. palustris communis.* Aile (mâle) : 59,5 à 65,5 ; (femelle) : 57 à 60 millimètres. (Quelquefois le mâle n'est pas plus grand que les plus grosses femelles).

a. Sous-espèce nouvelle.

b. Sous-espèce nouvelle.

c. Sous-espèce nouvelle.

a. (atricapillus) rhenanus Kleinschm., Orn. Monatsb., 1900, p. 168.

Ne diffère de *P. a. salicarius* que par ses parties supérieures plus sombres et son aile un peu plus courte ; environ 58 à 63 millimètres.

Région du Rhin (de Worms et Mainz à Wesel), Hollande, Belgique, France.

b. (atricapillus) kleinschmidti Hellm., Orn. Jahrb., 1900, p. 212.

Très voisin de *rhenanus* mais les parties supérieures sont encore plus foncées et plus brunes, et la taille est moindre ; aile : 57 à 61 millimètres dans les deux sexes. Le dessous est plus roux, la région auriculaire est teintée plus vivement de roux crémeux. Le bec est plus gros.

Angleterre et Écosse (sédentaire).

c. (atricapillus) borealis Sélys, Bull. Ac. Sc. Bruxelles, X, 1843, 2, p. 28 ; *salicarius* Dresser, III, p. 107, pl. 109, fig. 3 ; *colleti* Stejneger, 1889 ; *minor* Kleinschm., 1897.

Mâle : sommet de la tête d'un noir profond plus foncé que chez les autres sous-espèces, et présentant des reflets satinés. Joues, oreilles et côtés du cou d'un blanc pur qui s'étend jusque sur les côtés de la nuque. Dos, scapulaires et couvertures supérieures de la queue, d'un gris brunâtre assez variable, quelquefois presque gris, parfois brunâtre, ce qui est la règle. Bordure des rémiges primaires d'un blanc grisâtre, la bordure des rémiges secondaires plus large. Dessous d'un blanc pur, les flancs teintés d'un crémeux brunâtre. Aile (mâle) : 63 à 67, rarement 68 millimètres. *Femelle* semblable mais un peu plus petite ; aile : 60 à 63 millimètres. Bec petit (Couleur plus claire, plus grise, taille plus forte que celles de *salicarius*).

Scandinavie (Norvège nec Islande), Russie Nord, Prusse Est ; en hiver, erratique en Pologne et Russie Sud (Orenbourg).

d. Sous-espèce nouvelle.

e. Sous-espèce nouvelle.

f. Sous-espèce nouvelle.

9. Pœcile lugubris (Natterer)
NONETTE LUGUBRE
D. et G., I, p. 569.

d. (atricapillus) assimilis Brehm, Vogelfang, 1855,
p. 242.

Semblable à *borealis*, mais le bec plus comprimé, plus
grêle, un peu plus long. Aile aussi longue ou plus longue.
Flancs d'un roux-jaune vif, plus clair vers le dos mais avec
plus de roux, ce qui fait paraître cette région plus brunâtre
que chez *borealis*. Aile (mâle) : 66 à 69,5 ; (femelle) : 63 à
65 millimètres.

*Carpathes,
Alpes de Trans-
silvanie,
montagnes de
Bosnie
et de Serbie.*

e. (atricapillus) bianchii Zarudny et Harms, Orn.
Monatsb., 1900, p. 67 ; *salicaria neglecta* Z. et
H. (antea, nec Ridgway).

Très semblable à *assimilis*, mais le dessus, avec les couvertures supérieures de la queue, brunâtre, d'un brun vif ;
le bec plus court et plus massif. Les flancs semblent plus
pâles.

*Russie Ouest
(Pleskau),
de passage en
hiver.*

f. (atricapillus) montanus Baldenst., Neue Alpina,
II, 1827, p. 31 ; *alpestris* Bailly, 1851 ; *alpina*
Brehm ; *baldensteini* Salis, 1861.

Nettement plus grand que les autres formes de l'espèce.
Dessus plus foncé, brunâtre, les rectrices plus larges. Sommet de la tête plus teinté de brun que chez *borealis*. Le dos
est d'un brun foncé, plus pur que chez *assimilis*, plus clair
que chez *salicarius* et ses formes occidentales. Aile (mâle) :
70 à 71 ; (femelle) : 64 millimètres.

*Alpes de Suisse
et de Savoie,
de 1.200 à
2 000 mètres d'al-
titude.*

9. lugubris Temm., Man. d'Ornith., 2ᵉ Éd., 1820, I,
p. 293 ; Dresser, III, p. 121, pl. 111.

*Péninsule
des Balkans (dans
le Nord),
Istrie, Illyrie,
Dalmatie, Bosnie,
Herzégovine,
Serbie, Hongrie
Sud,
exceptionnelle-
ment dans le Nord
de l'Italie.*

a. Sous-espèce nouvelle.

Genre PANURE

1. Panurus biarmicus (Linné)
PANURE A MOUSTACHES
D. et G., I, p. 573.

a. Sous-espèce nouvelle.

a. — lugens Brehm, Vogelfang, 1855, p. 243; *græcus* Reiser, 1901.

Grèce (Attique) et Turquie.

Semblable au type, mais plus petit ; aile : 70 à 73 (au lieu de 72 à 76) millimètres. Le sommet de la tête plus terne et plus brunâtre.

PANURUS *Koch* 1816 (1)

Calamophilus Leach, 1816.

1. biarmicus (Linné), Syst. Nat., Ed. X, 1758, p. 190; Dresser, III, p. 49, pl. 102; *barbatus* Pallas, 1827; *arundinaceus* (part. ?) Brehm, 1831, et *dentatus* Brehm; *occidentalis* Tschusi, 1904.

Europe Sud-Ouest, de l'Espagne Est à la Grèce (France, Italie, Angleterre, Hollande, Holstein, Mecklembourg).

a. — russicus Brehm, Handb. Naturg. Vög. Deuts., 1831, p. 472; *raddei* Prazak, 1897.

Europe Sud-Est, de la Galicie à travers la Hongrie, la Roumanie, la Russie Sud ; jusqu'en Asie Mineure et l'Asie Centrale.

Plumage plus clair et plus pâle que celui du type occidental; le dos est particulièrement plus pâle. Couvertures supérieures de la queue teintées de rose. Bordure interne des rémiges secondaires internes d'un blanc presque pur.

---

(1) Hartert classe ce genre près de *Paradoxornis* (qui bâtit un nid également ouvert par le haut), malgré la grande différence dans la forme du bec, d'ailleurs très variable chez les *Paridæ*.

Genre ORITE

1. Orites caudatus (Linné)
ORITE LONGICAUDE
D. et G., I, p. 571.

a. Sous-espèce nouvelle.

b. Sous-espèce nouvelle.

ÆGITHALUS *Hermann* 1804

Acredula Koch, 1816 ;
Orites Mœhring, 1752 ; *Mecistura* Leach, 1816.

1. caudatus (Linné), Syst. Nat., Ed. X, 1758, p. 190 ;
1766, p. 342 ; Dresser, III, p. 67, pl. 104 ;
macrura Seebohm, 1883 ; *pinetorum* Brehm
(partim).

> Europe Nord et Est, Sibérie et Japon Nord ; du milieu de l'Allemagne à la Roumanie et au Caucase (en hiver) ; accidentel en Belgique, France, et plus rarement en Angleterre.

a. — europæus Hermann, Obs. Zool., 1804, p. 214
(Pipra) ; *longicaudus* Brehm, 1831 ; *pinetorum*
(part.) Brehm.

> Europe Sud, de la Hollande, de la France et de l'Allemagne Ouest, à travers l'Italie Nord, jusqu'à la péninsule des Balkans.

Semblable au type du Nord, mais le plumage moins riche et moins abondant. Les côtés de la tête portant, à partir des yeux, des raies noires ou brunes plus ou moins larges. Région auriculaire plus sombre ; le devant de la poitrine portant une raie de taches brunes plus ou moins marquées ; rémiges primaires présentant à peine une légère bordure blanche, plus souvent sans trace de cette bordure ; queue présentant (sur les rectrices externes) une extrémité blanche au plus de 5 millimètres, ou souvent plus courte encore. Aile : 62 à 67 millimètres.

b. — roseus Blyth, in : White, Nat. Hist. Selborne,
1836, p. 17 ; Dresser, III, p. 63, pl. 103 ; *lon-
gicaudata* Macgilliv., 1839.

> Grande-Bretagne et Irlande, France Ouest jusqu'aux Pyrénées.

Diffère d'*europæus* par ses ailes plus courtes (58 à 62 millimètres) et sa queue un peu plus courte. Raies noires des

c. Sous-espèce nouvelle.   .

d. Sous-espèce nouvelle.

e. Sous-espèce nouvelle.

côtés de la tête plus larges, de telle sorte que le blanc du
milieu de la tête est plus réduit et de plus tacheté souvent
de brun-noir. Le haut de la poitrine porte d'ordinaire une
raie de taches noires ; la région auriculaire est d'un brun
sombre et même tachetée de brun foncé. Le bord de la paupière, chez les adultes, est orangé (et non jaune), et chez
l'oiseau vivant, d'un rose vif.

c. — tauricus Menzb., Bull. Brit. Orn. Club, 1903,
XIII, p. 49.

Crimée (forêts des montagnes de Yaïla).

Semblable à *roseus*, mais le milieu de la tête d'un blanc
pur, et les scapulaires fortement teintées de gris. La raie de
taches de la poitrine très peu distincte. — Diffère de *macedonicus* en ce que le noir des côtés de la tête ne s'étend pas
jusqu'au bec ; en outre le noir du dos est plus étendu.

d. — macedonicus Dresser, Bull. Brit. Orn. Club.,
I, 1892, p. 15 ; id., Suppl. IX, pl. 655, fig. 1.

Grèce, Macédoine (Mont Olympe), Thessalie jusqu'à Monastir (en Turquie), mais non dans le Péloponèse.

Diffère de *roseus* en ce que le noir profond et plus étendu
de la tête s'avance jusqu'à la base du bec et jusqu'au devant
des yeux. Dans le milieu de la gorge, une tache grise qui
tranche sur le blanc du menton. Bord des paupières d'un
beau jaune soufre.

e. — irbyi Sharpe et Dresser, Proc. Zool. Soc. Lond.,
1871, p. 312 ; Dresser, III, p. 73, pl. 103,
fig. 1.

Espagne (Gibraltar), Portugal, France Sud, Italie, Vénétie et côtes de l'Adriatique, Corse, Sardaigne, Ile d'Elbe ; s'égare jusque dans le Tyrol, et pris (une fois) près Paris.

Plumes du front brun clair ; sommet de la tête également
plus ou moins lavé de brun ; les raies des côtés de la face,
très larges, brun-noir, se réunissant sur la nuque pour former
une large tache noire. *Dos gris ;* scapulaires d'un rose vineux
qui s'étend souvent sur le dos, les plumes latérales de cette
région et celles du croupion ayant leur extrémité d'un rose
vineux. Couvertures supérieures de la queue noires à extré-

f. Sous-espèce nouvelle.

g. Sous-espèce nouvelle.

mité grise. Côtés de la tête d'un blanc brunâtre ; région auriculaire rayée de brun, côtés du cou rayés de noir. Dessous d'un blanc sale. Poitrine tachetée de brun sombre, le rose vineux des côtés s'étendant jusque sur cette région. Aile : 58 à 62 millimètres. — Le noir du dos est quelquefois plus étendu, certains spécimens formant la transition entre *europæus* et *roseus*.

f. — **siculus** Whitaker, Bull. Brit. Orn. Club, XI, 1901, p. 52 ; Ibis, 1902, p. 54, pl. 2.

Sicile.

Semblable à *Æ. c. major* (du Caucase), mais plus petit, l'aile n'ayant que 56 à 57 millimètres. Sommet de la tête fortement obscurci par du brun, de sorte qu'aucune raie d'un blanc pur n'y apparaît ; la partie noire du dos très réduite. Les rectrices sont nettement plus étroites et la queue plus courte (73 millimètres). Tour de l'œil jaune.

g. — **major** Radde, Ornis Caucas., 1884, p. 144, pl. 6, fig. 1 ; *caucasica* Lorenz, 1887 ; Dresser, IX, p. 113, pl. 655, fig. 2 ; *dorsalis* et *senex* Madarasz, 1900 ; *major* Buturlin, Ibis, 1906, p. 420.

Caucase Nord
(Kura-Tal).

Diffère d'*irbyi* par les raies des côtés de la tête qui ne sont pas noires mais brun clair ; ces raies deviennent plus foncées en arrière et se fusionnent, sur le derrière du cou, en une large tache noire. Sur la gorge, il existe souvent une tache grise indistincte. Aile : 60 à 63 millimètres. — Un spécimen à raies céphaliques très pâles et étroites, à bandes du dos très étroites, a été décrit sous le nom de « *senex* » ; un autre à raies céphaliques très foncées, à dos fortement teinté de noir, sous celui de « *dorsalis* ». La présence de trois formes distinctes dans la même localité (Pjatigorsk), est tout à fait invraisemblable, ces deux dernières formes surtout n'étant connues chacune que par un seul spécimen.

h. Sous-espèce nouvelle.

Genre RÉMIZ

1. Ægithalus pendulinus (Linné)
RÉMIZ PENDULINE
D. et G., I, p. 575.

a. Sous-espèce nouvelle.

h. — **tephronotus** Günther, Ibis, 1865, p. 95, pl. 4 ;
Dresser, III, p. 75, pl. 105, fig. 2.

Turquie Sud-Est (environs de Constantinople), Pera, etc. ; Asie Mineure, Perse, Grèce (à l'automne).

Semblable à *Æ. irbyi,* mais en différant par une large tache d'un gris noirâtre sur le milieu de la gorge ; le blanc du sommet de la tête est teinté de brun ; le dessous est d'un blanc sale avec quelques raies indistinctes sur la poitrine ; les flancs, le bas-ventre et les couvertures inférieures de la queue sont (comme chez les autres formes) lavés de rose. Bec et pattes noirs ; iris d'un rouge brunâtre avec un cercle extérieur d'un blanc bleuâtre ; bord des paupières orangé. Les sexes sont semblables. Aile : 58 à 61,5 millimètres. Rectrices très étroites.

ANTHOSCOPUS *Cabanis* 1851

Ægithalus (part.) Boie ; *Pendulinus* Brehm.

1. pendulinus (Linné), Syst. Nat., Ed. X, 1758, p. 189 ; Dresser, III, p. 159, pl. 116 ; *narbonensis* Gm., 1788 ; *polonicus* Brehm, 1831 ; *medius* et *macrourus* Brehm ; *minimus* Gloger, 1842 ; *raddei* Prazak, 1897.

Europe Sud, de l'Espagne Est, France Sud, Italie et le Sud-Est de l'Europe (sauf la Russie), au Nord jusqu'à l'Autriche (Vienne), la Pologne, la Russie Sud, l'Asie Mineure, s'égare jusqu'en Allemagne.

a. — **caspius** Poelzam, Protok. Kasan Univ., I, 1870, p. 141 ; *castaneus* Sewerz., 1873 ; Dresser, III, p. 165, pl. 117 ; *galliardi* d'Hamonville, 1876.

Russie Sud-Est dans les environs de la Caspienne (delta de la Volga), au Nord jusqu'à Orenbourg.

Diffère du type par le sommet de la tête, la nuque et les côtés du cou d'un roux-marron ; le dos d'un marron plus

Famille XXIV — AMPELIDÉS

Genre JASEUR

1. Ampelis garrulus Linné
JASEUR DE BOHÊME
D. et G., I, p. 577.

foncé ; la bordure blanche des pennes de l'aile plus large, et plus de marron sur la gorge. — La *femelle* a le sommet de la tête et la nuque d'un isabelle terne teinté de marron et moins de marron sur la gorge. Les vieilles femelles prennent le plumage du mâle.

XXIV — AMPELIDÆ

BOMBYCILLA *Vieillot* 1807

Ampelis L., 1735.

1. **garrulus** Linné, Syst. Nat., Ed. X, 1758, p. 95 ; Dresser, III, p. 429, pl. 155 ; *bombycilla* Pallas, 1827 ; *lientericus* et *poliocœlia* Meyer ; *brachyrhynchos* Brehm, 1855.

Zone arctique des deux continents (où il niche) ; émigre en hiver au Sud, plus ou moins suivant les années : Prusse, France, Italie, etc. ; de passage régulier en Angleterre.

Famille XXV — MUSCICAPIDÉS

Genres GOBE-MOUCHE, BUTALIS et ERYTHROSTERNE

1. Muscicapa nigra Brisson
GOBE-MOUCHE NOIR
D. et G., I, p. 580.

a. Sous-espèce nouvelle.

XXV — MUSCICAPIDÆ

MUSCICAPA *Linné (ex Brisson)* 1766

Butalis Boie, 1826; *Erythrosterna* Bonap., 1838.

1. **atricapilla** Linné, Syst. Nat., 1766, p. 326; Dresser, III, p. 453, pl. 157, 158, fig. 2; *luctuosa* Scopoli, 1769; *maculata* Mull., 1776; *muscipeta* Bechst., 1794; *obscura, alticeps,* etc., Brehm.

Europe, du 65° latitude Nord jusqu'à l'Espagne, la France, l'Italie, la Sardaigne; à l'Est jusqu'a l'Oural, au Sud-Est jusqu'à l'Autriche; en Angleterre très local (Galles Nord, Écosse, de passage en Irlande); hiverne en Afrique (Benué, Congo, Nil).

a. — **semitorquata** Homeyer, Zeits. ges. Orn., II, 1885, p. 185, pl. 10; Dresser, IX, p. 173.

Caucase, Asie Mineure, Perse et Grèce (ou il niche); en hiver sur les bords du Golfe Persique.

Cette forme n'a pas de véritable collier, mais le blanc des côtés du cou forme un chevron blanc de 1 demi-centimètre à 1 centimètre et demi, plus étroit en avant. Les rectrices externes ont sur leur bord externe plus de blanc que chez le type; les barbes externes sont ordinairement entièrement blanches, les barbes internes blanches avec des taches noires près de leur extrémité, quelquefois avec du noir sur une plus grande étendue. Quelquefois le noir s'étend sur les rectrices externes autant ou même plus que chez beaucoup de spécimens du type, si bien que les barbes sont noires des deux côtés de la plume, les barbes externes portant seulement une longue bordure blanche. La base blanche des rémiges primaires forme un miroir sur l'aile. Aile : 81 à 84 millimètres.

2. Muscicapa collaris Bechst.
GOBE-MOUCHE A COLLIER
D. et G., I, p. 581.

3. Butalis grisola (Linné)
BUTALIS GRIS
D. et G., I, p. 583.

4. Erythrosterna parva (Bechst.)
ERYTHROSTERNE ROUGEATRE
D. et G., I, p. 584.

2. collaris Bechst., Gem. Naturg. Deuts., 1795, IV,
p. 495 ; Dresser, III, p. 459, pl. 158, fig. 1 ;
albicollis Temm., 1815 ; *streptophora* Vieill.,
1828 ; *albifrons* Brehm, 1831 ; *melanoptera*
Heckel, 1833.

Ile Gotland, Danemark, Allemagne, Pologne ; Europe Sud-Est, de la Galicie à la Grèce et ses îles ; Italie et ses îles ; France, Suisse, Corse, etc. ; hiverne en Égypte et dans l'Afrique tropicale (Côte d'Or).

Espèce très voisine de *M. atricapilla*, à laquelle elle se
rattache par *M. a. semitorquata*, et que l'on pourrait considé-
rer comme une simple sous-espèce d'*atricapilla*.

3. striata (Pallas), Vroeg, Catal. Versam. Vogelen,
1764, p. 3 ; *grisola* Linné, Syst. Nat., Ed. XII,
1766, p. 328 ; Dresser, III, p. 447, pl. 156 ;
montana, pinetorum, etc., Brehm ; *finschi* Bocage, 1878.

Europe, de Tromsö et Arkangel à la Méditerranée ; Afrique Nord (Atlas) ; hiverne en Afrique tropicale et Sud.

D'après Hartert, cette espèce ne présente qu'une seule mue
annuelle.

4. parva (Bechst.), Latham, Allg. Uebers. d. Vög.,
1794, II, p. 356 ; Dresser, III, p. 465, pl. 159 ;
rufogularis Brehm, 1831 ; *laïs* Hempr. et Ehr-
renb., 1834.

Europe Nord et moyenne, de Saint-Pétersbourg aux Alpes et à la Sibérie Ouest ; sporadique en Allemagne et en Autriche ; de passage à Héligoland ; accidentel dans les Iles Britanniques et en France ; rare en Italie, en Grèce, en Égypte ; hiverne dans l'Inde Ouest.

Famille XXVI — HIRUNDINIDÉS

Genre HIRONDELLE

1. Hirundo rustica Linné
HIRONDELLE RUSTIQUE OU DE CHEMINÉE
D. et G., I, p. 587.

|a. Sous-espèce étrangère à l'Europe
(*Hirundo cahirica*, D. et G.)].

2. Hirundo rufula (1) Temm.
HIRONDELLE ROUSSELINE
D. et G., I, p. 590.

---

(1) *Hirundo daurica* Savi, 1831, a la priorité sur *H. rufula* Temm., 1835. — Le type (*H. daurica daurica* Linné) est de Sibérie et de l'Asie Centrale.

XXVI — HIRUNDINIDÆ

CHELIDON *Forster* 1817

Hirundo (part.) Linné ; Pallas et Auct.

1. **rustica** (Linné), Syst. Nat., Ed. X, 1758, p. 191 ; Dresser, III, p. 477, pl. 160, fig. 1 ; *domestica* Pall., 1827 ; *pagorum* et *stabulorun* Brehm ; *sawitzkii* Loudon, 1904.

Europe entière et Afrique Nord jusque dans les oasis du Sahara ; Sibérie Ouest et Asie Sud-Ouest jusqu'au Beloutchistan ; hiverne dans toute l'Afrique jusqu'au Cap, en Asie jusqu'à l'Inde et la Malaisie.

[a. — **savignyi** Stephens, 1817 ; *cahirica* Licht., 1823.]

[Afrique Nord-Est, Égypte et Nubie, où elle est sédentaire.]

Cette sous-espèce est strictement africaine. Les spécimens pris en Europe qui lui ont été rapportés, paraissent appartenir à une variété à ventre foncé de *rustica* typique.

2. **(daurica) rufula** Temm., Man. d'Orn., 2e Éd., 1835, III, p. 298 ; Dresser, III, p. 487, pl. 161 ; *temmincki* (Lillia) Hume, 1877.

Turkestan, Perse, Asie Centrale, Palestine, Égypte, Asie Mineure, Chypre, Grèce, Italie, Sicile ; accidentel à Héligoland, dans les Iles Britanniques, la France Sud ; Afrique Nord.

Genre CHELIDON *Boie*

1. Chelidon urbica (Linné)
HIRONDELLE DE FENÊTRE
D. et G., I, p. 592.

[Progne purpurea (Linné)
PROGNÉ POURPRE
D. et G., I, p. 594].

Genres COTYLE *Boie* 1822 et BIBLIS *Lesson* 1837

1. Cotyle riparia (Linné)
COTYLE RIVERAINE
D. et G., I, p. 596.

HIRUNDO *Linné* 1758

Chelidon Boie, 1822 (nec Forster, 1817).

1. urbica Linné, Syst. Nat., Ed. X, 1758, p. 192;
Dresser, III, p. 495, pl. 162; *domestica* Leach,
1816; *fenestrarum* Brehm, 1831; *tectorum*
Brehm, 1855.

Europe, du 70°
latitude Nord
jusqu'à
la Méditerranée;
Sibérie Ouest,
Turkestan;
hiverne dans
l'Afrique Sud-Est
(Mossamedes),
et l'Inde Nord-
Ouest.

[Espèce de l'Amérique Nord, considérée actuellement
comme étrangère à l'Europe.]

[Amérique Nord;
prise deux
ou trois fois dans
les Iles
Britanniques.]

RIPARIA *Forster* 1817

Cotile Boie, 1822; *Cotyle* Boie, 1827;
Biblis Lesson, 1837.

1. riparia (Linné), Syst. Nat., Ed. X, 1758, p. 192;
Dresser, III, p. 505, pl. 163; *europæa* Forster,
1817; *cinerea* Vieill., 1817; *fluviatilis* Brehm.

Europe, du 70°
latitude Nord
(péninsule de Kola
en Russie),
à la Méditerranée,
iles Baléares;
Afrique Nord;
Sibérie, Perse;
émigre en Afrique
Est et Sud
et dans l'Inde.

2. Biblis rupestris (Scopoli)
BIBLIS RUPESTRE
D. et G., I, p. 597.

Famille XXVII — CYPSELIDÉS

Genre MARTINET

1. Cypselus apus (Linné)
MARTINET NOIR
D. et G., I, p. 601.

a. Sous-espèce nouvelle.

2. rupestris (Scop.), Annus I Historico-Nat., 1769, p. 167 ; Dresser, III, p. 513, pl. 164 ; *montana* Gm., 1789 ; *obsoleta sarda* Arrigoni, 1902.

Afrique Nord (Atlas), pourtour de la Méditerranée et ses îles ; Europe Sud jusqu'aux Pyrénées, France Sud, Alpes, Balkans ; Asie Mineure jusqu'au Tibet ; émigre dans l'Afrique Nord-Est et l'Inde.

XXVII — CYPSELIDÆ

APUS *Scopoli* 1777

Cypselus Illig., 1811.

1. apus (Linné), Syst. Nat., Ed. X, 1758, p. 192 ; 1766, p. 344 ; Dresser, IV, p. 58, pl. 266 ; *murarius* Wolf, 1810 ; *vulgaris* Stephens, 1817 ; *balstoni* Bartlett, 1879.

Europe, du 70° latitude Nord (Scandinavie et Russie), jusqu'à l'Oural (remplacé en partie dans l'Europe Sud par la sous-espèce suivante) ; hiverne dans l'Afrique Sud et à Madagascar.

a. — kollibayi Tschusi, Orn. Jahrb., XIII, 1902, p. 234.

Dalmatie Sud et île Curzola ; Italie (Toscane), Portugal (Cintra). La forme type se trouve aussi en Dalmatie.

Un peu plus gros que le type et en plumage frais d'un noir un peu plus foncé, mais devenant, en été, également brunâtre. Tache du menton large et presque d'un blanc pur (mais quelquefois aussi petite et brune). Aile un peu plus longue : 174 à 185 millimètres.

2. **Cypselus melba** (Linné)

MARTINET ALPIN

D. et G., I, p. 602.

3. **Espèce nouvelle** (1)
(pour l'Europe)

MARTINET MURIN

a. **Sous-espèce nouvelle.**

---

(1) Le type (*A. murinus murinus* Brehm) est d'Égypte et de Perse où il est sédentaire (figuré par Dresser, IV, pl. 268).

2. melba (Linné), Syst. Nat., Ed. X, 1758, p. 192 ;
  1766, p. 345 ; Dresser, IV, p. 603, pl. 269 ;
  alpina Scop., 1769 ; *tuneti* Tschusi, 1904.

> Europe Sud, Pyrénées, Alpes, îles de la Méditerranée, Afrique Nord-Ouest, Crimée, Caucase, Asie jusqu'à l'Inde Sud et Ceylan ; accidentel dans le centre de l'Europe, à Héligoland et en Angleterre.

3. (murinus) brehmorum Hartert, in Naumann,
  Naturg. Vög. Mitteleurop., 2ᵉ Éd., IV, 1901,
  p. 233.

> Madère, Canaries, Espagne Sud, Maroc, Algérie, Tunisie ; hiverne au Benguela et au Damara.

Très voisin de *A. apus* mais plus pâle, d'un gris-brun, clair surtout sur le front, les rémiges, la queue et ses couvertures inférieures ; le blanc de la gorge est plus étendu, la queue plus courte et moins fourchue. Les plumes de la poitrine et du dessous du corps ont de larges bordures subterminales foncées et en outre une bordure terminale très étroite, mais très nette et constante, de couleur blanche. La 1ʳᵉ rémige est aussi longue que la 2ᵉ (quelquefois plus longue), tandis que chez *A. apus* cette 1ʳᵉ rémige est de 1 demi-centimètre plus courte que la 2ᵉ. — Aile : 164 à 175, quelquefois 180 millimètres.

a. (murinus) illyricus Tschusi, Orn. Jahrb., XVIII,
  1907, p. 29 ; *apus pallidus* Brehm, 1866 (nomen nudum).

> Dalmatie Sud, côtes de Croatie ; France Sud-Est (jusqu'à Lyon) ; Espagne ; Chypre ; Italie Sud (Tarente).

Semblable à *A. m. brehmorum,* mais plus foncé surtout sur le front, le dos et les rémiges primaires, ainsi que sur la poitrine et le dessous du corps. — La différence se constate facilement quand on compare des séries suffisamment nom-

4. Espèce nouvelle
(pour l'Europe)
MARTINET UNICOLORE

Genre CHÉTURE

1. Espèce nouvelle
(pour l'Europe)
CHÉTURE A QUEUE POINTUE

breuses, bien que certains spécimens (de Madère et d'Algérie)
soient difficiles à distinguer de ceux de Dalmatie. Les deux
formes se relient l'une à l'autre et leurs distributions géographiques s'entremêlent.

4. unicolor Jardine, Edinb. Journ. Nat. et Geogr. Sc.,
1830, I, p. 242, pl. 6; Dresser, IV, p. 601,
pl. 268.

Madère et les Canaries Ouest, avec Fuerteventura.

Semblable à *A. apus,* mais plus petit, la queue plus profondément fourchue, le menton et la gorge un peu plus
pâles que le reste des parties inférieures, et celles-ci finement
rayées transversalement de blanc brunâtre, la bordure des
plumes étant de cette couleur. Aile : 150 à 155, rarement
157,5 millimètres.
(1)

CHÆTURA *Stephens* 1826

Acanthylis Boie, 1826; Dresser et Auct.

1. caudacuta (Latham), Ind. Orn., Suppl., 1801,
p. LVII; Dresser, IV, p. 613, pl. 270; *fusca*
et *australis* Stephens, 1817 et 1826; *ciris* Pallas, 1827; *macroptera* Swains., 1829.

Sibérie Est, Mongolie, Japon; de passage en Chine; émigre en Australie et Nouvelle-Zélande; très accidentel en Europe (pris deux fois en Angleterre).

Le genre est caractérisé par sa queue égale et dont les
rectrices, dépourvues de barbes à l'extrémité, se terminent
en pointe aiguë sur une étendue de 3 à 5 millimètres.
Tête et nuque noires à reflets verdâtres, face blanche. Dos
et croupion bruns, passant au brun blanchâtre sur le milieu
du dos. Ailes, couvertures supérieures de la queue et queue

---

(1) *Apus affinis galilejensis* (Antinori, 1855), d'Afrique Nord et de Palestine, à queue égale ou très faiblement échancrée, a été pris une seule
fois en Italie. — Figuré par Dresser, IV, pl. 285.

Famille XXVIII — CAPRIMULGIDÉS

Genre ENGOULEVENT

1. Caprimulgus europæus Linné   .
ENGOULEVENT D'EUROPE
D. et G., I, p. 694.

a. Sous-espèce nouvelle.

noires, à reflets vert-bouteille, les rémiges secondaires
internes blanches sur leurs barbes internes. Menton, gorge,
ventre et couvertures inférieures de la queue blancs. Le reste
des parties inférieures d'un brun de suie, mais les flancs
blancs, lavés de bleu-noir brillant. Pattes d'un pourpre livide.
Aile : 196 à 211, rarement 214 millimètres.

XXVIII — CAPRIMULGIDÆ

CAPRIMULGUS *Linné* 1758

1. europæus Linné, Syst. Nat., Ed. X, 1758, p. 193 ;
Dresser, IV, p. 621, pl. 271 ; *vulgaris* Vieill.,
1828 ; *punctatus* Wolf, 1810.

Europe,
de la Finlande et
d'Arkangel
à la Méditerranée,
sauf au Sud
(où il est remplacé
par la sous-
espèce suivante) ;
hiverne
en Afrique jus-
qu'au Cap.

a. — meridionalis Hartert, Ibis, 1896, p. 370.

Semblable au type, mais plus petit, et d'ordinaire la teinte
des parties supérieures plus vive ou plus claire. (On trouve
les deux livrées dans la même couvée, comme c'est aussi le
cas pour le type). Aile (mâle) : 174 à 186, rarement 189 et
190 millimètres.

Europe Sud
et Afrique Nord ;
Espagne, Corse,
Sardaigne, Italie,
péninsule des
Balkans jusqu'en
Hongrie, Grèce,
Caucase, Crimée ;
Asie Mineure ;
hiverne
en Afrique (mais
ne s'avance pas
jusqu'au Sud).

2. **Caprimulgus ruficollis** Temm.

ENGOULEVENT A COLLIER ROUX

D. et G., I, p. 605.

3. **Espèce nouvelle**

(pour l'Europe)

ENGOULEVENT D'ÉGYPTE

2. ruficollis Temm., Man. d'Orn., 2ᵉ Ed., 1820, I,
    p. 438; Dresser, IV, p. 633, pl. 273; *rufitor-
    quis* et *rufitorquatus* Vieill., 1822 et 1828.

Europe Sud,
Portugal, France
Sud, Maroc,
exceptionnelle-
ment à Malte,
en Sicile, à Ma-
dere, en Dalmatie,
en Angleterre;
hiverne
dans le Sahara.

3. ægyptius Licht., Verz. Doubl. Mus. Berlin, 1823,
    p. 59; Dresser, IV, p. 629, pl. 272; *isabellinus*
    Temm., 1825; *arenicolor* Sewertz., 1875.

Asie Ouest,
du Turkestan et
de la Transcaspie
à la Perse:
Égypte et Nubie;
accidentel
en Europe Sud
(Malte, Sicile,
Heligoland, An-
gleterre).

D'un gris de sable isabelle, vermiculé et barré de noir;
barbes internes des rémiges primaires en grande partie
blanches, mais sans taches blanches sur les ailes ou sur la
queue; queue vermiculée et barrée de noir. Dessous isabelle,
finement barré de noirâtre; une tache blanche sur la gorge.
Pieds d'un brun rougeâtre; bec brun foncé, iris noir. La
femelle est un peu plus obscurément rayée et n'a pas de blanc
aux ailes. — Aile : 195 à 212 millimètres.

Ordre III — PIGEONS

Famille XXIX — COLOMBIDÉS

Genre COLOMBE

1. Columba palumbus Linné

COLOMBE RAMIER

D. et G., II, p. 6.

a. Sous-espèce nouvelle.

b. Sous-espèce nouvelle.

III — COLUMBÆ

XXIX — COLUMBIDÆ

COLUMBA *Linné* 1758

1. palumbus Linné, Syst. Nat., I, 1766, p. 282 ; Dresser, VII, p. 3, pl. 454 ; *torquata* Leach, 1816.

Europe, du 65° latitude Nord à la Méditerranée et à ses îles ; Afrique Nord ; Asie jusqu'à Bagdad.

a. — madeirensis Tschusi, Ornith. Jahrb., XV, 1904, p. 227.

Ile de Madère (sédentaire).

Les caractères de cette sous-espèce ne nous sont pas connus. Elle est très voisine du type, et surtout caractérisée par son habitat sédentaire dans l'île où elle niche, le type y étant seulement de passage.

b. — azorica Hartert, Nov. Zool., XII, 1905, p. 93.

Iles Açores (sédentaire).

Diffère du type d'Europe par sa poitrine plus foncée et tirant davantage sur la teinte vineuse, par la couleur d'un gris ardoisé plus foncé de la tête et du croupion. L'extrémité des couvertures supérieures de la queue est moins brunâtre, et les couvertures inférieures, ainsi que les couvertures alaires ont une teinte plus foncée. Ces caractères bien visibles chez le mâle, le sont moins chez la femelle. Aile plus courte de 5 à 10 millimètres que chez le type.

2. Columba œnas Linné
COLOMBE COLOMBIN
D. et G., II, p. 8.

3. Espèce nouvelle
COLOMBE DES CANARIES

4. Espèce nouvelle
COLOMBE DE BOLL

2. œnas Linné, Fauna Succica, 1761, p. 75; Dresser, VII, p. 23, pl. 458.

Europe, du 61° latitude Nord à la Méditerranée et ses îles; Afrique Nord-Ouest, Asie Mineure et Turkestan.

3. laurivora Webb et Berth., Orn. Canar., 1841, p. 26, pl. 3 (fig. inf.); Dresser, VII, p. 31, pl. 460.

Iles Canaries (Palma et Gomera).

Tête, cou et dos d'un bleu ardoisé assez terne, le sommet de la tête et la nuque à reflets verts et pourprés. Dessus des ailes d'un brun ardoisé, les rémiges d'un brun foncé. Queue d'un brun pâle tirant sur le gris cendré, devenant plus pâle vers son milieu, et d'un gris blanc à l'extrémité. Gorge à plumes d'un rouge bordé de vert; le reste des parties inférieures d'un rouge de cuivre, les couvertures inférieures de la queue bleu ardoisé. Bec blanc, couleur de chair à la base; pattes d'un rouge foncé; iris jaune. *Femelle* semblable au mâle. Aile : 220 millimètres.

4. bolli Godman, Ibis, 1872, p. 217; Dresser, VII, p. 29, pl. 459.

Canaries (Ténériffe, Palma, Gomera).

Diffère de *C. laurivora* par ses parties supérieures plus bleues et plus foncées; la gorge jusqu'à la poitrine d'un bleu ardoisé à faibles reflets verts, la poitrine et les parties inférieures d'un rouge vineux foncé, les flancs, l'abdomen en arrière et les couvertures inférieures de la queue d'un bleu d'ardoise foncé. Queue noirâtre, largement terminée de bleu-tourterelle (1) foncé, mais avec l'extrémité d'un ardoisé sale. Bec rouge, blanc à sa pointe. Pattes, iris et cercle des paupières d'un rouge corail. Aile : 210 millimètres.

____

(1) Le « bleu-tourterelle » est un gris cendré bleuâtre, plus clair que le bleu ardoisé.

5. Espèce nouvelle
COLOMBE TROCAZ

6. Columba livia Briss.
COLOMBE BISET
D. et G., II, p. 9.

(1)

Genre TOURTERELLE
1. Turtur auritus Ray.
TOURTERELLE VULGAIRE
D. et G., II, p. 14.

•

(1) Le Pigeon migrateur (*Ectopistes migratorius* L.), de l'Amérique du Nord, très accidentel en Europe, actuellement en voie d'extinction, n'est plus considéré comme devant figurer dans la faune d'Europe.

5. trocaz Heinck., in Brewst. Journ. Science, 1829,
p. 228; Dresser, VII, p. 33, pl. 461.

Ile de Madère.

D'un bleu-tourterelle plus pâle sur la tête, le devant du
cou, le bas du dos, le croupion et les parties inférieures ;
plumes des côtés et du derrière du cou terminées de gris
argentin ; derrière du cou et partie antérieure du cou à reflets
verts et pourprés. Petites couvertures et rémiges d'un noir
ardoisé, celles-ci présentant une étroite bordure grise. Queue
d'un bleu plombé foncé avec une large bande bleu ardoisé
subterminale. Poitrine d'un rouge vineux. Bec et peau nue
autour de l'œil d'un rouge corail, le bec noirâtre à sa pointe.
Pattes rouge corail ; iris jaune paille. *Femelle* semblable au
mâle. Aile : 234 millimètres.

6. livia Bonnaterre, Encycl. Méthod., I, 1790; Dresser, VII, p. 11, pl. 457.

Europe Ouest,
au Nord jusqu'aux
Iles Féroë
(ne se trouve pas
en Scandinavie
ni dans l'Europe
Est) ; Afrique
Nord ; Asie Sud
jusqu'à
la Perse Nord.

TURTUR *Selby* 1835

1. turtur (Linné), Syst. Nat., I, 1766, p. 284; *communis* Selby, Nat. Lib., Pig., 1835, p. 153,
171 ; *vulgaris* Eyton, 1836; Dresser, VII,
p. 39, pl. 462.

Europe, de la
Scandinavie (rare
au Nord)
à la Méditerranée
et ses iles ;
Madère, Cana-
ries ; Afrique Nord
jusqu'à Choa ;
Asie
jusqu'à Yarkand.

2. Turtur rupicola (Pall.)
TOURTERELLE RUPICOLE
D. et G., II, p. 15.
(1)

3. Espèce nouvelle
TOURTERELLE A COLLIER

---

(1) Les caractères donnés par Gerbe étant erronés, nous donnons ici une nouvelle description de l'Espèce.

2. orientalis (Lath.), Ind. Ornith., 1790, II, p. 606 ;
Dresser, VII, p. 45, pl. 463 ; *rupicola* Pall.,
1811 ; *gelastes* Temm., 1835.

Plus grande et plus foncée que la Tourterelle d'Europe ;
le front d'un bleu cendré foncé, le reste de la tête, le cou et
les parties supérieures d'un brun cendré, la pointe des plumes
noires sur les côtés du cou, et celle des rectrices, d'un bleu
cendré (et non blanche). Parties inférieures d'un brun vineux,
passant au rose vineux sur le milieu de l'abdomen. Bec brun
teinté de vineux à la base de la mandibule inférieure. Pattes
d'un rouge vineux ; iris orangé ; paupières bleu pâle avec
le bord rouge. Aile : 190 millimètres.

C'est par erreur que Gerbe dit (*loc. cit.*, p. 16), que cette
espèce diffère de la Tourterelle vulgaire « par l'absence de
taches sur les côtés du cou ».

Asie Nord (de la Sibérie au Japon) ; Himalaya, Inde ; très accidentel en Europe (Suède, Angleterre).

3. decaocto Frivaldsky, Balkanyi Termes. Utaz., 1838,
p. 30, pl. VIII ; *? risorius* (part.) Linné, 1766 ;
Dresser, VII, p. 51, pl. 464, fig. 2 ; *torquata*
Bogd., 1881.

Tête, cou et poitrine d'un gris vineux pâle, le sommet de
la tête teinté de gris-bleu ; parties supérieures d'un brun
terne, les côtés du croupion bleu-tourterelle. Rémiges bleu
cendré à la base, le reste d'un bleu noirâtre ; les rémiges
secondaires et les couvertures supérieures bleu-tourterelle.
Rectrices médianes d'un brun foncé, les autres bleu-tourterelle, passant au blanc à leur extrémité. Un collier noir
bordé de blanc, partant du dos, forme un demi-tour au cou.
Dessous d'un vineux pâle passant au bleu-tourterelle sur le
bas-ventre et les couvertures inférieures de la queue ; flancs
lavés de gris-bleu. Bec noir. Pattes rose chair ; iris cramoisi ;
peau de l'orbite blanche. Sexes semblables. Aile : 183 millimètres. — (C'est, très probablement, la souche de la *Tourterelle à collier* domestique.)

Europe Sud-Est (Turquie) ; Asie Mineure et Asie Centrale jusqu'à l'Amour et le Japon.

4. Turtur senegalensis (Linné)
TOURTERELLE DU SÉNÉGAL.
D. et G., II, p. 16.

5. Espèce nouvelle
(pour l'Europe)
TOURTERELLE DE CAMBAYE

Famille XXX — PTEROCLIDÉS (1)

Genre GANGA

1. Pterocles alchata (Linné)
GANGA GATA
D. et G., II, p. 23 (part.).

---

(1) La majorité des ornithologistes modernes rattache cette famille à l'Ordre des Pigeons.

4. **senegalensis** (Linné), Syst. Nat., I, 1766, p. 283;
    Dresser, VII, p. 55, pl. 465; *ægyptiacus* Lath.,
    1790.

> Turquie, Grèce,
> Palestine,
> Iles Canaries;
> Afrique,
> de l'Égypte
> au Cap;
> Ile de Socotora.

5. **cambayensis** (Gm.), Syst. Nat., II, 1788, p. 779;
    Dresser, IX, p. 305.

> Turquie,
> Asie Mineure,
> Turkestan
> et l'Inde.

Semblable à *senegalensis,* mais les parties supérieures, avec
le croupion, d'un brun terreux pâle sans trace de teinte
rouge. Bec noirâtre; pattes d'un rouge de laque; iris brun
foncé avec un cercle interne blanchâtre. Aile : 144 millimètres.

XXX — PTEROCLIDÆ

PTEROCLES *Temm.* 1813-1815

Pteroclidurus Bp., 1856; *Bonasa* Brisson, 1760.

1. **(alchata) setarius** Temm., Pig. et Gall., III, 1815,
    p. 256; *pyrenaïcus* Briss., 1760; *alchata* Dres-
    ser, VII, p. 67, pl. 467.

> Région méditer-
> ranéenne,
> de l'Espagne à la
> Sardaigne,
> la Sicile, Malte
> et Chypre
> accidentel en
> Italie
> (Émilia, Ligurie,
> Toscane
> Napolitaine).

Forme occidentale du type asiatique (1), caractérisée par
un plumage plus chaudement coloré en brun jaunâtre et la
bande subterminale des couvertures de l'aile fauve ou jaunâtre (non blanche). *Femelle* ayant la gorge blanche bordée

---

(1) Le type (*P. alchata*), de teinte gris-isabelle, a bande alaire blanche,
habite l'Asie (de l'Asie Mineure et du Caucase à l'Inde) et l'Afrique
Nord.

2. Pterocles arenarius Pallas
GANGA UNIBANDE
D. et G., II, p. 25.

3. Espèce nouvelle
(pour l'Europe)
GANGA DU SÉNÉGAL

d'un collier noir, la bande noire marginale de la 2e rémige
interne et des couvertures moyennes séparée de la partie
blanche par une large bande fauve. Aile : 215 millimètres.
— D'après Dresser, on trouve tous les passages entre les
deux formes.

2. arenarius Pallas, Nov. Com. Petrop., 1774, p. 418,
pl. 8; Dresser, VII, p. 61, pl. 466; *fasciatus*
Desfont., 1787.

Europe Sud-Ouest, Espagne, Canaries; s'égare dans le reste de l'Europe Sud; Afrique Nord; Asie Sud-Ouest, Inde Nord (en hiver).

3. senegalus Linné, Mantissa, 1771, p. 526; Dresser,
IX, p. 309, pl. 699; *guttatus* Licht., 1823.

Espèce africaine (de l'Algérie à l'Égypte et l'Arabie) et asiatique (de la Palestine à l'Inde); très accidentelle en Europe Sud (Sicile).

Dessus d'un isabelle foncé, les couvertures supérieures de
la queue teintées de jaune; côtés de la tête jusqu'au-dessous
de l'œil, nuque et derrière du cou gris-bleu; rémiges primaires grisâtres ou brun-isabelle; les secondaires d'un brun
bordé d'isabelle; les grandes couvertures grisâtres à la base,
puis d'un brun chaud avec la pointe isabelle. Les longues
rectrices médianes d'un jaune isabelle à la base, puis d'un
brun foncé à l'extrémité, les autres brunes à la base, puis
noirâtres et terminées de blanc. Côtés de la face et gorge
jaune d'ocre, le bas de la gorge gris-bleu. Parties inférieures
isabelle avec le milieu de l'abdomen noir; couvertures inférieures de la queue d'un blanc crémeux mais noires à la
base. Bec gris-bleu; pattes d'un blanc bleuâtre; iris brun,
orbites jaunâtres. Aile : 22 millimètres. *Femelle* ayant les
parties supérieures et la gorge avec la poitrine d'un isabelle
tacheté de noir; les côtés de la tête au-dessous des yeux, le
menton et le haut de la poitrine d'un jaune d'ocre.

4. Espèce nouvelle
(pour l'Europe)
GANGA BRULÉ

Genre SYRRHAPTE

1. Syrrhaptes paradoxus (Pall.)
SYRRHAPTE PARADOXAL
D. et G., II, p. 28.

4. exustus Temm., Pl. Col., 1825, nᵒˢ 354, 360; *ellioti* Bogd., 1881.

Tête, gorge et parties supérieures isabelle, la face et le cou teintés de jaune, le dos, de brun; scapulaires et quelques-unes des couvertures moyennes terminées de brun rougeâtre; quelques-unes des grandes couvertures présentant une tache blanche subterminale; rémiges, petites couvertures et rectrices médianes d'un brun noirâtre, les latérales d'un brun foncé et terminées de blanc ou de fauve pâle. Poitrine d'un fauve vif croisé par un collier noir bordé de blanc fauve. Abdomen et flancs brun foncé, le milieu de l'abdomen noirâtre. Couvertures inférieures de la queue d'un fauve pâle. Bec et pattes d'un gris ardoisé; iris brun; orbite jaunâtre. Aile : 180 millimètres. *Femelle* d'un fauve-isabelle tacheté et barré de noir en dessus; les côtés de la tête, la gorge et le haut de la poitrine d'un fauve-isabelle, tacheté de noir sur le bas de la gorge; un double collier assez étroit en travers de la poitrine; abdomen barré de brun foncé et de roux, le milieu plus foncé.

Espèce africaine et asiatique (du Sénégal à l'Asie Centrale et à l'Inde); très accidentelle en Europe (se joint aux migrations des *Syrrhaptes*; prise à Szany [Hongrie], lors de la grande migration de 1863).

SYRRHAPTES *Illiger* 1811

1. paradoxus (Pall.), Reis. Russ. Reichs., II, 1773, App., p. 712, pl. F; Dresser, VII, p. 75, pl. 468.

Habite les steppes de la Russie Sud et de l'Asie jusqu'à la Chine Nord et le lac Baïcal; émigre en Europe à intervalles irréguliers (en grandes bandes); a niché sur plusieurs points : Angleterre, Danemark, etc.

Ordre IV — GALLINACÉS

Famille XXXI — TETRAONIDÉS

Genre LAGOPÈDE

1. Lagopus scoticus (Briss.)
LAGOPÈDE D'ÉCOSSE.
D. et G., II, p. 35.

2. Lagopus albus (Gm.)
LAGOPÈDE BLANC
D. et G., II, p. 37.

a. Sous-espèce nouvelle.

IV — GALLINÆ

XXXI — TETRAONIDÆ

LAGOPUS *Brisson* 1760

1. scoticus Latham, Ind. Orn., 1790, II, p. 641 ; Dresser, VII, p. 165, pl. 479.	Iles Britanniques (Écosse, Angleterre, Galles, Irlande) ; introduit sur quelques points du Continent.
2. albus Gm., Syst. Nat., 1788, p. 750 ; Dresser, VII, p. 183, pl. 483, 484, fig. 1, et 485 ; *lagopus* (part.) L., 1766.	Europe Nord, du cercle arctique à la Scandinavie Centrale (mais ni en Islande, ni en Grande-Bretagne) ; Asie Nord jusqu'à l'Amour et l'Amérique arctique.
a. — major Lorenz, Orn. Monatsb., XII, 1904, p. 177.	Russie Est, steppes d'Orenbourg.

Plumage d'été plus pâle que celui du type ; tige des grandes rémiges plus foncée, presque noire ; ces grandes rémiges ont d'habitude l'extrémité noire ou sont entièrement de teinte foncée (ce qui est rare chez le type). Le croupion est d'un noir moins foncé. Chez les spécimens qui portent encore un reste de plumage d'hiver, si l'on arrache une des plumes blanches on voit qu'elles sont à leur base, d'un brun-rouge tacheté de noir, ou brunes avec une large bordure blanche. Aile : 243 millimètres.

3. **Lagopus mutus** (Martin)

LAGOPÈDE MUET·

D. et G., II, p. 40 (exclus synon. *L. rupestris* Gm.).

4. **Lagopus rupestris** Jenyns.

LAGOPÈDE RUPESTRE

(Considéré par Degland et Gerbe comme synonyme du précédent).

a. **Sous-espèce nouvelle.**

3. **mutus** (Martin), Physiogr. Sällsk. Handl. Lund.,
I, 1776-86, p. 155 ; Dresser, VII, p. 157,
pl. 478, 484, fig. 2 ; *lagopus* Scop. (nec Linné),
1769 ; *alpinus* Nilss., 1817.   ·

Europe Nord
et Moyenne, dans
les montagnes
(Scandinavie,
Écosse, Oural,
Pyrénées,
Alpes, Styrie,
Carinthie, etc.).

4. **rupestris** Gm., Syst. Nat., 1788, I, p. 751 ; Dresser, VII, p. 175, pl. 480, 481 ; *islandorum*
Faber, 1822.

Islande, Groën-
land ; Sibérie
Nord,
îles de la mer de
Behring et
Amérique Nord.

Diffère du *L. mutus,* en plumage d'été en ayant la tête, le
cou, les parties supérieures et la poitrine d'un brun noirâtre
barré et vermiculé de brun rougeâtre ; crête sourcilière d'un
vermillon clair ; bec d'un brun de corne ; iris noisette. — A
l'automne le plumage est plus brun que celui de *mutus.* La
femelle est plus jaunâtre et d'une teinte ocreuse plus marquée.
En hiver, les deux sexes sont entièrement blancs. — Aile :
200 millimètres.

a. — **hyperboreus** Sundev., in Gaimard, Voy. Scand.,
Atlas, pl. livr. 38 (1838) ; *hemileucurus* Gould,
1858 ; Dresser, VII, p. 179, pl. 482.

Spitzberg.

Diffère de *L. rupestris* par sa queue blanche à la base et à
l'extrémité, noire seulement dans son milieu, les deux rectrices médianes étant blanches avec une marque, en ovale
irrégulier, noire, dans leur milieu, les latérales largement
bordées de blanc. Aile : 194 millimètres.

Genre TÉTRAS

1. Tetrao urogallus Linné
TÉTRAS UROGALLE
D. et G., II, p. 44.

a. Sous-espèce nouvelle.

b. Sous-espèce nouvelle.

TETRAO *Linné* 1758

Lyrurus Swains.

1. urogallus Linné, Syst. Nat., I, 1766, p. 273; Dresser, VII, p. 223, pl. 489, fig. 2, et 490; *urogallus lugens* Lönnberg (mâle mutilé de ses organes génitaux); plusieurs formes hybrides avec *T. tetrix*, *Lagopus albus* et *Phasianus colchicus* ; *T. medius* Meyer est dans ce cas.

Europe Nord (forêts d'essences variées), Scandinavie, Russie Nord ; éteint mais réintroduit en Écosse; Pyrénées, Alpes, Carpathes; Asie Nord, au Sud jusqu'au Turkestan.

a. — **pinetorum** Lönnberg, Orn. Monatsb., 1904, XII, p. 105.

Suède (dans les forêts de conifères).

Plumage plus foncé que celui du type, très foncé, presque noir en hiver. Dessus d'un noir uniforme avec des reflets bleu foncé sur la croupe et le bas du dos, la mince bordure des plumes étant seule striée de roux et de blanchâtre. La bande transversale rousse de la partie basale, non visible, de la plume, est presque obsolète. La couleur noire envahit aussi tout le dessous, les rayures noires prédominant sur les rousses. — Cette forme est plutôt une variété topographique qu'une sous-espèce géographique, d'après l'auteur lui-même.

b. — **uralensis** Menzbier, Ibis, 1887, p. 303; Dresser, IX, p. 331, pl. 705.

Monts Oural Sud.

Diffère du type par ses teintes plus pâles et plus grises, la queue largement marquée de blanc, l'abdomen blanc mais légèrement marqué sur les côtés et en avant de noirâtre. — *Femelle* plus pâle que celle du type, les plumes des parties supérieures bordées largement de blanc, l'abdomen blanc avec quelques marques noires et d'un roux pâle, le bas-ventre d'un blanc pur. Aile : 390 millimètres.

c. Sous-espèce nouvelle.

2. Tetrao tetrix Linné
TÉTRAS LYRE
D. et G., II, p. 47.

a. Sous-espèce nouvelle.

c. — **volgensis** Buturlin, Ornith. Monatsb., 1907, p. 81.

Le mâle diffère d'*uralensis* par la prédominance du noir sur le blanc à la région ventrale; il diffère du type (*T. urogallus*) par la teinte plus claire des parties supérieures. Le dos et le croupion sont plus bruns, moins noirâtres, et les rayures grises prennent plus de place. Entre les épaules on remarque un dessin très serré de couleur rousse, les scapulaires et les couvertures alaires étant d'un roux pâle et sale tacheté de gris. La tête est presque entièrement d'un gris cendré ainsi que le cou, même en avant. Barbe à reflets verts, mais non bleus; flancs gris foncé. Rectrices étroites (la 2ᵉ paire, à son extrémité, a d'ordinaire moins de 55 millimètres de large).

Russie Sud, gouvernement de Simbirsk, vallée de la Volga.

2. **tetrix** Linné, Syst. Nat., I, 1766, p. 274; Dresser, VII, p. 205, pl. 487.

Europe, du 67° latitude Nord, en Scandinavie, à l'Italie Nord et à la Styrie, et de la Grande-Bretagne à la Sibérie Est et à la Chine Nord (La limite des sous-espèces suivantes est mal connue).

a. — **juniperorum** Brehm, Handb. Vög. Deuts., 1831, p. 509; Lönnberg, Orn. Monatsb., 1904, p. 105-106.

Diffère du type de Suède par les caractères suivants : chez la femelle, la bande blanche des rémiges primaires s'étend (comme chez *viridanus*) jusqu'à 25 ou 30 millimètres de leur pointe; en outre, il y a une tache blanche à la base des rémiges bâtardes, et une seconde tache blanche à la base des rémiges primaires (ces deux taches manquent chez la femelle du type, et la bande blanche des rémiges s'arrête à 45 ou 55 millimètres de la pointe de la plume).

Allemagne.

b. Sous-espèce nouvelle.

c. Sous-espèce nouvelle.

b. — **viridanus** Lorenz, Journ. f. Ornith., 1891,
p. 366.

Reflets du cou, de la gorge et du dos passant du bleu au
vert (et non du bleu au violet). Miroir blanc des rémiges
secondaires plus large, formant au repos une très large bande
blanche. Partie blanche des rémiges primaires s'étendant
jusque vers l'extrémité, de sorte que sur l'aile étendue le
blanc est visible sur les barbes internes de la 6ᵉ et même de
la 5ᵉ assez loin. *Femelle* présentant le même miroir très large,
et de plus le rouge-brun de son plumage passant au gris et
au roux pâle. La poitrine presque entièrement blanche, la
gorge jaunâtre avec des taches foncées confluentes sous le
bec ; les couvertures alaires et caudales largement terminées
de blanc.

Russie Sud-Est,
dans les steppes
(Tambow,
Saratow, Oren-
bourg) ;
Sibérie Ouest.

c. — **milokosiewiczi** Taenaz., Proc. Zool. Soc., 1875,
p. 266 ; Dresser, VII, p. 219, pl. 488 ; *acatop-*
tricus Radde, Orn. Caucas., p. 358, pl. 23.

Diffère de *tetrix* par l'absence de blanc sur le dessus des
ailes ; par ses couvertures inférieures de la queue noires, et
par sa queue recourbée vers le bas et un peu en dehors ; les
parties soyeuses du plumage ont des reflets vert-bouteille.
— *Femelle* grisâtre, finement vermiculée de brun noirâtre et
de brun de rouille, le dessus plus roux que le dessous, la
poitrine blanche ; les rémiges secondaires et les couvertures
inférieures de la queue blanches à leur extrémité. Queue
longue, presque carrée, d'un brun noirâtre, étroitement
rayée de roux et de jaune-sable ; le milieu de l'abdomen
marqué de noir. Aile 200 millimètres.

Chaîne du Cau-
case (Géorgie).

Genre GÉLINOTTE

1. Bonasa (1) sylvestris (Brehm)
GÉLINOTE DES BOIS
D. et G., II, p. 52.

2. Espèce nouvelle
GÉLINOTE A VENTRE GRIS

---

(1) Le genre *Bonasa* ayant pour type *B. umbellus* (L.), espèce américaine, Keyserling et Blasius ont créé le genre *Tetrastes* pour celles d'Eurasie.

BONASA *Stephens* 1819

Tetrastes Keys. et Blas., 1840.

1. bonasia Linné, Syst. Nat., I, 1766, p. 275 ; *europæa* Gould ; *betulina* Scop., 1769 ; Dresser, VII, p. 193, pl. 486 ; *septentrionalis* Seebohm, 1884 (subspecies).

Europe Nord et Moyenne, du 67º latitude Nord (Laponie, Russie Nord), aux Pyrénées, Jura, Alpes, Carpathes ; Asie Nord jusqu'au Japon.

Les spécimens du Nord (*B. septentrionalis*) sont seulement plus gris, — ceux du Centre et du Sud de l'Europe plus roux.

2. griseiventris Menzbier, Bull. Nat. Moscou, 1880, LV, pars 1, p. 105, pl. 4 ; Dresser, IX, p. 329, pl. 704.

Russie, à l'Ouest de l'Oural (gouvernements de Perm et d'Olonetz).

Plus foncé que *B. bonasia :* dessus d'un gris foncé, la tête et le dos barrés de noir, plus foncé sur la tête. Croupion et couvertures supérieures de la queue d'un gris foncé avec des barres plus foncées indistinctes. Queue comme celle de *bonasia*, mais la bande subterminale à peine indiquée et sans extrémité blanche. Menton et une raie sous l'œil blancs. Gorge noire légèrement marquée de roux foncé ; cou et poitrine d'un gris barré de noir et marqué de roux ; le reste du dessous gris avec des barres noires indistinctes. Flancs teintés de roux ; bec d'un noir de corne ; pattes et iris bruns. Aile : 170 millimètres. *Femelle* plus brune et moins grise, les plumes noires de la gorge largement terminées de fauve pâle.

Genre TÉTRAGALLE

1. Tetraogallus caspius (Gm.)
en synonymie *T. caucasica* Pall.
TÉTRAGALLE DU CAUCASE (partim)
D. et G., II, p. 55.

Genre FRANCOLIN

1. Francolinus vulgaris Steph.
FRANCOLIN VULGAIRE
D. et G., II, p. 59.

TETRAOGALLUS *Gray* 1833

1. **caucasicus** (Pallas), Zoogr. Rosso-As., 1811, II, p. 76, avec pl. ; Dresser, VII, p. 237, pl. 491, 492.

Le Grand Caucase (sur la limite entre l'Europe et l'Asie), à la limite des neiges perpétuelles.

Les *T. caspius* et *T. caucasicus,* confondus par Degland et Gerbe, constituent deux espèces distinctes, la seconde seule pouvant être considérée comme européenne. C'est cette dernière que Gerbe a décrit sous le nom de *T. caspius.* Elle a le sommet de la tête, la nuque et le derrière du cou gris cendré ; une large bande cendrée couvrant les côtés de la tête descend sur les côtés du cou qui est blanc ainsi que la gorge (1).

FRANCOLINUS *Stephens* 1819

1. **francolinus** Linné, Syst. Nat., I, 1766, p. 275 ; *vulgaris* Dresser, VII, p. 123, pl. 473.

Exterminé en Corse, en Espagne et en Sicile (2) ; Turquie d'Europe (?) ; Chypre, Asie Mineure, Afrique Nord.

(1) Le *T. caspius* (Gm) a le dessus plus pâle, teinté de fauve, les côtés de la tête et du cou d'un blanc crème avec la bande des côtés du cou d'un gris-bleu ; les grandes couvertures plus bleues et moins vermiculées à leur base, etc. Ne se trouve qu'au Sud du Caucase, en Transcaspie, et de là jusqu'en Perse et dans le Taurus.

(2) Sharpe (*Handlist of Birds,* 1899, I, p. 23) indique l' « Europe Nord-Est » comme la patrie de cet oiseau, ce qui est une erreur. Tous les Francolins sont d'Asie et d'Afrique (région intertropicale) et le *F. francolinus* aurait été introduit en Sicile à l'époque des Croisades, ou en Toscane au quinzième siècle par les Médicis. Le *G. francolinus* est un type de la région éthiopienne.

2. Espèce nouvelle
FRANCOLIN ORIENTAL (1)

Genre PERDRIX

1. Perdix græca Brisson
PERDRIX GRECQUE, BARTAVELLE
D. et G., II, p. 64.

2. Perdix chukar (Gray)
PERDRIX CHUKAR
D. et G., II, p. 66.

3. Perdix rubra Brisson
PERDRIX ROUGE
D. et G., II, p. 69.

(1) Le type (*F. orientalis* Gray) ou *F. pondicerianus* (Gm.), habite l'Asie Mineure et la Palestine ; d'autres sous-espèces s'étendent jusqu'à l'Inde et l'Arabie.

2. (orientalis) europæus Buturlin, Ornith. Monatsb., 1907, p. 81.

Europe Sud, Grèce (?) (peut-être introduit).

Collier étroit, d'un roux clair ; dessus rayé de plusieurs couleurs : la bordure jaune des plumes étroite et moins nette que sur le type asiatique ; le centre des plumes brun. Dessous fortement tacheté de blanc. Les rémiges secondaires foncées : la bandelette transversale brune plus large que la jaune. Tache des oreilles teintée d'ocre. Les bandelettes foncées du croupion, près de deux fois plus larges que les blanches. Taille faible. Aile : 160 à 165 millimètres.

CACCABIS *Kaup* 1829

Perdix Degl. et Gerbe, 1867.

1. saxatilis Meyer et Wolf, Naturg. Vög. Deuts., 1805, p. 87, pl. 48 ; Dresser, VII, p. 93, pl. 470, fig. 1 ; *græca* Steph., 1819.

Europe Sud, dans les montagnes, Pyrénées Orientales, Alpes, Jura, Apennins, Carpathes, Balkans, Sicile.

2. chukar Gray, Ill. Ind. Zool., I, 1830-32, p. 54 ; Dresser, VII, p. 97, pl. 470, fig. 2 ; *saxatilis* Brandt, 1843.

Europe Sud-Est, Iles Ioniennes, Crète, Asie Mineure et de là jusqu'en Chine et le Punjab.

3. rufa (Linné), Syst. Nat., I, 1766, p. 276 ; Dresser, VII, p. 103, pl. 471, fig. 1 ; *rubra* Temm., 1815,

Europe Ouest et Sud, France, Italie, Suisse, Autriche Sud (introduite en Angleterre).

a. Sous-espèce nouvelle.

4. Perdix petrosa Lath.
PERDRIX DE ROCHE OU GAMBRA
D. et G., II, p. 71.

a. Sous-espèce nouvelle.

Genre STARNE

1. Starna cinerea (Charlet.)
STARNE GRISE
D. et G., II, p. 73.

a. Sous-espèce
(admise comme variété locale)
STARNE DE DAMAS
D. et G., II, p. 75.

a. — hispanica Seoane, Mém. Soc. Zool. de France,
VII, 1894, p. 93.

Espagne Nord
et Nord-Ouest.

Teinte générale plus foncée que celle du type (*C. rufa*) du
centre de la France ; taille plus forte, formes plus trapues.
Gorge de couleur *gris-perle*.

4. petrosa (Gm.), Syst. Nat., I, 1788, p. 758 ; Dresser, VII, p. 111, pl. 471, fig. 2.

Sardaigne, Corse,
Sicile ;
accidentelle dans
la France Sud,
Afrique Nord.

a. — kœnigi Reichen., Orn. Monatsb., 1899, p. 189.

Ile de Ténériffe.

Nettement plus grande et plus foncée que le type du Nord
de l'Afrique.

PERDIX *Brisson* 1760

Starna Bonap., 1838.

1. perdix (Linné), Syst. Nat., I, 1766, p. 276 ; *cinerea*
Lath., 1790 ; Dresser, VII, p. 131, pl. 474,
475 ; *montana* Briss., 1760.

Europe,
de la Scandinavie
moyenne
et de la Grande-
Bretagne
à la Méditerranée ;
Asie
jusqu'à l'Altaï.

a. — damascena Brisson, Ornith., I, 1760, p. 223.

Europe Ouest
(France,
Belgique, Alle-
magne) ;
Égypte (?).

Très semblable au type, mais plus petite, à bec, pattes et
doigts plus courts (Erratique, ou de passage, nichant rarement, dans les localités où elle est signalée).

b. Sous-espèce nouvelle.

c. Sous-espèce nouvelle.

d. Sous-espèce nouvelle.

b. — **hispaniensis** Reichenow, Journ. f. Orn., 1892, p. 226; *charreola* Seoane, Bull. Soc. Zool. France, VII, 1894, p. 94.

Espagne (de préférence dans les montagnes).

Plus foncée que le type. Dos châtain clair avec les vermiculations et les raies d'un châtain presque noir ou tout à fait noir. Dessous gris foncé, avec la tache en fer à cheval châtain foncé ou noire (chez le *mâle* et quelquefois la *femelle*). Chez celle-ci la tache est généralement blanche avec ou sans taches irrégulières plus foncées. Poitrine portant de nombreuses taches rondes ou rhomboïdales, qui remontent sur le tour du cou et le haut du dos, à l'extrémité du trait jaunâtre ou blanchâtre formé par la tige des plumes.

c. — **robusta** Homeyer et Tancré, Mittheil. Orn. Verein in Wien, VII, 1883, p. 92, pl. 1.

Europe Est, Russie, Sibérie Sud.

Plus trapue que le type d'Europe Ouest, avec dix-huit rectrices, dont les quatre médianes sont rayées en zigzag de gris et de noir, d'ordinaire sans trace de roux; les latérales d'un roux-rouge clair très vif. Le plumage, en général, plus gris et plus pâle que celui du type.

d. — **caucasica** Reichenow, Journ. f. Orn., 1903, p. 543.

Caucase Ouest et Nord.

Diffère de *Perdix perdix* par ses parties supérieures plus pâles, plus grises, et son plumage, en général, teinté de roux-isabelle (tandis que, chez le type, il est d'un brun-cannelle passant au brun-jaune sur la face et la gorge).

Genre CAILLE

1. Coturnix communis Bonnat.
CAILLE COMMUNE
D. et G., II, p. 80.
(1)

a. Sous-espèce nouvelle.

b. Sous-espèce nouvelle
(pour l'Europe)
CAILLE DU CAP

___

(1) Le *Synoicus lodoisiæ* Verr. et Des Murs, 1862, décrit par Gerbe, p. 78, n'est qu'une aberration individuelle de *Coturnix communis*.

COTURNIX *Mœhring* 1752

Ortygion Keys. et Blas., 1840.

1. coturnix (Linné), Syst. Nat., I, 1766, p. 278; *communis* Bonnat., 1790; Dresser, VII, p. 143, pl. 476.	Europe, de la Scandinavie et de la Grande-Bretagne à la Méditerranée et l'Afrique Nord; émigrant dans l'Afrique Sud (en hiver); Asie Mineure et Asie, de la Sibérie à l'Inde.
a. — baldami (Brehm), Madarasz, Aquila, III, 1896, pl. 2.	Espagne.

Les caractères de cette forme, propre à l'Espagne, ne nous sont pas connus.

b. — africana Temm. et Schleg., Fauna Japon., Aves, p. 103; *capensis* Licht.; Ogilvie Grant, Cat. Birds Brit. Mus., XXII, 1893, p. 229.	Afrique, au Sud du 15° latitude Sud; Iles Canaries, Madere, Açores; Madagascar et Maurice.

Semblable à la Caille d'Europe, mais le *mâle* ayant la gorge d'un roux-châtain vif avec une tache noire en forme d'ancre dans le milieu.

Famille XXXII — TURNICIDÉS (1)

Genre TURNIX

1. Turnix sylvaticus (Desfont.)
TURNIX SAUVAGE
D. et G., II, p. 84.

Famille XXXIII — PHASIANIDÉS

Genre FAISAN

1. Phasianus colchicus Linné
FAISAN DE COLCHIDE
D. et G., II, p. 87.

---

(1) Le genre *Turnix* n'ayant aucun rapport avec le genre *Crypturus* (Tinamou), type des CRYP-
TURIDÆ de Bonaparte et de Gerbe, il est indispensable de changer le nom de cette famille.

XXXII — TURNICIDÆ

TURNIX *Bonnaterre* 1791

Hemipodius Temm., 1815.

1. **sylvaticus** (Desfont.), Mém. Acad. Sc. de Paris, 1787, p. 500, pl. 13; Dresser, VII, p. 249, pl. 494; *andalusicus* Gm., 1788; *africanus* Bonn., 1790; *tachydromus* Temm., 1815.

Portugal, Espagne, Sicile; rare dans la France Sud et l'Italie; Afrique Nord.

XXXIII — PHASIANIDÆ

PHASIANUS *Linné* 1766

1. **colchicus** Linné, Syst. Nat., I, 1766, p. 271; Dresser, VII, p. 85, pl. 469; *septentrionalis* Lorenz, 1888 (subspecies). — D'après Dresser, cette forme septentrionale (Caucase Nord) ne diffère en rien du type de Transcaucasie et d'Europe (1).

Europe Sud-Est, (Grèce, Turquie), Russie entre la Volga et le Caucase; Asie Mineure (introduit et naturalisé dans la plupart des contrées de l'Europe tempérée, jusqu'à l'Angleterre).

---

(1) Le *Phasianus torquatus* Gm., 1788, de Mongolie, également introduit et acclimaté dans l'Europe Occidentale, se croise avec *Ph. colchicus*.

Ordre V — ÉCHASSIERS

Famille XXXIV — OTIDIDÉS

Genre OUTARDE

1. Otis tarda Linné
OUTARDE BARBUE
D. et G., II, p. 95.

2. Otis tetrax Linné
OUTARDE CANEPETIÈRE
D. et G., II, p. 100.

V — GRALLÆ

XXXIV — OTIDIDÆ

OTIS *Linné* 1758

Tetrax Leach, 1816.

1. tarda Linné, Syst. Nat., I, 1766, p. 264; Dresser, VII, p. 369, pl. 508; *major* Brehm, 1831.

Europe Moyenne et Sud (rare en Suède Sud, accidentelle en Angleterre); Afrique Nord. Asie jusqu'à l'Inde Nord-Ouest.

2. tetrax Linné, Syst. Nat., I, 1766, p. 264; Dresser, VII, p. 383, pl. 509; *campestris* Leach, 1816.

Europe Moyenne et Sud (accidentelle en Suède et Grande-Bretagne); Afrique Nord; Asie jusqu'a l'Inde Nord-Ouest.

Genre HOUBARA

1. Houbara undulata (Jacquin)
HOUBARA ONDULÉ
D. et G., II, p. 104.

a. Sous-espèce ñouvelle.

2. Houbara macqueeni Gray
HOUBARA DE MACQUEEN
D. et G., II, p. 105.

HOUBARA *Bonap.* 1832

Chlamydotis Lesson, 1839.

1. undulata (Jacquin), Beitr. Gesch. Vög., 1784, p. 24, pl. 9; Dresser, VII, p. 391, pl. 510; *houbara* Desfont., 1787.

Accidentel dans l'Europe Sud, Espagne, France Sud, Italie, Grèce, Afrique Nord, Palestine, Arménie.

a. — fuerteventuræ Rothschild et Hartert, Nov. Zool., I, 1894, p. 689.

Ile Fuerteventura, Madère.

Diffère du type d'Afrique Septentrionale par la couleur des parties supérieures qui présente plus de noir et moins d'isabelle ; les bandes foncées de la queue sont plus larges, au nombre de quatre (au lieu de cinq) et les stries que portent les bandes claires sont plus nombreuses. Aile : 380 millimètres.

2. macqueeni Gray et Hardw., Ill. Ind. Zool., II, 1834, pl. 47; Dresser, VII, p. 395, pl. 511.

Accidentel en Europe (Pologne, Finlande, Allemagne, Hollande, Belgique, Angleterre); niche dans l'Inde Nord-Ouest, l'Asie Centrale, la Perse.

Famille XXXV — GLAREOLIDÉS

Genre GLARÉOLE

1. Glareola pratincola (Linné)
GLARÉOLE PRATINCOLE
D. et G., II, p. 110.

2. Glareola melanoptera Nordm.
GLARÉOLE MÉLANOPTÈRE
D. et G., II, p. 112.

XXXV — GLAREOLIDÆ

GLAREOLA *Brisson* 1760

Hirundo (part.) L.

1. pratincola (Linné), Syst. Nat., I, 1766, p. 345 ; Dresser, VII, p. 411, pl. 513, fig. 1 ; *torquata* Meyer, 1816.	Europe Sud et Est, pourtour de la Méditerranée (accidentel jusqu'aux Shetland) ; Afrique Nord (jusqu'au Natal en hiver) ; Asie jusqu'à l'Inde Nord-Ouest.
2. melanoptera Nordm., Bull. Nat. Moscou, II, 1842, p. 314 ; Dresser, VII, p. 419, pl. 513, fig. 2 ; *nordmanni* Fischer, 1842.	Europe Sud-Est, Russie, du 56° latitude Nord au Caucase ; Afrique jusqu'au Natal ; Asie Mineure et Asie jusqu'aux Monts Altaï.

Famille XXXVI — CHARADRIIDÉS

Genre ŒDICNÈME

1. Œdicnemus crepitans Temm.
Œ.DICNÈME CRIARD
D. et G., II, p. 115.

a. Sous-espèce nouvelle.

XXXVI — CHARADRIIDÆ

ŒDICNEMUS *Temm.* 1815

Fedoa Leach, 1816.

1. **œdicnemus** (Linné), Syst. Nat., I, 1766, p. 255;
   scolopax S. G. Gm., 1774; Dresser, VII,
   p. 401, pl. 512; *crepitans* Temm., 1815.

Europe tempérée et Sud (émigrant au Nord, mais d'ordinaire sédentaire); Grande-Bretagne, rare en Irlande, accidentel en Scandinavie; Afrique Nord, Abyssinie, Asie Ouest et Centrale.

a. — **insularum** Sassi, Ornith. Jahrb., XIX, 1908,
    p. 32.

Iles Canaries.

Diffère du type par la teinte d'un roux-isabelle de son plumage, teinte qui se montre particulièrement sur le dos, sans que l'ensemble paraisse plus clair que chez ce type. Les stries foncées de la poitrine sont, en général, plus marquées. Les grandes couvertures de l'aile, en avant de la bande foncée, sont blanches. La rangée supérieure des couvertures moyennes est à la même place, plus particulièrement sur leur bord, plus ou moins isabelle, et leur pointe blanchâtre, d'ordinaire un peu teintée d'isabelle. L'aile est plus courte et la jambe un peu plus courte. — Cette forme diffère d'*Œ. œ. saharæ* par sa teinte générale plus foncée, sa carrure plus forte, et les taches de la tête plus serrées. Les deux formes ont la même teinte isabelle, mais cette teinte est plus pâle chez la sous-espèce d'Afrique.

Genre COURTVITE

1. Cursorius gallicus (Gm.)
COURTVITE GAULOIS
D. et G., II, p. 118. ·

Genre PLUVIAN

1. Pluvianus ægyptius (Linné)
PLUVIAN D'ÉGYPTE
D. et G., II, p. 121.

Genre PLUVIER

1. Pluvialis apricarius (Linné)
PLUVIER DORÉ
D. et G., II, p. 123.

CURSORIUS *Latham* 1799

1. gallicus (Gm.), Syst. Nat., I, 1788, p. 692; Dresser, VII, p. 425, pl. 514; *europæus* Lath., 1790; *isabellinus* Meyer, 1810; *i.* var. *bogolubovi* Zarudn., 1885.

Afrique Nord; accidentel en Europe jusqu'à la Grande-Bretagne, Finlande, Danemark, Iles Canaries; Asie jusqu'à l'Inde Nord-Ouest et l'Arabie.

PLUVIANUS *Vieill.* 1816

Cursorius p. Schleg., 1865.

1. ægyptius (Linné), Syst. Nat., I, 1766, p. 254; Dresser, VII, p. 521, pl. 527; *melanocephalus* Gm., 1788.

Afrique jusqu'à l'Angola; Algérie : très accidentel au Nord de la Méditerranée (Espagne ; Suède ?); Palestine.

CHARADRIUS *Linné* 1758

Pluvialis Barrère, 1745; Gerbe, 1867.

1. pluvialis Linné, Syst. Nat., I, 1766, p. 254; Dresser, VII, p. 435, pl. 515, fig. 1; 518, fig. 1, 2; 519, fig. 2; *apricarius* Linné, S. N., Ed. X, 1758, sp. 7; *auratus* Suckow, 1801.

Europe entière, du Cap Nord à l'Europe moyenne (émigrant jusqu'au Sud de l'Afrique en hiver); niche en Islande; s'égare au Groënland ; Madère ; Asie jusqu'au Iénisséi, accidentel dans l'Inde.

2. Pluvialis fulvus (Gm.)

PLUVIER FAUVE
D. et G., II, p. 125.

Section B

1. Pluvialis varius (Briss.)

PLUVIER VARIÉ
D. et G., II, p. 127.

Genre GUIGNARD

1. Morinellus sibiricus (Lepech.)

GUIGNARD DE SIBÉRIE OU PLUVIER GUIGNARD
D. et G., II, p. 130.
(1)

(1) Le *Morinellus asiaticus* (Pall.) placé ici par Gerbe, appartient au genre *Ægialites* (Voyez ci-après).

2. dominicus (1) Müller, Natursyst. Suppl., 1776,
p. 116 ; *fulvus* Gm., 1788 ; Dresser, VII,
p. 443, pl. 516, 517, fig. 2, 3 ; *virginicus*
Licht., 1823.

Accidentel en Europe (Grande-Bretagne. Heligoland, Malte, Pologne, Espagne, Italie) ; Asie Nord, à l'Est de l'Iénisséi jusqu'au Japon et les deux Amériques ; en hiver dans l'Inde, l'Afrique Est, l'Australie.

SQUATAROLA *Leach* 1816

1. squatarola (Linné), Syst. Nat., Ed. X, 1758,
p. 13 ; *helvetica* Linné, S. N., 1766, I, p. 250 ;
Dresser, VII, p. 455, pl. 515, fig. 2 ; 517,
fig. 1 ; 518, fig. 3 ; 519, fig. 1 ; et *squatarola*
L., 1766, p. 252 ; *hypomelas* Pall., 1778 ; *pardela* Pall., 1831 ; *grisea* Leach, 1816 ; *varia*
Boie ; *cinerea* Fleming.

Europe Nord (Arctique où il niche) ; Asie et Amérique Nord ; émigre en hiver à travers l'Europe, en Afrique, Asie Sud, Australie et les deux Amériques.

EUDROMIAS *Brehm* 1831

1. morinellus (Linné), Syst. Nat., I, 1766, p. 254 ;
Dresser, VII, p. 507, pl. 526 ; *minor* et *anglicanus* Brisson ; *sibiricus* Lepechin, 1771.

Europe Arctique et Nord, Spitzberg, Nouvelle-Zemble, Grande-Bretagne ; émigre, en hiver, à travers l'Europe, en Afrique ; Asie Nord ; en hiver Turkestan et Perse.

(1) A l'exemple de Sharpe et de Dresser, nous ne distinguons pas ici
le type d'Amérique (*dominicus*) de celui d'Europe (*fulvus*). Si ce dernier
devait être considéré comme distinct, il devrait s'appeler *Charadrius dominicus fulvus*, comme le font les Américains.

Genre GRAVELOT

1. Charadrius hiaticula (Linné)
GRAVELOT HIATICULE ou PLUVIER A COLLIER
D. et G., II, p. 134.

2. Charadrius philippinus (Scop.)
GRAVELOT DE PHILIPPINES ou PETIT PLUVIER A COLLIER
D. et G., II, p. 136.

3. Charadrius cantianus Lath.
GRAVELOT DE KENT ou PLUVIER A COLLIER INTERROMPU
D. et G., II, p. 138.

ÆGIALITES *Boie* 1822

Charadrius Degl. et Gerbe, 1867; *Hiaticula* Gray, 1840.

1. hiaticula (Linné), Syst. Nat., I, 1766, p. 253;
Dresser, VII, p. 497, pl. 525; *torquatus* Leach,
1816; *annulata* Gray, 1844.

Europe,
du Spitzberg
à la Méditerranée;
émigre, en hiver,
en Afrique
jusqu'au Cap;
Asie, du 74° lati-
tude Nord
jusqu'à l'Inde;
Groënland
et Amérique
Nord-Est.

2. dubius (Scopoli) et *philippinus* Scop., Ann. I, Hist.
Nat., 1769, n° 147; *curonica* Gm., 1788;
Dresser, VII, p. 491, pl. 524; *minor* Wolf et
Meyer, 1805; *alexandrinus* Thien. (nec Linné).

Europe, du Sud
de la Scandinavie
à la Méditerranée
(très accidentel
en Angleterre);
émigre en
Afrique en hiver;
Asie jusqu'au
Japon
et de la Daourie
au Nord de l'Inde;
en hiver Malaisie,
Moluques,
Nouvelle-Guinée.

3. alexandrinus Linné, Syst. Nat., I, 1766, p. 253;
cantianus Latham, Ind. Orn., Suppl., 1801,
p. 66; Dresser, VII, p. 483, pl. 525.
(1)

Europe moyenne
et Sud,
du Sud de l'An-
gleterre et
de la Scandinavie
à la Méditerranée;
émigre, en hiver,
en Afrique
jusqu'au Cap;
Asie jusqu'au
Japon, en hiver,
Inde, Chine et
Australie.

---

(1) Une sous-espèce (*Ægialites alexandrinus nivosus* Baird) s'est installée
sur les côtes de l'Amérique Occidentale chaude et y est devenue sédentaire, de la Californie au Chili.

4. Charadrius mongolicus Pall.

GRAVELOT MONGOL

D. et G., II, p. 139.

5. Morinellus asiaticus Pall.

GUIGNARD ASIATIQUE

D. et G., II, p. 132.

Genre NOUVEAU

(pour l'Europe)

1. Espèce nouvelle

GUIGNARD VOCIFÈRE

4. **(mongolus) geoffroyi** (1) Wagler, Syst. Av. (Charadrius), 1827, n° 19 ; Dresser, VII, p. 475, pl. 520, fig. 2, et 521 ; *leschenaulti* Lesson, 1828.

Europe Sud-Est, Russie ; Asie Centrale, Japon, Chine ; émigre en Afrique Sud, Madagascar, Inde, Malaisie, Philippines, Australie.

5. **asiaticus** (Pall.), Reis. Russ. Reichs., II, 1773, p. 715 ; Dresser, VII, p. 479, pl. 520, fig. 2, et 522 ; *caspius* Pall., 1811.

Très accidentel en Europe ; Russie à l'Ouest de la Volga (Odessa), Heligoland, Angleterre, Italie ; Transcaspie et Asie Centrale, Inde, émigre en Afrique jusqu'au Cap.

OXYECHUS *Reichenb.* 1852

Ægialites (part.) Dresser, 1903.

1. **vociferus** (Linné), Syst. Nat., I, 1766, p. 253 ; Dresser, IX, p. 345, pl. 708.

Espèce américaine très accidentelle en Europe Ouest (Angleterre, Hants, Iles Scilly).

Devant de la tête, une raie au-dessous et en arrière de l'œil, menton, gorge, collier autour du derrière du cou et parties inférieures blancs ; sommet de la tête, raie allant des lores à l'œil, collier au bas du cou en avant et une bande à travers la poitrine noirs. Parties supérieures d'un brun chaud ; grandes couvertures de l'aile terminées de blanc. Rectrices médianes brunes, les autres orangées à la base, puis noires et terminées de blanc, les plus externes blanches teintées de

---

(1) Le type (*Charadrius mongolus* Pall.) est de l'Asie Orientale, et plus petit que la forme européenne.

Genre HOPLOPTÈRE

1. Hoplopterus spinosus (Linné)
HOPLOPTÈRE ÉPINEUX OU PLUVIER ARMÉ
D. et G., II, p. 142.

Genre CHÉTUSIE

1. Chetusia gregaria (Pallas)
CHÉTUSIE SOCIABLE
D. et G., II, p. 144.

2. Chetusia leucura (Licht.)
CHÉTUSIE ALBICAUDE
D. et G., II, p. 146.

roux et barrées de noir. Couvertures supérieures de la queue rousses. Bec noir ; pattes d'un vert sombre ; iris brun ; paupières d'un rouge orangé. Les sexes semblables. Le jeune a les plumes du dessus bordées de roux pâle. Aile : 160 millimètres.

HOPLOPTERUS *Bonap.* 1831

1. **spinosus** (Linné), Syst. Nat., I, 1766, p. 256 ; Dresser, VII, p. 539, pl. 530.

Afrique Nord jusqu'au Kordofan et au Niger ; accidentel en Europe Sud (Turquie, Russie Sud, Grèce, Malte, Italie) ; Palestine et Asie Mineure.

CHÆTUSIA *Bonap.* 1841

Euhyas Sharpe, 1896 (nec Fitzing., 1843).

1. **gregaria** (Pallas), Reis. Russ. Reichs., I, 1771, p. 456 ; Dresser, VII, p. 527, pl. 528 ; *keptuschka* Lepechin, 1774 ; *fasciata* Gm., 1784 ; *wagleri* Gray, 1834.

Europe Sud-Est, steppes de Russie et d'Asie ; accidentelle en Hongrie, Italie, France Sud, Espagne, Angleterre Sud ; Afrique (en hiver) jusqu'au Kordofan ; Asie Mineure, Inde, Ceylan, Arabie.

2. **leucura** Licht., Verz. Doubl., 1823, p. 70 ; id., Eversmann, Reise Buch., 1823, p. 137 ; Dresser, VII, p. 531, pl. 529 ; *villotæi* Savig., 1825 ; *flavipes* Less., 1831.

Russie Sud et Turkestan ; accidentelle dans la France Sud, Malte ; Afrique Nord (en hiver), Perse et Inde Nord.

Genre VANNEAU

1. Vanellus cristatus (Wolf et Mayer)
VANNEAU HUPPÉ
D. et G., II, p. 148.

Genre HUITRIER

1. Hæmatopus ostralegus Linné
HUITRIER PIE
D. et G., II, p. 151.

2. Espèce nouvelle
HUITRIER DES CANARIES

VANELLUS *Brisson* 1760

Tringa (part.) L.

1. **vanellus** (Linné), Syst. Nat., I, 1766, p. 248; *vulgaris* Bechst., Orn. Taschenb., II, 1803, p. 313; Dresser, VII, p. 545, pl. 531; *cristatus* Wolf et Meyer, 1805; *capella* Schœff., 1789.

Europe entière, du cercle arctique à la Méditerranée; émigre en Afrique Nord, Canaries, Madère, rare aux Açores; Asie jusqu'au Japon; en hiver Chine Sud et Inde Nord-Ouest.

HÆMATOPUS *Linné* 1758

1. **ostralegus** Linné, Syst. Nat., I, 1766, p. 257; Dresser, VII, p. 567, pl. 533; *osculans* Swinhoe, 1871.

Europe, du cercle arctique et de l'Islande à la Méditerranée; hiverne en Afrique jusqu'au Mozambique; Asie jusqu'au Japon, l'hiver dans l'Inde et Ceylan.

2. **moquini** Bonap., Comptes Rendus Acad. Sc. de Paris, t. 43, 1856, p. 1020; Dresser, IX, p. 359, pl. 711; *capensis* Licht. (nomen nudum).

Iles Canaries (Graciosa, Lanzarote, Fuerteventura), Madère; Afrique Sud, de la Mer Rouge et du Gabon jusqu'au Sud.

Plumage entier d'un noir de suie; bec et peau nue autour de l'œil d'un rouge corail; pieds d'un rouge foncé; iris rouge clair. Sexes semblables. Aile : 250 millimètres.

Genre TOURNE-PIERRE

1. Strepsilas interpres Linné
TOURNE-PIERRE VULGAIRE
D. et G., II, p. 154.

Famille XXXVII — SCOLOPACIDÉS

Genre COURLIS

1. Numenius arquatus (Linné)
COURLIS CENDRÉ
D. et G., II, p. 159.

STREPSILAS *Illiger* 1811

Arenaria Brisson, 1760.

1. interpres et *morinella* (Linné), Syst. Nat., I, 1766, p. 248 et 249; Dresser, VII, p. 555, pl. 532; *collaris* Meyer et Wolf, 1810.

Europe, de l'Islande et de la Nouvelle-Zemble à la Méditerranée; Canaries, Madère, Açores; émigre l'hiver en Afrique jusqu'au Cap et Madagascar (cosmopolite); Asie jusqu'au Japon, émigre dans l'Inde, la Malaisie, l'Australie, la Nouvelle Zélande; Amérique entière et Polynésie.

XXXVII — SCOLOPACIDÆ

NUMENIUS *Mœhr.* 1752

1. arquatus (Linné), Syst. Nat., I, 1766, p. 242; Dresser, VIII, p. 243, pl. 578; *lineatus* Cuvier 1829.

Europe, presque du cercle arctique à la Méditerranée; en hiver, toute l'Afrique jusqu'au Cap, Madagascar; Asie jusqu'au Japon, en hiver l'Inde et ses îles.

2. Numenius tenuirostris Vieill.

COURLIS A BEC GRÊLE
D. et G., II, p. 160.

3. Numenius phæopus Lath.

COURLIS CORLIEU
D. et G., II, p. 162.

4. Numenius hudsonicus Lath.

COURLIS DE LA BAIE D'HUDSON
D. et G., II, p. 163.

Genre BARGE

1. Limosa ægocephala [1] (Linné)

BARGE ÉGOCÉPHALE
D. et G., II, p. 167.

---

(1) C'est probablement l'espéce suivante qui est la véritable *Scolopax ægocephala* de Linné.

2. tenuirostris Vieill., Nouv. Dict. H. Nat., VIII, 1817, p. 302 ; Dresser, VIII, p. 237, pl. 577.

Europe Sud, accidentel en France, Belgique, Hollande ; Afrique Nord ; Transcaspie.

3. phæopus Linné, Syst. Nat., I, 1766, p. 243 ; Dresser, VIII, p. 227, pl. 576.

Europe, de l'Islande et la Laponie (où il niche), émigrant à travers l'Europe Sud en Afrique et Madagascar ; Açores, Madère, Canaries ; Asie jusqu'à l'Inde et la Malaisie.

4. borealis Forster, Phil. Trans., t. 62, 1772, p. 441 ; Dresser, VIII, p. 221, pl. 575.

Espèce américaine, du cercle arctique à l'Amérique Sud (en hiver) ; très accidentelle en Europe Ouest (Islande, Grande-Bretagne).

LIMOSA *Brisson* 1760

1. limosa (Linné), Syst. Nat., I, 1766, p. 245 ; *ægocephala* Dresser (nec Linné), VIII, p. 211, pl. 574 ; *belgica* Gm., Syst. Nat., 1788, I, p. 663 ; Dresser, 1903 ; *melanura* Leisl., 1813 ; *brevipes* Schleg. (nec Gray), 1864.

Europe, de l'Islande à la Méditerranée ; en hiver émigre en Afrique jusqu'à l'Abyssinie ; Asie jusqu'au Japon, en hiver dans l'Inde, la Malaisie et l'Australie.

2. Limosa rufa Brisson

BARGE ROUSSE

D. et G., II, p. 169.

Genre TÉRÉKIE

1. Terekia cinerea Güldenst.

TÉRÉKIE CENDRÉE

D. et G., II, p. 171.

Genre MACRORAMPHE

1. Macroramphus griseus (Gm.)

MACRORAMPHE GRIS

D. et G., II, p. 174.

2. lapponica et *ægocephala* (Linné), Syst. Nat., I, 1766, p. 246; Dresser, VIII, p. 203, pl. 573, fig. 1, 2; 574, fig. 2; *meyeri* Leisl., 1815; *rufa* Temm., 1820.

Europe Nord, Laponie et Sibérie; émigre en hiver dans l'Europe Sud et l'Afrique jusqu'à la Sénégambie; Iles Canaries; Asie, en hiver jusqu'au Sind.

TEREKIA *Bonap.* 1838

1. cinerea (Güldenst.), Nov. Comm. Petrop., XIX, 1774, p. 473, pl. 19; Dresser, VIII, p. 195, pl. 572; *terek* Lath., 1790.

Russie Nord, à l'Ouest jusqu'à la Finlande; rare en Allemagne et en Italie, en hiver, émigre à travers l'Europe Sud-Est jusque dans l'Afrique Sud; Sibérie Nord et Japon jusqu'à l'Inde et l'Australie.

MACRORAMPHUS *Leach* 1816

1. griseus (Gm.), Syst. Nat., I, 1788, p. 658; Dresser, VIII, p. 187, pl. 571 (nec *Totanus griseus* [Briss.])

Espèce de l'Amérique Septentrionale, accidentelle en Grande-Bretagne, en Suède, en Allemagne, en France et en Danemark; Sibérie Nord-Est et Japon.

Genre BÉCASSE

1. Scolopax rusticula Linné
BÉCASSE ORDINAIRE
D. et G., II, p. 177.

Genre BÉCASSINE

1. Gallinago major (Gm.)
BÉCASSINE DOUBLE
D. et G., II, p. 181.

2. Gallinago scolopacinus Bp.
BÉCASSINE ORDINAIRE
D. et G., II, p. 183.

SCOLOPAX *Linné* 1758

1. rusticula Linné, Syst. Nat., I, 1766, p. 243; Dresser, VII, p. 615, pl. 540; *major* Leach, 1816;
scoparia Bp., 1856.

Europe Nord
et Asie, du 66° ou
67° latitude Nord
à la Méditerranée,
les Açores,
Canaries, Madère;
émigre en
Europe Sud, rare-
ment en Afrique,
Himalaya,
Inde, Chine, Ja-
pon; accidentel
dans l'Amérique
Nord-Est.

GALLINAGO *Leach* 1816

1. major (Gm.), Syst. Nat., I, 1788, p. 661; Dresser,
VII, p. 631, pl. 541.

Europe Nord, du
69° latitude Nord
en Norvège
(65° en Suède et
Russie, 62° en
Finlande); émi-
grant, en hiver,
dans l'Europe Sud
et l'Afrique jus-
qu'au Cap; Asie
jusqu'au Iénisséi
et Perse;
de passage régu-
lier en Angleterre.

2. gallinago (Linné), Syst. Nat., I, 1766, p. 244;
cœlestis Frenzel, Beschr. Vög. Wittenb., 1801,
p. 58; Dresser, VII, p. 641, pl. 542, 543;
scolopacina Bp., 1838; *sabinei* Vigors, 1825
(Var. mélanique).

Europe Nord, du
69° latitude Nord,
Islande; émigre,
en hiver, dans
l'Europe Sud,
Madère, Canaries,
Açores;
Afrique Nord;
Asie jusqu'au Ja-
pon; en hiver.
Chine, Inde, Ile
Batchian;
accidentel aux
Bermudes.

3. Gallinago gallinula (Linné)

BÉCASSINE GALLINULE ET SOURDE OU PETITE BÉCASSINE
D. et G., II, p. 185.

Genre SANDERLING

1. Calidris arenaria (Linné)

SANDERLING DES SABLES
D. et G., II, p. 188.

Genre MAUBÈCHE

ou *Bécasseau*

1. Tringa canutus Linné

MAUBÈCHE CANUT OU BÉCASSEAU MAUBÈCHE
D. et G., II, p. 190.

3. gallinula (Linné), Syst. Nat., I, 1766, p. 244;
Dresser, VII, p. 653, pl. 544; *minor* Briss.,
1760.

Europe Nord et Asie, du cercle arctique au Sud; émigre, en hiver, en Grande-Bretagne, dans la région méditerranéenne et l'Afrique Nord, l'Inde, la Chine; rare au Japon.

CALIDRIS *Illiger* 1811

1. arenaria (Linné), Syst. Nat., I, 1766, p. 251, et
calidris (Charadrius), Linné, l. c., p. 255;
Dresser, VIII, p. 101, pl. 559, 560; *tridactyla*
Pallas, 1831.

Europe, Asie et Amérique arctiques; émigre, en hiver, à travers toute l'Europe jusqu'à l'Afrique Sud; Inde, Chine, Japon, Iles Laquedives, Australie, Chili.

TRINGA *Linné* 1758

Calidris Cuv., 1817; *Canutus* Brehm; *Pelidna* Cuvier;
Arquatella Baird.

1. canutus Linné, Syst. Nat., I, 1766, p. 251; Dresser, VIII, p. 77, pl. 555, 556; *islandica* L.,
1767.

Europe et Asie arctiques; émigre, en hiver, à travers l'Europe, jusqu'en Afrique Sud, Asie Sud, Australie; Amérique Nord jusqu'au Brésil; Japon (mais non dans l'Inde).

2. Tringa maritima Brünn.
MAUBÈCHE MARITIME
D. et G., II, p. 192.

3. Pelidna subarquata (Güldenst.)
PÉLIDNE COCORLI
D. et G., II, p. 195.

4. Pelidna cinclus (Linné)
PÉLIDNE CINCLE
D. et G., II, p. 197.

5. Pelidna maculata (Vieill.)
PÉLIDNE TACHETÉE
D. et G., II, p. 200.

2. striata Linné, Syst. Nat., I, 1766, p. 248; Dresser, VIII, p. 69, pl. 554; *maritima* Gm., 1788; *maritima* et *undata* Brünn., 1764; *arquatella* Pall., 1831; *schinzi* Roux, Orn. Prov., pl. 284 (nec Brehm).

Europe Nord, du Cap Nord, Spitzberg, Islande, en hiver jusqu'à la Méditerranée; Amérique Nord, en hiver aux États-Unis; Asie Nord jusqu'à la péninsule Taimyr.

3. subarquata (Güld.), Comm. Nov. Acad. Petrop., 1775, XIX, p. 471, pl. 18; Dresser, VIII, p. 59, pl. 558.

Asie arctique, émigre, en hiver (printemps, automne), en Europe, Afrique jusqu'au Sud, Madagascar; Inde, Chine, Australie; accidentel en Amérique Nord-Ouest.

4. alpina et *cinclus* Linné, Syst. Nat., I, 1766, p. 249 et 251; Dresser, VIII, p. 21, pl. 548; *variabilis* Meyer, 1809; *schinzi* Brehm, 1831 (nec Roux); *torquata* Degland, Orn. Europ., 1849, II, p. 330 (1).

Europe Nord, de la Nouvelle-Zemble (mais non du Spitzberg), Grande-Bretagne, Danemark; émigre dans l'Europe Sud et l'Afrique jusqu'au Zanzibar; Iles Canaries; Asie jusqu'à l'Inde; accidentel en Amérique Nord-Ouest.

5. maculata (Vieill.), Nouv. Dict. Hist. Nat., t. 34, 1819, p. 465; Dresser, VIII, p. 11, pl. 546; *pectoralis* Say, 1823.

Amérique arctique et Nord. émigre dans le Sud; Groënland; accidentel en Angleterre.

---

(1) Cette variété, admise par Gerbe (p. 199), n'est pas considérée comme une sous-espéce distincte par les Ornithologistes modernes.

6. Espèce nouvelle
(pour l'Europe)
PÉLIDNE A QUEUE POINTUE

7. Espèce nouvelle
(pour l'Europe)
PÉLIDNE DE BAIRD

6. acuminata Horst., Trans. Linn. Soc., XIII, 1821,
p. 192 ; Dresser, IX, p. 363, pl. 712 ; *australis*
Gould (nec Gm.).

Sommet de la tête d'un roux de rouille rayé de noir ;
parties supérieures plus rousses que chez *maculata ;* tige des
rémiges entièrement blanche sur une partie de leur longueur ; rectrices noirâtres bordées de blanc, les médianes
allongées et bordées de roux, toutes les rectrices pointues.
Une raie sur l'œil blanche tachetée de noir. Dessous blanc,
la gorge et la poitrine tachetées de noir ; la poitrine et les
flancs lavés de roux ; le reste du dessous écaillé de noir. Bec
olivâtre à la base, le reste brun noirâtre ; pattes d'un jaune
olivâtre ; iris brun-noisette. Sexes semblables. Aile : 133 millimètres. — En hiver la tête est roux de rouille, le dessus
d'un brun-gris rayé de plus foncé ; la raie sourcilière et le
dessous blancs ; la poitrine d'un fauve grisâtre avec des raies
foncées indistinctes. — Le jeune est semblable à l'adulte en
livrée d'hiver, mais plus foncé en dessus.

Asie et Amérique Nord,
pris deux fois en Angleterre (se mêle aux bandes de l'espèce précédente), émigre en Malaisie, Polynésie, Australie, Nouvelle-Zélande.

7. bairdi Coues, Proc. Acad. Nat. Sc. Philad., 1861,
p. 194.

Dessus noirâtre avec les plumes bordées de roux et d'isabelle ; sommet de la tête d'un roux grisâtre rayé de brun
foncé ; croupion et couvertures supérieures de la queue
noires marquées de roux-isabelle vif, les latérales blanches
rayées de brun foncé. Queue d'un brun grisâtre, les rectrices
médianes plus foncées et plus longues. Dessous blanc, la
gorge, la poitrine et les flancs lavés de fauve pâle et finement
rayés de brun ; bec noir ; pattes d'un noir ardoisé ; iris brun.
— Le jeune a les plumes dorsales étroitement bordées de
blanc sale ; les raies de la gorge moins distinctes. Aile :
120 millimètres.

Espèce améri-
caine, du Canada au Chili ;
Sibérie Nord ;
s'égare jusqu'au Damara ;
pris une fois en Angleterre.

8. Espèce nouvelle
(pour l'Europe)
PÉLIDNE DE BONAPARTE ou A COU BRUN
(? **Pelidna melanotos** Gerbe
PÉLIDNE A DOS NOIR
D. et G., II, p. 201).

9. **Pelidna minuta** (Leisl.)
PÉLIDNE MINUTE
D. et G., II, p. 203.

10. Espèce nouvelle
(pour l'Europe)
PÉLIDNE MINUTILLE

8. fuscicollis Vieill., Nouv. Dict. Hist. Nat., t. 34, 1819, p. 461 ; Dresser, VII, p. 15, pl. 547 ; *bonapartei* Schlegel, 1844.

Espèce américaine, du Canada aux Iles Falkland, accidentel en Angleterre et en Irlande.

Diffère des espèces voisines par ses couvertures supérieures de la queue blanches. Dessus d'un gris brunâtre varié de roux ocreux ou de roux de rouille, et rayé de noir. Dessous blanc ; bas de la gorge, poitrine et flancs tachetés de brun noirâtre. Bec noirâtre, d'un vert foncé à la base ; pattes d'un vert foncé ; iris brun-noir. Sexes semblables. — Le jeune a les plumes du dos bordées de blanchâtre, le cou et la poitrine lavés d'un fauve grisâtre, les taches mal définies.

9. minuta Leisler, Nachtr. zu Bechst. Naturg. Deuts., I, 1811, p. 74 ; Dresser, VIII, p. 29, pl. 549, 550, fig. 1 ; 552, fig. 1.

Europe Nord et Nord-Est, émigre à travers toute l'Europe, jusque dans l'Afrique Sud ; Asie Nord, émigre dans l'Inde et Ceylan.

10. minutilla Vieill., Nouv. Dict. Hist. Nat., t. 34, 1819, p. 466 ; Dresser, VIII, p. 61, pl. 552, fig. 2 et 3.

Amérique arctique et subarctique, émigrant en hiver dans l'Amérique Sud ; accidentel en Angleterre Sud-Ouest.

Diffère de *minuta* par sa taille moindre, ses parties supérieures plus noires, moins variées de roux, le derrière du cou moins cendré ; le croupion et les couvertures supérieures de la queue d'un brun noirâtre, les plumes les plus externes blanches. La tige de la première rémige est seule blanche ; les grandes couvertures de l'aile sont bordées de blanc. Gorge blanche ; devant du cou et poitrine cendrés, rayés de brun ; le reste du dessous blanc. Bec d'un brun noirâtre ; pattes d'un brun jaunâtre ; iris brun foncé. Sexes semblables. — En hiver, le dessus est d'un gris cendré terne, rayé de brunâtre, la poitrine grisâtre avec des raies foncées indistinctes, le reste du dessous blanc. Aile : 85 millimètres.

11. Pelidna temmincki (Leisl.)
PÉLIDNE DE TEMMINCK (1)
D. et G., II, p. 205.

Genre PÉLIDNE (partim)

1. Pelidna platyrhyncha (Temm.)
PÉLIDNE PLATYRHYNQUE
D. et G., II, p. 206.

Genre ACTITURE

1. Actiturus (2) rufescens (Vieill.)
ACTITURE ROUSSÂTRE ou ROUSSET
D. et G., II, p. 209.

(1) Le nom de « temmia » est incorrect, n'étant qu'une corruption de « Temminck ».
(2) *Actiturus* Bonap., 1850, étant synonyme de *Bartramia* Lesson, 1831, ne peut être adopté pour le genre actuel.

11. **temmincki** (Leisl.), Nachtr. zu Bechst. Naturg.
Deuts., I, 1811, p. 64; Dresser, VIII, p. 45,
pl. 550, fig. 2, et 551.

Europe Nord,
émigre, en hiver,
à travers
l'Europe, dans
l'Afrique Nord;
Asie Nord,
émigre en Chine
et dans l'Inde.

LIMICOLA *Koch* 1816

1. **platyrhyncha** (Temm.), Man. d'Orn., 1815, p. 398;
Dresser, VIII, p. 3, pl. 545; *pygmæa* Koch
(nec Lath.), 1816.   .

Europe Nord
(surtout
Nord-Est), jus-
qu'au Cercle
Arctique;
émigre, en hiver,
dans l'Europe Sud
et
l'Afrique Nord;
de passage (rare)
en Grande-
Bretagne; Asie
jusqu'à
la Sibérie Ouest.

TRINGITES *Cabanis* 1856

1. **subruficollis** (Vieill.), Nouv. Dict. Hist. Nat.,
XXIV, 1819, p. 465 (1); *rufescens* Vieill., loc.
cit., p. 470; Dresser, VIII, p. 109, pl. 561.

Amérique arcti-
que, émigre
jusqu'au Pérou et
au Paraguay;
accidentel en Eu-
rope (Angleterre,
Irlande, Héli-
goland, France,
Suisse).

---

(1) Le nom spécifique « *subruficollis* », figurant à la page 465, tandis
que « *rufescens* » n'est inscrit qu'à la page 470, c'est le premier qui a la
priorité.

Genre BARTRAMIE

1. Bartramia longicauda (Bechst.)
BARTRAMIE LONGICAUDE
D. et G., II, p. 231.

Genre COMBATTANT

1. Machetes pugnax (Linné)
COMBATTANT ORDINAIRE
D. et G., II, p. 211.

BARTRAMIA *Lesson* 1831

Actiturus Bonap., 1850.

1. longicauda (Bechst.), Kurze Uebers. Latham, 1811, p. 453, pl. 184 ; Dresser, VIII, p. 119, pl. 562.

Amérique Est et Centrale, émigre jusqu'au Brésil et au Pérou ; accidentel en Europe (Angleterre, Allemagne, Hollande, Malte, Italie) ; s'égare en Australie.

PAVONCELLA *Leach* 1816

Machetes Cuvier, 1817.

1. pugnax (Linné), Syst. Nat., I, 1766, p. 247 ; Dresser, VIII, p. 87, pl. 557, 558.

Europe, du Cap Nord au Danemark, rarement dans l'Est de l'Angleterre ; émigre, en hiver, jusque dans l'Afrique Sud ; Asie jusqu'au Kamtchatka, émigre jusque dans l'Inde, Bornéo ; rare au Japon ; accidentel en Amérique Nord-Est.

Genre CHEVALIER

1. Totanus griseus (Brisson)

CHEVALIER GRIS

D. et G., II, p. 215.

2. Totanus fuscus (Linné)

CHEVALIER BRUN

D. et G., II, p. 216.

3. Totanus calidris (Linné)

CHEVALIER GAMBETTE

D. et G., II, p. 218.

TOTANUS *Bechst.* 1809

Glottis Koch; *Gambetta* Kaup.; *Helodromas*
et *Rhyacophilus* Kaup.

1. glottis (Linné), Syst. Nat., I, 1766, p. 245; *canes-cens* Gm., 1788; Dresser, VIII, p. 173, pl. 570; *nebularius* Gunner, 1767.

Europe,
du Cap Nord
et des montagnes
d'Écosse,
émigre, en hiver,
dans l'Europe
Sud et l'Afrique
jusqu'au Cap;
Asie jusqu'au Ja-
pon, émigre
jusque dans l'Inde.
et l'Australie;
accidentel
en Amérique Est.

2. fuscus (Linné), Syst. Nat., I, 1766, p. 243; Dres-ser, VIII, p. 165, pl. 567, fig. 2; 568, fig. 2, 3; 569, fig. 1.

Europe, du cercle
arctique ou du
69° latitude Nord
et de l'Asie Nord,
émigre, en
hiver, dans l'Eu-
rope Sud et
l'Afrique jusqu'au
Cap; en Asie,
Japon, Chine,
Inde; de passage
en
Grande-Bretagne.

3. calidris (Linné), Syst. Nat., I, 1766, p. 245; Dres-ser, VIII, p. 157, pl. 567, fig. 1; 568, fig. 1; 569, fig. 2.

Europe, de la
Laponie à
la Méditerranée;
sédentaire
en France Sud;
émigre en Afrique
jusqu'au Cap;
Iles Canaries;
Asie jusqu'au Ja-
pon, émigre en
Chine,
Inde et Malaisie.

4. Totanus stagnatilis Bechst.

CHEVALIER STAGNATILE
D. et G., II, p. 221.

5. Totanus glareola (Linné)

CHEVALIER SYLVAIN
D. et G., II, p. 223.

6. Espèce nouvelle
(pour l'Europe)
CHEVALIER SOLITAIRE

4. totanus (Linné), Syst. Nat., I, 1766, p. 245 ; *stagnatilis* Bechst., Orn. Taschenb., II, p. 292 ; Dresser, VIII, p. 151, pl. 566 ; *guinetta* Pall., 1831.

Europe moyenne et Sud, surtout dans l'Est ; accidentel dans le Nord ; Héligoland ; émigre en Afrique jusqu'au fleuve Orange ; Asie jusqu'au Japon, émigre dans l'Inde, la Malaisie, l'Australie.

5. glareola (Gm.), Syst. Nat., I, 1788, p. 677 ; Dresser, VIII, p. 143, pl. 565 ; *grallatorius* Steph., 1824.

Europe, de la Laponie à la Méditerranée, émigre en Afrique Sud ; Asie jusqu'au Japon, Chine, Inde, Malaisie, Australie.

6. solitarius Wilson, Amer. Ornith., VII, 1813, p. 53, pl. 58, fig. 3 ; Dresser, IX, p. 373, pl. 714 ; *chloropygius* Vieill., 1816.

Espèce de l'Amérique Nord, très accidentelle en Grande-Bretagne.

Diffère de *T. glareola* par son croupion et ses couvertures caudales médianes ainsi que les rectrices correspondantes d'un brun-vert foncé, les autres rectrices et les couvertures latérales blanches, avec des barres noirâtres. Les couvertures alaires inférieures et les axillaires blanches, avec des bandes étroites d'un brun verdâtre. Bec verdâtre à sa base, le reste noirâtre ; pattes d'un gris-vert foncé ; iris brun. Sexes semblables. — En hiver, le dessus est plus gris, les taches blanches moins distinctes, et le devant du cou moins nettement rayé. Aile : 133 millimètres.

7. **Totanus ochropus** (Linné)
CHEVALIER CUL-BLANC
D. et G., II, p. 225.

8. **Espèce nouvelle**
(pour l'Europe)
CHEVALIER AUX PIEDS JAUNES

7. ochropus (Linné), Syst. Nat., I, 1766, p. 250 ; Dresser, VIII, p. 135, pl. 564.

Europe, du cercle arctique (pas en Laponie), émigre, en hiver, à travers l'Europe Sud, jusque dans l'Afrique Sud (Cap) ; Asie jusqu'au Japon, émigre jusque dans l'Inde, la Malaisie ; accidentel en Nouvelle-Écosse.

8. flavipes (Gm.), Syst. Nat., I, 1788, p. 659 ; Dresser, IX, p. 377, pl. 715.

Espèce de l'Amérique Nord jusqu'au Groënland, très accidentelle en Angleterre.

Sommet de la tête, nuque et derrière du cou d'un brun noirâtre rayé de blanc ; dessus d'un brun noirâtre, nettement tacheté de blanc et de gris fauve ; couvertures supérieures de la queue blanches barrées de noirâtre ; rémiges d'un brun noirâtre, la tige de la première blanche, des autres brunes. Rectrices médianes d'un cendré foncé, les autres blanches, toutes barrées de noirâtre. Dessous blanc, les côtés de la tête, du cou et la poitrine rayés de noirâtre, les raies plus larges sur le bas du cou et la poitrine ; flancs barrés de noir ; plumes axillaires d'un brun cendré. Bec d'un noir verdâtre ; pattes jaunes ; iris brun foncé. — En hiver, le dessus est plus foncé et les taches réduites en dimension et en nombre ; couvertures supérieures de la queue, menton, haut de la poitrine presque blancs ; flancs moins marqués de brun grisâtre. Aile : 155 millimètres.

Genre GUIGNETTE

1. **Actitis hypoleucus** (Linné)
GUIGNETTE VULGAIRE
D. et G., II, p. 227.

2. **Actitis macularius** (Linné)
GUIGNETTE GRIVELÉE
D. et G., II, p. 229.

Genre SYMPHÉMIE

1. **Symphemia semipalmata** (Gm.)
SYMPHÉMIE SEMIPALMÉE
D. et G., II, p. 233.

ACTITIS *Boie* 1822

Totanus p. Auct., Dresser, etc.

1. hypoleucus (Linné), Syst. Nat., I, 1766, p. 250; Dresser, VIII, p. 127, pl. 563.

Europe, du Cap Nord à la Méditerranée (niche dans toute l'Europe); Afrique Nord, émigre jusqu'au Cap; Asie jusqu'au Japon, la Chine et l'Inde, émigre en Australie.

2. macularius (Linné), Syst. Nat. I, 1766, p. 249; Dresser, IX, p. 367, pl. 713.

Espèce américaine nichant dans le Nord, émigre au Sud jusqu'au Brésil; très rarement accidentelle en Grande-Bretagne (très douteuse sur le continent européen).

SYMPHEMIA *Rafinesque* 1819

1. semipalmata (Gm.), Syst. Nat., I, 1788, p. 659; *crassirostris* Vieill., 1815; *atlantica* Rafin., 1819; *speculiferus* Cuv., 1828.

Amérique Nord, émigre au Sud, Antilles, très accidentel en Europe Nord-Ouest (France Nord).

Genre PHALAROPE

1. Phalaropus fulicarius (Linné)
PHALAROPE DENTELÉE
D. et G., II, p. 236.

2. Lobipes hyperboreus (Linné)
LOBIPÈDE HYPERBORÉE
D. et G., II, p. 239.

Famille XXXVIII — RECURVIROSTRIDÉS

Genre AVOCETTE

1. Recurvirostra avocetta Linné
AVOCETTE A NUQUE NOIRE
D. et G., II, p. 243.

PHALAROPUS *Brisson* 1760

Lobipes Cuvier, 1817.

1. **fulicarius** (Linné), Syst. Nat., I, 1766, p. 249;
Dresser, VII, p. 605, pl. 538, 539, fig. 1;
platyrhynchus Temm., 1815; *lobatus* Hewitson
(nec Linné).

Groënland, Is-
lande, Spitzberg
(pas en Norvège)
et l'extrême Nord
des deux conti-
nents; émigre en
Europe jusqu'à
la Méditerranée,
en Asie jusqu'à
la Chine, l'Inde,
la Nouvelle-
Zélande, le Chili.

2. **hyperboreus** (Linné), Syst., Nat., I, 1766, p. 249;
Dresser, VII, p. 597, pl. 537, 539, fig. 2;
lobatus L., 1766; *angustirostris* Naum.; *cinereus* Meyer, 1810.

Europe, du Cap
Nord, Islande,
jusque dans l'Eu-
rope Sud en
hiver; rare en
Afrique Nord;
Asie jusqu'au
Japon, Inde et Ma-
laisie; Amérique
Nord, émigre
jusqu'au Guate-
mala.

XXXVIII — RECURVIROSTRIDÆ

RECURVIROSTRA *Linné* 1758

1. **avocetta** Linné, Syst. Nat., I, 1766, p. 256; Dresser, VII, p. 577, pl. 534; *fissipes* Brehm, 1831.

Europe, du Sud
de la Suède (acci-
dentel en Angle-
terre) à la Mé-
diterranée;
émigre en Afrique
jusqu'au Cap;
Asie jusqu'à la
Chine Nord,
en hiver dans
l'Inde.

Genre ÉCHASSE

1. Himantopus candidus Bonnat.
ÉCHASSE BLANCHE
D. et G., II, p. 246.

Famille XXXIX — RALLIDÉS

Genre RALE

1. Rallus aquaticus Linné
RALE D'EAU
D. et G., II, p. 251.

HIMANTOPUS *Brisson* 1760

Charadrius (part.) Linné.

1. **himantopus** (Linné), Syst. Nat., I, 1766, p. 255 ;
candidus Bonnat., 1791 ; Dresser, VII, p. 587,
pl. 535, 536 ; *melanopterus* Meyer, 1814.

Europe Sud
(niche dans la
région méditerra-
néenne jusque
dans la Russie
Sud) ; de passage
en Angleterre,
Danemark,
France Nord,
Suisse, Hongrie ;
émigre dans
toute l'Afrique ;
Asie moyenne et
Sud jusqu'au
Sud de l'Inde.

XXXIX — RALLIDÆ

RALLUS *Linné* 1766

1. **aquaticus** Linné, Syst. Nat., I, 1766, p. 262 ;
Dresser, VII, p. 257, pl. 495.

Europe, de
la Norvège à
la Méditerranée ;
Angleterre,
sédentaire en Ir-
lande ; émigre,
en hiver, dans
l'Afrique Nord ;
Asie Mineure jus-
qu'à Yarkand ;
émigre dans l'Inde
Nord-Ouest
(rare).

Genre CREX

1. Crex pratensis Bechst.
RALE DE GENÊT OU DES PRÉS
D. et G., II, p. 253.

Genre PORZANE

1. Porzana maruetta (Brisson)
PORZANE OU POULE D'EAU MAROUETTE
D. et G., II, p. 256.

2. Porzana bailloni (Vieill.)
POULE D'EAU DE BAILLON
D. et G., II, p. 258.

CREX *Bechstein* 1803

Ortygometra et *Rallus* L.

1. **crex** (Linné), Syst. Nat., I, 1766, p. 261 ; Leach, 1816 ; *pratensis* Bechst., 1803 ; Dresser, VII, p. 291, pl. 499.

Europe, du cercle arctique et des Hebrides à la Méditerranée ; émigre en Afrique jusqu'au Cap ; Asie jusqu'au Iénisséi, émigre jusqu'en Arabie et en Perse ; s'égare au Groënland et dans l'Amérique du Nord.

PORZANA *Vieill.* 1816

Ortygometra et *Zaporna* Leach, 1816.

1. **porzana** (Linné), Syst. Nat., I, 1766, p. 261 ; *maruetta* Leach, 1816 ; Dresser, VII, p. 267 ; pl. 496.

Europe, de la Norvège et d'Arkangel à la Méditerranée (en hiver) ; Canaries (rare) ; Afrique Nord jusqu'en Abyssinie ; Asie moyenne jusqu'à l'Inde Nord.

2. **bailloni** (Vieill.), Nouv. Dict. Hist. Nat., t. 28, 1819, p. 548 ; Dresser, VII, p. 275, pl. 497 ; *pygmæa* Brehm, 1824 ; Bonap., 1842.

Europe moyenne et Sud, du 54° latitude Nord à la Méditerranée ; de passage irrégulier en Angleterre ; Afrique et Madagascar ; Asie Mineure, Perse.

3. Porzana minuta (Pall.)
POULE D'EAU POUSSIN
D. et G., II, p. 259.

Genre GALLINULE

1. Gallinula chloropus (Linné)
POULE D'EAU ORDINAIRE
D. et G., II, p. 262.

Genre PORPHYRION

1. Porphyrio cæsius Barrère
PORPHYRION BLEU OU TALÈVE, POULE SULTANE
D. et G., II, p. 265.

2. Espèce nouvelle
(pour l'Europe)
PORPHYRION D'ALLEN

3. parva (Scop.), Ann. I, Hist. Nat., 1769, p. 108;
Dresser, VII, p. 283, pl. 498; *minuta* Montagu (nec Pallas), 1813; *pusilla* Bechst. (nec
Pallas), 1803.

Europe moyenne
et Sud, de passage irrégulier
en Suède et en
Angleterre;
émigre en Afrique
Nord; Asie
Mineure jusqu'à
l'Inde
Nord-Ouest.

GALLINULA *Brisson* 1760

Fulica, p., Linné.

1. chloropus (Linné), Syst. Nat., I, 1766, p. 258;
Dresser, VII, p. 313, pl. 503.

Europe, de
la Scandinavie à
la Méditerranée;
Afrique entière;
Asie jusqu'au
Japon,
Inde et Ceylan.

PORPHYRIO *Barrère* 1745

Fulica, p., Linné; *Gallinula*, p., Lath.

1. cœruleus Vandelli, Flora et Fauna Lusit., I, 1797,
p. 37; *veterum* Dresser, VII, p. 299, pl. 500
(nec Gmelin); *hyacynthinus* Temm., 1820.

Espagne et Portugal Sud, rare
en France Sud et
Italie; Sardaigne,
Sicile,
Iles Ioniennes,
plus rare à l'Est;
Afrique Nord-Ouest.

2. alleni Thompson, Ann. and Mag. Nat. Hist., 1842,
X, p. 204; Dresser, VII, p. 307, pl. 502.

Espèce d'Afrique
et de Madagascar,
accidentelle
en Italie, en Espagne, à Madère
et aux Canaries.

Sommet de la tête, nuque et côtés de la tête noirs, teintés
de bleu indigo; derrière du cou et parties supérieures d'un

Genre FOULQUE

1. Fulica atra Linné
FOULQUE NOIR ou MACROULE
D. et G., II, p. 268.

2. Fulica cristata Gmel.
FOULQUE A CRÊTE
D. et G., II, p. 270.

olivâtre foncé à reflets vert-perroquet. Rémiges et rectrices
d'un noir-bleu; couvertures alaires bleu-cobalt teinté de
vert; dessous bleu foncé passant au noirâtre sur l'abdomen
et les cuisses. Couvertures inférieures de la queue blanches
(sauf les postérieures). Bec rouge foncé; plaque frontale
noirâtre; pattes cramoisies; iris rouge-brun. — *Femelle* semblable. — *Jeune* d'un brun roussâtre, les plumes du dessus
bordées de jaune, le croupion bleu verdâtre, le dessous
jaunâtre, les couvertures inférieures de la queue rousses, les
cuisses d'un noir-bleu. — Aile : 155 millimètres.

FULICA *Linné* 1758

Lupha Reichenb.

1. atra Linné, Syst. Nat., I, 1766, p. 257; Dresser,
VII, p. 327, pl. 504, fig. 2.

Europe,
de la Scandinavie
(rare au Nord) à
la Méditerranée;
Açores,
Madère, Cana-
ries; Afrique
Nord; Asie jus-
qu'au Japon;
en hiver jusqu'aux
Philippines.

2. cristata Gm., Syst. Nat., I, 1788, p. 704; Dresser,
VII, p. 323, pl. 504, fig. 1; *mitrata* Licht.,
1842.

Afrique entière
jusqu'au Cap;
niche en Espagne
et Portugal,
aux îles Baléares;
accidentel
en France Sud,
Italie,
surtout Sardaigne.

Famille XL — GRUIDÉS

Genre GRUE

1. Grus cinerea Bechst.
GRUE CENDRÉE
D. et G., II, p. 274.

2. Grus leucogeranus Pallas
GRUE LEUCOGÉRANE
D. et G., II, p. 277.

3. Grus antigone Pall.
GRUE ANTIGONE ou GRUE A COLLIER
D. et G., II, p. 276.

Genre ANTHROPOÏDE

1. Anthropoïdes virgo (Linné)
ANTHROPOÏDE DEMOISELLE ou DEMOISELLE DE NUMIDIE
D. et G., II, p. 279.

XL — GRUIDÆ

GRUS *Pallas* 1767

Ardea L.; *Megalornis* Gray; *Sarcogeranus* Sharpe.

1. grus (Linné), Syst. Nat., I, 1766, p. 234; *communis* Bechst., 1793; Dresser, VII, p. 337, pl. 505; *cinerea* Bechst., 1809.

Europe, de la Laponie jusqu'à l'Espagne; accidentel en Angleterre; Asie jusqu'au Japon, dans l'Inde en hiver.

2. leucogeranus Pallas, Reis. Russ. Reichs., II, 1773, Anhang, p. 714, tab. F; Dresser, VII, p. 359, pl. 507.

Europe Est (Russie), Asie jusqu'au Japon, Inde Nord-Ouest en hiver.

3. collaris Bodd., Tabl. Pl. Enlum., 1783, p. 52; *antigone* (1) Tegetm. et Blyth (nec Linné); Dresser, IX, p. 337, pl. 707.

Inde, accidentel en Russie Sud, d'Astrakan et de Gurieff à la mer Caspienne.

ANTHROPOIDES *Vieill.* 1816

1. virgo (Linné), Syst. Nat., I, 1766, p. 234; Dresser, VII, p. 353, pl. 506.

Europe Sud et Sud-Est, s'égarant rarement jusqu'aux Orcades, à Héligoland, en Suède; émigre en Afrique jusqu'à Natal; Asie Mineure et Centrale, Chine, Inde.

---

(1) *Ardea antigone* de Linné paraît être indéterminable, en raison des confusions auxquelles sa description a donné lieu.

Genre BALÉARIQUE

1. Balearica pavonina (Linné)
BALÉARIQUE PAVONINE
D. et G., II, p 282.

Famille XLI — ARDÉIDÉS

Genre HÉRON

1. Ardea cinerea Linné
HÉRON CENDRÉ
D. et G., II, p. 286.

2. Ardea melanocephala Vigors
HÉRON A TÊTE NOIRE
D. et G., II, p. 289.

3. Ardea purpurea Linné
HÉRON POURPRÉ
D. et G II, p. 290.

BALEARICA *Brisson* 1760

Espèce africaine qui n'est plus comprise dans la faune d'Europe par les Ornithologistes modernes.

Afrique Nord; accidentelle naguère en Europe Sud, Iles Baléares, Malte, Sicile.

XLI — ARDEIDÆ

ARDEA *Linné* 1758

Pyrrherodias Finsch. et Hartl.

1. cinerea Linné, Syst. Nat., I, 1766, p. 236; Dresser, VI, p. 207, pl. 395.

Europe, de la Scandinavie moyenne, des Iles Britanniques à la Méditerranée; Afrique et Madagascar; Asie jusqu'au Japon, Inde, Malaisie, Australie; s'égare jusqu'en Islande.

2. melanocephala Vigors et Childr., in Denham and Clapp. Voy., 1826, II, App., p. 201; Dresser, VI, p. 225, pl. 397; *atricollis* Wagler, 1827.

Afrique entière, Madagascar; accidentel en Espagne et France Sud.

3. purpurea Linné, Syst. Nat., I, 1766, p. 236; Dresser, VI, p. 217, pl. 396.

Europe, de la Scandinavie et l'Angleterre (rare) à la Méditerranée; Madère, Canaries; Afrique, Madagascar; Asie jusqu'au Golfe Persique

Genre AIGRETTE

1. Egretta alba (Linné)
AIGRETTE BLANCHE
D. et G., II, p. 294.

2. Egretta garzetta (Linné)
AIGRETTE GARZETTE
D. et G., II, p. 295.

Genre GARDE-BŒUF

1. Bubulcus ibis (Hasselq.)
GARDE-BŒUF IBIS
D. et G., II, p. 298.

2. Espèce nouvelle
(pour l'Europe)

HERODIAS *Boie* 1822

Garzetta Kaup, 1829; *Egretta* Bp., 1838.

1. **alba** (Linné), Syst. Nat., I, 1766, p. 239; Dresser, VI, p. 231, pl. 398; *egretta* Bechst., 1793 (nec Gm.).

Europe Sud et Sud-Est, rare au Nord (Suède, Angleterre); Afrique jusqu'au Natal; Asie jusqu'en Birmanie.

2. **garzetta** (Linné), Syst. Nat., I, 1766, p. 237; Dresser, VI, p. 239, pl. 399.

Europe Sud, très accidentel dans le Nord et . l'Angleterre; Açores, Canaries; Afrique jusqu'au Cap; Asie jusqu'au Japon, Malaisie, Philippines.

BUBULCUS (*Pucheran*) *Bonap.* 1857

1. **ibis** (Linné), Hasselq., Iter., 1857, p. 248; *bubulcus* Audouin, 1825; Dresser, VI, p. 245, pl. 400, fig. 1; *russata* Wagl., 1827; *lucidus* (Rafin.?) Sharpe.

Europe Sud, accidentel jusqu'en Angleterre, Madère, Canaries; Afrique, Madagascar; Asie jusqu'à l'Asie Centrale.

2. **coromanda** (Bodd.), Tabl. Planches Enl., 1783, p. 54.

Asie Sud-Est, de l'Inde au Japon, Philippines, Moluques; pris accidentellement en Italie.

Diffère de *B. ibis,* en plumage de noces, par sa tête, son cou, sa gorge et ses plumes pectorales d'un orangé vif, les plumes du dos d'un gris vineux, teintées de jaune d'or et plus courtes que celles de *B. ibis,* dépassant à peine la queue. Aile : 254 millimètres.

Genre CRABIER

1. Buphus comatus (Linné)
CRABIER CHEVELU
D. et G., II, p. 300.

Genre BLONGIOS

1. Ardeola sturmi (Wagl.)

2. Ardeola minuta (Linné)
BLONGIOS NAIN
D. et G., II, p. 305.

ARDEOLA *Boie* 1822

Buphus Boie, 1826; *Cancrophagus*, p., Kaup.

1. ralloides Scop., Ann. I, Hist. Nat., 1769, p. 88; Dresser, VI, p. 251, pl. 400, fig. 2; *comata* Pall., 1773; *audax* Lapeyr., 1799.

Europe Sud-Est jusqu'à la mer Caspienne; accidentel dans l'Europe Centrale et Nord jusqu'à l'Angleterre; Afrique jusqu'au Transvaal.

ARDETTA *Gray* 1842

Ardeola et *Ardetta* Bp., 1831; *Ardeiralla* Verr., 1855; *Botaurus*, p., Boie, 1822.

1. sturmi (Wagler), Syst. Avium, 1827, sp. 37; *gutturalis* Smith, Ill. Zool. South Afr., 1836, pl. 91.

Afrique entière; Canaries (Laguna), très accidentel dans l'Europe Sud (Pyrénées).

2. minuta (Linné), Syst. Nat., I, 1766, p. 240; Dresser, VI, p. 259, pl. 401.

Europe moyenne et Sud (accidentel en Scandinavie, Angleterre et jusqu'aux Feroë et à l'Islande); Madère, Açores; en hiver, Afrique Nord; Asie jusqu'à l'Inde Nord.

Genre BUTOR

1. Botaurus stellaris (Linné)
BUTOR ÉTOILÉ
D. et G., II, p. 308.

2. Botaurus freti-hudsonis (Briss.)
BUTOR DE LA BAIE D'HUDSON
D. et G., II, p. 309.

Genre BIHOREAU

1. Nycticorax europæus Steph.
BIHOREAU D'EUROPE
D. et G., II, p. 312.

BOTAURUS *Stephens* 1819

1. stellaris (Linné), Syst. Nat., I, 1766, p. 239; Dresser, VI, p. 281, pl. 403.

Europe, plus rare dans le Nord; accidentel en Angleterre, Afrique Nord en hiver; Asie jusqu'au Japon, Chine Sud, Ceylan.

2. lentiginosus (Montag.), Orn. Dict., Suppl., 1813, avec pl.; Dresser, VI, p. 289, pl. 404; *minor* Wilson, 1814.

Amérique Nord jusqu'au Guatemala; accidentel dans les Iles Britanniques.

NYCTICORAX *Stephens* 1819

Nyctiardea Swains., 1837.

1. nycticorax (Linné), Syst. Nat., I, 1766, p. 235; *griseus* Linné, loc. cit., p. 239 (juv.); Dressor, VI, p. 269, pl. 402; *europæus* Steph., 1819.

Europe moyenne et Sud; accidentel dans le Nord (Iles Britanniques, Suède, Danemark, Iles Feroë); Afrique entière; Asie jusqu'au Japon et aux Moluques; Iles Sandwich; Amérique sauf dans l'extrème Nord.

Genre CIGOGNE

1. Ciconia alba Willugh.

CIGOGNE BLANCHE
D. et G., II, p. 316.

2. Ciconia nigra (Linné)

CIGOGNE NOIRE
D. et G., II, p. 318.

Genre SPATULE

1. Platalea leucorodia Linné

SPATULE BLANCHE
D. et G., II, p. 321.

CICONIA *Brisson* 1760

1. ciconia (Linné), Syst. Nat., I, 1766, p. 235; *alba* Bechst., 1793; Dresser, VI, p. 297, pl. 405.

Europe moyenne et Sud (rare en Angleterre, Suède, Finlande et dans la France Ouest); émigre en Afrique jusqu'au Transvaal; Asie moyenne jusqu'à l'Inde Nord.

2. nigra (Linné), Syst. Nat., I, 1766, p. 235; Dresser, VI, p. 309, pl. 406.

Europe moyenne et Sud (rare dans la Suède Sud et l'Angleterre, de passage en France); s'égare jusqu'aux Feroë; Açores, Canaries, Madère; Afrique jusqu'au Zanzibar; Asie jusqu'au Japon.

PLATALEA *Linné* 1758

1. leucorodia Linné, Syst. Nat., I, 1766, p. 231; Dresser, VI, p. 319, pl. 407; *major* Temm. et Schleg., 1850.

Europe moyenne et Sud (accidentel en Angleterre et en Suède); s'égare jusqu'aux Feroë; Açores, Madère, Canaries; Afrique jusqu'à Zanzibar; Asie jusqu'au Japon.

Genre IBIS

1. Ibis religiosa Cuvier
IBIS SACRÉ
D. et G., II, p. 326.

Genre FALCINELLE

1. Falcinellus igneus (Gm.)
FALCINELLE ÉCLATANT
D. et G., II, p. 329.

IBIS *Illiger* 1811

Tantalus, p., Lath., 1790.

1. **æthiopica** (Latham), Ind. Orn., II, 1790, p. 706;
   Dresser, IX, p. 285, pl. 694.
   (1)

Afrique entière,
rare en Égypte et
en Algérie;
Perse Sud; acci-
dentel dans
le Caucase et en
Grèce.

FALCINELLUS *Bechst.* 1802

Plegadis Kaup, 1829.

1. **falcinellus** (Linné), Syst. Nat., I, 1766, p. 241;
   Dresser, VI, p. 335, pl. 409; *igneus* et *viridis*
   Gm., 1770.

Europe moyenne
et Sud, s'ega-
rant rarement au
Nord jusqu'aux
Iles Feroë et Or-
cades; Afrique
jusqu'au Natal;
Asie moyenne,
Inde, Chine,
Malaisie jusqu'à
l'Australie;
Amérique du
Nord.

---

(1) Je signale ici, pour mémoire, l'*Ibis eremita* (Linné) qui habitait,
paraît-il (d'après Gesner), la Suisse au seizième siècle, et ne se trouve
plus qu'en Asie Mineure et dans l'Afrique Nord-Est (Voyez Dresser,
VI, p. 329, pl. 408).

Famille XLIV — PHÉNICOPTERIDÉS

Genre PHÉNICOPTÈRE

1. Phœnicopterus roseus Pallas
PHÉNICOPTÈRE ROSE, FLAMANT
D. et G., II, p. 334.

XLIV — PHŒNICOPTERIDÆ

PHŒNICOPTERUS *Linné* 1766

1. **roseus** (Pallas), Zoogr., 1811-31, t. II, p. 207 ; Dresser, VI, p. 343, pl. 410 ; *antiquorum* Temm., 1820.

Europe Sud, s'égarant rarement dans l'Europe moyenne et en Angleterre ; Afrique jusqu'au Cap ; Asie jusqu'à l'Inde.

Ordre VI — PALMIPÈDES

Famille XLV — PÉLÉCANIDÉS

Genre PÉLICAN

1. Pelecanus onocrotalus Linné
PÉLICAN ONOCROTALE OU BLANC
D. et G., II, p. 342.

2. Pelecanus crispus Bruch.
PÉLICAN FRISÉ
D. et G., II, p. 344.

Genre FOU

1. Sula bassana (Linné)
FOU DE BASSAN
D. et G., II, p. 347.

VI — PALMIPEDES

XLV — PELECANIDÆ

PELECANUS *Linné* 1735

1. onocrotalus Linné, Syst. Nat., I, 1766, p. 215 ; Dresser, VI, p. 193, pl. 393 ; *roseus* Everson., 1835 ; *minor* Rüpp., 1837.

Europe Sud et Sud-Est ; s'égare rarement dans l'Europe moyenne, jusqu'à la Suède et la Finlande ; Afrique Nord ; Asie jusqu'à l'Inde Nord.

2. crispus Bruch, Isis, 1832, p. 1109 ; Dresser, VII, p. 199, pl. 394.

Europe Sud, surtout Sud-Est (Dalmatie, Grèce, Russie Sud) ; Afrique Nord ; Asie jusqu'à la Chine, en hiver dans l'Inde Nord-Ouest.

SULA *Brisson* 1760

Pelecanus p., Linné.

1. bassana (Linné), Syst. Nat., I, 1766, p. 217 ; Dresser, VI, p. 181, pl. 392 ; *alba* Meyer et Wolf, 1810 ; *major* Brehm, 1831.

Europe Occidentale, côtes atlantiques (de l'Islande à la France Nord), émigre dans l'Afrique Nord-Ouest ; côtes américaines. de l'extrême Nord au Mexique Sud.

Genre CORMORAN

1. Phalacrocorax carbo (Linné)
CORMORAN ORDINAIRE
D. et G., II, p. 352.

2. Phalacrocorax cristatus (Fabr.)
CORMORAN HUPPÉ
D. et G., II, p. 354.

3. Phalacrocorax pygmæus (Pallas).
CORMORAN PYGMÉE
D. et G., II, p. 356.

Genre FRÉGATE

1. Fregata marina Barr.
FRÉGATE MARINE
D. et G., II, p. 359.

PHALACROCORAX *Brisson* 1760

Pelecanus p., Linné.

<table>
<tr><td>

1. carbo (Linné), Syst. Nat., I, 1766, p. 216; Dresser, VI, p. 151, pl. 388; *cormoranus* Meyer et Wolf.

</td><td>

Europe, de l'Islande à la Méditerranée; Afrique jusqu'au Cap; Asie jusqu'au Japon, Malaisie, Australie, Nouvelle-Zélande.

</td></tr>
<tr><td>

2. graculus (Linné), Syst. Nat., I, 1766, p. 217; Dresser, VI, p. 163, pl. 389; *cristatus* Müller, 1776; *desmaresti* Payraud., 1826.

</td><td>

Europe, sur les côtes de l'Atlantique (pas dans la Baltique), Islande, Feroë; Méditerranée, Mer Noire, Caspienne.

</td></tr>
<tr><td>

3. pygmæus Pallas, Reise, II, 1773, p. 712; Dresser, VI, p. 173, pl. 391.

</td><td>

Europe Sud et Sud-Est, rare au Nord jusqu'en Pologne; Afrique Nord; Asie moyenne jusqu'à l'Afghanistan.

</td></tr>
</table>

TACHYPETES *Vieill.* 1816

Pelecanus p., Linné.

<table>
<tr><td>

1. aquilus Linné, Syst. Nat., I, 1766, p. 216.
(Espèce intertropicale qui n'est plus considérée actuellement comme européenne.)

</td><td>

Régions intertropicales de l'Atlantique (une capture en janvier 1792, sur les bords du Weser).

</td></tr>
</table>

Genre PAILLE-EN-QUEUE

1. Phaëton æthereus Linné
PAILLE-EN-QUEUE ÉTHÉRÉ
D. et G., II, p. 361.

Famille XLVII — PROCELLARIDÉS

Genre ALBATROS

1. Diomedea exulans Linné
ALBATROS HURLEUR
D. et G., II, p. 366.
(1)

2. Espèce nouvelle
(pour l'Europe)

---

(1) Le *Diomedea chlororhynchus* Gm., pris une fois en Norvége (Gerbe, l. c., p. 368), est encore plus douteux comme espèce européenne.

PHAETON *Linné* 1766

1. æthereus L., Syst. Nat., I, 1766, p. 219.
(Espèce des régions intertropicales qui n'est plus considérée comme européenne.)

Côtes de l'Atlan-
tique inter-
tropical (aurait été
pris sur les
côtes de Norvège,
à Heligoland
et en Angleterre).

XLVII — PROCELLARIDÆ

DIOMEDEA *Linné* 1758

1. exulans L., Syst. Nat., I, 1766, p. 214.
(Espèce des régions intertropicales qui s'est égarée très
rarement en Europe.)

Côtes de l'Atlan-
tique inter-
tropical (pris très
accidentellement
sur les côtes
de France et de
Norvège).

2. melanophrys Boie, in Temm. Pl. Col., 1828,
p. 456.

Atlantique
et mers du Sud
(pris en
Angleterre et
aux Iles Feroë).

Blanc avec une bande d'un noir ardoisé passant sur l'œil ;
dos et scapulaires ardoisés, ailes brun foncé ; queue ardoisée ;
bec jaune, plus foncé à la pointe ; pieds jaunes. Aile :
510 millimètres.

Genre PÉTREL

1. Procellaria glacialis Linné
PÉTREL GLACIAL OU FULMAR
D. et G., II, p. 371.

2. Procellaria capensis Linné
PÉTREL DU CAP
D. et G., II, p. 372.

Genre ESTRÉLATE

1. Procellaria hasitata Kuhl
PÉTREL HASITÉ
D. et G., II, p. 374.

2. Espèce nouvelle
(pour l'Europe)
PÉTREL A PLUMAGE MOU

PROCELLARIA *Linné* 1758

Fulmarus Steph., 1826.

1. glacialis Linné, Syst. Nat., I, 1766, p. 213 ; Dresser, VIII, p. 535, pl. 617 ; *minor* Kjærb., 1854.

Côtes de l'Atlantique Nord, des mers polaires à la Grande-Bretagne ; accidentel dans l'Europe moyenne (jusqu'en Suisse).

2. capensis Linné, Syst. Nat., I, 1766, p. 213.

Atlantique Sud (côtes d'Afrique), très accidentel sur les côtes de la Méditerranée (France Sud).

ÆSTRELATA *Bonap.* 1855

1. hæsitata Kuhl, Beitr., 1820, p. 142 ; Dresser, VIII, p. 545, pl. 618.

Mer des Antilles ; accidentel en France, en Angleterre, en Hongrie.

2. mollis Gould, Ann. and Mag. Nat. Hist., 1844, XIII, p. 363 ; Dresser, IX, p. 411, pl. 721.

Mers du Sud et Atlantique Nord jusqu'à Madère.

Dessus d'un gris ardoisé, plus foncé sur la tête, les plumes du front bordées de blanc ; une tache d'un gris noirâtre en avant et au-dessous des yeux ; ailes d'un brun noirâtre ; queue grise, les rectrices latérales tachetées de blanc. Les lores, la gorge et le dessous blancs, les côtés de la poitrine gris, les flancs tachetés de gris. Bec noirâtre ; torse et partie basale du pied couleur chair, le reste noirâtre ; iris brun. Aile 265 millimètres.

3. Espèce nouvelle
(pour l'Europe)
PÉTREL A PIEDS COURTS

Genre BULWÉRIE

1. Thalassidroma Bulweri (Jard.)
THALASSIDROME DE BULWER
D. et G., II, p. 388.

Genre PUFFIN

1. Puffinus cinereus (Kuhl)
PUFFIN CENDRÉ
D. et G., II, p. 375.

3. brevipes Peale, U. S. Expl. Exped., 1848, VIII,
p. 294, pl. 80 ; *leucoptera* Salvin, 1876.

Blanc, avec le dessus d'un gris ardoisé, le sommet de la
tête plus pâle, le dos, les grandes couvertures alaires et celles
de la queue grises. Queue d'un gris noirâtre, les rectrices
latérales gris pâle ; côtés de la poitrine ardoisés ; couvertures
inférieures de la queue et axillaires blanches. Bec noir ; tarse
et base des deux doigts internes jaunâtres, le reste noir.
Aile : **220** millimètres.

Océan Pacifique
Ouest, Nou-
velles-Hébrides,
etc. (pris une fois
sur les côtes
d'Angleterre, pays
de Galles).

BULWERIA *Bonap.* 1842

1. columbina Webb et Berth., Orn. Canar., 1841,
p. 44, pl. 4, fig. 2 ; Dresser, VIII, p. 551,
pl. 614, fig. 2 ; *bulweri* Jard. et Selb., 1825-43.

D'un noir fuligineux plus foncé dessus, passant au brun
pâle dessous ; ailes d'un brun noirâtre, les grandes couvertures d'un brun clair à leur pointe. Queue noire, étagée.
Bec noir ; pieds brun ; iris brun. Les plumes latérales de la
queue plus courtes de 38 millimètres que les médianes. Aile .
197 millimètres.

Atlantique Nord
tempéré,
dans les parages
des Canaries
et de Madère,
s'égare jusqu'aux
Iles Britanniques.

PUFFINUS *Brisson* 1760

1. kuhli Boie, Isis, 1835, p. 257 ; Dresser, VIII, p. 513,
pl. 615, fig. 2 ; *cinereus* Gould ; *borealis* Cory,
1881 ; *major* Hewitson (nec Temm.).

Méditerranée
et Atlantique sur
les côtes
d'Afrique Nord ;
Madère, Cana-
ries ; côtes de
l'Amérique Nord ;
Ile Kerguelen.

2. Puffinus major Faber

PUFFIN MAJEUR
D. et G., II, p. 376.

3. Puffinus anglorum Gm.

PUFFIN DES ANGLAIS
D. et G., II, p. 378.

a. Puffinus yelkouan Acerbi

PUFFIN YELKOUAN
D. et G., II, p. 379.

4. Puffinus obscurus Gm.

PUFFIN OBSCUR
D. et G., II, p. 380.

5. Espèce nouvelle
(pour l'Europe)
PUFFIN SEMBLABLE

2. gravis O'Reilly, Voy. to Greenland, 1818, p. 140, pl. 12, fig. 1 ; Dresser, VIII, p. 527, pl. 616, fig. 2 ; *major* Faber, 1822 ; *cinereus* Nuttal, 1834 (nec Kuhl).

Atlantique, du Groënland et de l'Islande aux Hébrides, Feroë, Angleterre, France ; Afrique Sud et Iles Falkland.

3. anglorum Temm. (ex Ray, 1713), Man. Ornith., II, 1820, p. 807 ; Dresser, VIII, p. 517, pl. 615, fig. 1 ; *puffinus* L.., 1766 ; *arcticus* Faber, 1822.

Atlantique Nord, Islande, Feroë, Iles Britanniques ; accidentel dans l'Europe Centrale, surtout Ouest : Madère, Canaries, Maroc ; côtes d'Amérique.

a. — yelkouanus Acerbi, Bibl. Ital., 1827, t. 140, p. 294 ; *baroli* Bonelli.

Méditerranée, accidentel sur les côtes d'Angleterre (Sardaigne, Archipel Grec, Bosphore, Mer Noire).

4. obscurus Gm., Syst. Nat., I, 1788, p. 559 ; Dresser, IX, p. 403, pl. 720 ; *auduboni* Finsch, 1872 ; *tenebrosus* Natt., 1873.

Atlantique tropical et subtropical ; accidentel sur les côtes d'Angleterre, de France, de Hollande.

5. assimilis Gould, Proc. Zool. Soc., 1837, p. 156 ; Dresser, IX, p. 407 ; *nugax* (Solander) Bp., 1856 ; *bailloni* Bp., 1856.

Atlantique, au Nord jusqu'aux Canaries et Madère ; accidentel sur les côtes d'Angleterre ; mers du Sud, Australie et Nouvelle-Zélande.

Diffère d'*obscurus* par ses parties supérieures d'une teinte plus bleue, le blanc s'étendant davantage autour de l'œil et sur les lores. Couvertures inférieures de l'aile, axillaires et couvertures inférieures de la queue d'un blanc pur. Partie externe des barbes internes des rémiges primaires blanche, sauf à leur pointe. Bec couleur de corne foncée ; tarses et doigts d'un jaune verdâtre, la membrane orangée ; iris brun. Aile : 180 millimètres.

6. Puffinus fuliginosus Strickl.

PUFFIN FULIGINEUX

D. et G., II, p. 381.

Genre THALASSIDROME

1. Thalassidroma pelagica (Linné)

THALASSIDROME TEMPÊTE

D. et G., II, p. 384.

Genre OCÉANITE

1. Thalassidroma oceanica (Kuhl)

THALASSIDROME OCÉANIQUE

D. et G., II, p. 386.

6. griseus Gm., Syst. Nat., I, 1788, p. 564; Dresser, VIII, p. 523, pl. 616, fig. 1; *fuliginosus* Strickl., 1832; *stricklandi* Ridgw.

Atlantique, des Feroë et de Terre-Neuve au Cap et au détroit de Magellan; Océan Pacifique; accidentel en France et en Angleterre.

THALASSIDROMA *Vigors* 1825

Procellaria p., L.; Dresser.

1. pelagica Linné, Syst. Nat., I, 1766, p. 212; Dresser, VIII, p. 491, pl. 613, fig. 1.

Atlantique Nord, Iles Feroë, Orcades, Shetland, rare en Suède, aux Iles Lofoden; Méditerranée, Afrique jusqu'au Cap, Océan Indien; Amérique Est.

OCEANITES *Keys* et *Blas.* 1840

Procellaria Kuhl; *Thalassidroma* p., Gerbe.

1. oceanicus Kuhl, Beitr., 1820, pl. 10, fig. 1; Dresser, VIII, p. 505, pl. 614, fig. 1; *wilsoni* Bp., 1823.

Atlantique Nord, Iles Britanniques, Madère, Canaries, Açores; Atlantique Sud et Océan Antarctique; Océan Indien.

Genre OCÉANODROME

1. Thalassidroma leucorrhoa (Vieill.)
THALASSIDROME CUL-BLANC
D. et G., II, p. 587.

2. Espèce nouvelle
(pour l'Europe)
OCÉANODROME DE CASTRO

Genre PELAGODROME

1. Espèce nouvelle
(pour l'Europe)
PÉLAGODROME MARINE

OCEANODROMA *Reich.* 1852

Thalassidroma p., Gerbe.

1. leucorrhoa (Vieill.), Nouv. Dict., 1817, t. 25,
p. 422; Dresser, VIII, p. 497, pl. 613, fig. 2;
leachi Temm., 1820.

Atlantique Nord;
émigre, en hiver,
sur les côtes
de l'Europe Con-
tinentale jusqu'a
la Méditerranee;
rare en Scan-
dinavie; Sibérie
jusqu'au Japon;
côtes Est
d'Amérique.

2. castro Harcourt, A Sketch of Madeira, 1851, p. 123;
cryptoleucura Ridgw., 1882; Dresser, IX, p. 395,
pl. 718.

Océans Atlanti-
que et Pacifique
Sud, remontant
pour nicher
jusqu'a Madere;
très accidentel en
Angleterre
et en Danemark.

Diffère de *leucorrhoa* par ses teintes plus brunes, la queue
moins profondément fourchue, toutes les rectrices, sauf les
médianes, blanches à leur quart basal; couvertures supérieures de la queue blanches avec la pointe noire. Aile :
150 millimètres.

PELAGODROMA *Reichenb.* 1852

1. marina (Latham), Ind. Orn., II, 1790, p. 826;
Dresser, IX, p. 399, pl. 719.

Océan Atlantique
Sud, au Nord
jusqu'aux Cana-
ries et
aux Salvages;
pris deux fois sur
les côtes
d'Angleterre.

Dessus brun ardoisé, plus foncé sur la tête et le bas du
dos, plus gris pâle sur le milieu du dos, les plumes présentant une étroite bordure pâle. Bas du croupion et couvertures supérieures de la queue ardoisé pâle, ces dernières
bordées de blanc. Ailes et queue d'un brun noirâtre; rémiges secondaires et couvertures alaires bordées de blan-

Famille XLVIII — LARIDÉS

Genre STERCORAIRE ou LABBE

1. Stercorarius catarractes (Linné)
STERCORAIRE CATARRACTE
D. et G., II, p. 392.

2. Stercorarius pomarinus (Temm.)
STERCORAIRE POMARIN
D. et G., II, p. 394.

châtre ; une tache sous l'œil et au-dessus de l'oreille brun
ardoisé. Front, sourcil et parties inférieures blancs. Bec et
pieds noirs, membrane de ceux-ci jaune avec une bordure
foncée. Les rectrices médianes plus courtes que les latérales.
Aile : 152 millimètres.

XLVIII — LARIDÆ

STERCORARIUS *Brisson* 1760

Lestris Illig., 1811.

1. catarrhactes (Linné), Syst. Nat., I, 1766, p. 226,
Dresser, VIII, p. 457, pl. 609; *skua* Retz.,
1800.

Islande, Feroë, Shetlands ; rare en Scandinavie ; en hiver dans l'Europe Sud (Gibraltar); accidentel en Allemagne, Suisse, Italie Nord, Méditerranée.

2. pomathorinus Temm., Man. Orn., 1815, p. 514;
Dresser, VIII, p. 463, pl. 610.

Régions boréales des deux Continents; en hiver Iles Britanniques et Europe Continentale jusqu'à la Méditerranée et l'Afrique Ouest; Asie jusqu'au Japon; Australie Nord ; Amérique du Nord jusqu'aux Grands Lacs et la Baie de Callao.

3. Stercorarius parasiticus (Linné?)

STERCORAIRE PARASITE

D. et G., II, p. 397.

4. Stercorarius longicaudus Briss.

STERCORAIRE A LONGUE QUEUE

D. et G., II, p. 399.

Genre RHODOSTÉTHIE

1. Rhodostethia Rossi Macgill. (1)

RHODOSTÉTHIE DE ROSS

D. et G., II, p. 403.

---

(1) C'est par erreur que le nom de « *Rossi* » est attribué par Gerbe à Macgillivray ; ce nom est de Richardson, et « *rosea* » a la priorité (*Larus roseus* Macgill., 1824).

3. crepidatus Banks, in Cook' Vog., 1773, II, p. 15;
Gm., Syst. Nat., 1788, I, p. 602; Dresser,
VIII, p. 471, pl. 611, 612, fig. 2; *parasiticus*
Bodd., 1783 (nec Linné); *richardsoni* Swains.,
1831; *cepphus* Brünn, 1764.

Régions boréales
du Globe,
Islande, Feroë,
Scandinavie,
Russie Nord,
Grande-Bretagne:
en hiver, Europe
Sud jusqu'à
la Méditerranée
et l'Afrique
Ouest; Asie jus-
qu'à l'Australie et
la Nouvelle-
Zélande; Amé-
rique jusqu'au
Brésil.

4. parasiticus (Linné), Syst. Nat., I, 1766, p. 226;
Dresser, VIII, p. 481, pl. 612, fig. 1; *longi-
caudus* Vieill., 1819; *crepidata* Naum. (nec
Gm.); *buffoni* Boie, 1822.

Régions arctiques
du Globe,
Europe boréale,
en hiver émigre
jusqu'à Gibraltar
(rare dans
la Méditerranée):
Asie jusqu'aux
Philippines,
Amérique jusqu'à
la Floride
et la Californie.

RHODOSTETHIA *Macgill.* 1842

1. rosea (Macgill.), Mém. Werner Soc., V, 1824,
n° 13, p. 249; Dresser, VIII, p. 343, pl. 594;
rossi Richards., 1825.

Océan Glacial
Arctique,
Terre François-
Joseph; Islande;
en hiver Iles
Feroé, Héligo-
land, Angleterre;
Asie arctique
et Alaska.

Genre PAGOPHILE

1. Pagophila eburnea (Gm.)
PAGOPHILE BLANCHE
D. et G., II, p. 405.

Genre GOÉLAND ou MOUETTE

1. Larus glaucus Brünn.
GOÉLAND BOURGUEMESTRE
D. et G., II, p. 409.

2. Larus leucopterus Faber
GOÉLAND LEUCOPTÈRE
D. et G., II, p. 411.

3. Larus marinus Linné
GOÉLAND MARIN ou A MANTEAU NOIR
D. et G., II, p. 413.

PAGOPHILA *Kaup* 1829

1. eburnea (Phipps), Voy. North Pole, App., 1774, p. 187; Dresser, VIII, p. 349, pl. 595; *albus* Gunnerus, 1767.	Régions arctiques, Spitzberg; en hiver, Europe Nord jusqu'en France Nord et en Suisse; Asie et Amérique Boréales.

LARUS *Linné* 1758

1. glaucus Fabricius, Fauna Groenl., 1780, p. 100; Dresser, VIII, p. 433, pl. 605.	Régions arctiques du Globe; en hiver, les côtes d'Europe jusqu'à la Méditerranée, la Mer Noire, la Caspienne; Asie Nord et Amérique Nord-Est.
2. leucopterus Faber, Prodr. Isl. Orn., 1822, p. 91 (nec Vieill.); Dresser, VIII, p. 439, pl. 606; *islandicus* Edmonst., 1823.	Ile Jan Mayen et Groënland; en hiver Islande, Feroë, Grande-Bretagne, Scandinavie et jusqu'au Golfe de Gascogne; Amérique Nord-Est.
3. marinus Linné, Syst. Nat., I, 1766, p. 225; Dresser, VIII, p. 427, pl. 604.	Europe Nord jusqu'à la Petchora; Islande, Feroë; Grande-Bretagne; en hiver, Europe jusqu'à la Méditerranée, les Canaries, l'Égypte, le Volga; l'Amérique Nord-Est.

4. Larus fuscus Linné
GOÉLAND BRUN
D. et G., II, p. 415.

5. Espèce nouvelle
(pour l'Europe)
GOÉLAND DE SIBÉRIE

6. Larus argentatus Brünn.
GOÉLAND ARGENTÉ
D. et G., II, p. 417.

4. fuscus Linné, Syst. Nat., I, 1766, p. 225 ; Dresser, VIII, p. 421, pl. 603.

Europe Nord jusqu'à la Dvina ; Iles Feroë, Grande-Bretagne, Europe jusqu'à la Méditerranée ; Canaries, Madère, Afrique jusqu'à la Sénégambie ; rare sur la Caspienne, Golfe Persique.

5. affinis Reinhardt, Vid. Meddel., 1853, p. 78 ; Dresser, VIII, p. 417.

Europe et Asie Nord, de la Dvina à l'Iénisséi ; en hiver Asie Sud, Afrique Nord-Est : accidentel à Heligoland.

Diffère de *L. fuscus* par sa taille plus grande, ses ailes proportionnellement plus courtes, le manteau plus pâle, d'un bleu ardoisé foncé. Rémiges noires avec une tache d'un gris ardoisé foncé sur les barbes internes, la première présentant une tache blanche près de sa pointe, plusieurs autres légèrement terminées de blanc ; les rémiges secondaires largement terminées de blanc. Bec et pattes comme chez *L. fuscus ;* tour de l'orbite d'un orangé foncé. Aile : 410 millimètres.

6. argentatus Gm., Syst. Nat., I, 1788, p. 600 ; Dresser, VIII, p. 399, pl. 602, fig. 1.

Europe Nord, du Cap Nord à la Mer Blanche, en hiver jusqu'à la Méditerranée, la Mer Noire et la Caspienne ; Amérique Nord jusqu'à Cuba et la Californie Sud.

a. Sous-espèce nouvelle.

7. Larus audouini Payraud.
GOÉLAND D'AUDOUIN
D. et G., II, p. 420.

8. Larus gelastes Thienem.
GOÉLAND RAILLEUR
D. et G., II, p. 422.

9. Larus canus Linné
GOÉLAND CENDRÉ
D. et G., II, p. 424, et *Larus niveus* Pall., p. 426.

a. — cachinnans Pall., Zoogr. Ross. As., II, p. 318; *leucophæus* Licht., 1854; Dresser, VIII, p. 411, pl. 602, fig. 2; *michahellesi* Bruch, 1855.

Diffère du type par son manteau plus foncé, le tour de l'œil et la commissure du bec d'un rouge orangé; le bec d'un jaune plus vif; les pattes jaunes. Aile : 470 millimètres.

Europe Sud, du Golfe de Gascogne à la Dvina et toute la Méditerranée: Açores, Madère, Canaries: Mer Noire, Caspienne; Afrique jusqu'à l'Angola; Inde Nord; très accidentel en Angleterre.

7. audouini Payraudeau, Ann. Sc. Nat. Zool., 1826, VIII, p. 462; Dresser, VIII, p. 395, pl. 601, fig. 1.

Iles de la Méditerranée Occidentale, rare sur les côtes du Continent; Gibraltar; rare dans l'Archipel Grec.

8. gelastes Licht., in Thieneman, Fortpflanz. Vög. Europ., V, 1838, p. 22; Dresser, VIII, p. 389, pl. 601, fig. 2.

Côtes de la Méditerranée et Mer Rouge; Afrique Nord, Mer Noire, Caspienne, Asie jusqu'au Golfe Persique.

9. canus Linné, Syst. Nat., I, 1766, p. 224; Dresser, VIII, p. 381, pl. 600; *niveus* Pall., 1811 (nec Bodd.).
Dresser n'admet pas la distinction de *L. niveus*, même comme sous-espèce.

Europe, du 53° latitude Nord (rare en Islande), à la Méditerranée et l'Egypte; Asie jusqu'au Japon; l'hiver dans le Golfe Persique.

10. Larus minutus Pall.

MOUETTE PYGMÉE
D. et G., II, p. 441.

11. Larus ichthyætus Pall.

GOÉLAND ICHTHYAÈTE
D. et G., II, p. 433.

12. Larus bonapartei Richards.

GOÉLAND BONAPARTE
D. et G., II, p. 439.

13. Larus melanocephalus Natt.

GOÉLAND A TÊTE NOIRE
D. et G., II, p. 437.
(1)

(1) *Larus atricilla* L., de l'Amérique Nord, cité par Degland et Gerbe, II, p. 431, comme
pris plusieurs fois en Europe, n'est plus admis comme espèce européenne par les ornithologistes
modernes. D'après Dresser, ces captures se rapportent à *Larus melanocephalus.*

10. minutus Pall., Reis. Russ. Reichs., III, 1771, p. 702 ; Dresser, VIII, p. 373, pl. 599, 599 A.

Europe Nord-Est, rare en Scandinavie, Finlande et Russie jusqu'à Arkangel ; accidentel aux Feroë, en Grande-Bretagne ; en hiver jusqu'à la Méditerranée, Afrique Nord ; Asie jusqu'en Chine et dans l'Inde.

11. ichthyætus Pall., Reis. Russ. Reichs., II, 1773, p. 713 ; Dresser, VIII, p. 369, pl. 598.

Europe Sud-Est, Suisse (?), Hongrie, Sardaigne, Grèce, Angleterre Sud-Ouest (rare) ; Afrique Nord-Est, Asie Mineure jusqu'au Thibet ; Inde, Ceylan.

12. philadelphia Ord, in Guthrie's Geogr. Qnd Amer., Ed. II, 1815, p. 319 ; Dresser, IX, p. 387, pl. 717 ; *bonapartei* Swainson in Richards., 1831.

Amérique Nord jusqu'aux Bermudes ; très accidentel en Grande-Bretagne et à Héligoland.

13. melanocephalus Natterer, Isis, 1818, p. 816 ; Dresser, VIII, p. 365, pl. 597, fig. 2.

Méditerranée et Mer Noire, Espagne, France Sud, accidentel en Angleterre et France Nord ; l'hiver en Afrique, Nubie.

14 ? Larus leucophthalmus Temm. (1)

GOÉLAND LEUCOPHTHALME

D. et G., II, p. 430.

15. Larus ridibundus Linné

MOUETTE RIEUSE

D. et G., II, p. 435.

Genre RISSE

1. Larus tridactylus Linné

MOUETTE TRIDACTYLE

D. et G., II, p. 428.

Genre XÊME

1. Larus sabinei (Leach)

MOUETTE DE SABINE

D. et G., II, p. 443.

---

(1) Cette espèce n'a plus été revue dans les limites de l'Europe depuis l'époque de Temminck.

14. leucophthalmus Temm., Pl. Col., 366 ; *masaua-nus* Henglin.

Europe Sud-Est (?), Iles Ioniennes, Mer Rouge.

15. ridibundus Linné, Syst. Nat., I, 1766, p. 225 ; Dresser, VIII, p. 357, pl. 596, 597, fig. 1 ; *capistratus* Temm., 1820.

Europe, des Feroë, de la Baltique et d'Arkangel à la Méditerranée ; l'hiver en Afrique ; Asie jusqu'au Japon, l'hiver en Chine, Inde, Philippines.

RISSA *Stephens* 1826

1. tridactyla Linné, Syst. Nat., I, 1766, p. 224 ; Dresser, VIII, p. 447, pl. 607, 608 ; *rissa* Linné, 1766 (ex Brünn, 1764).

Régions arctiques du Globe, Europe Nord jusque dans le Nord-Ouest de la France ; en hiver, Méditerranée, Caspienne, Canaries ; Amérique Nord jusqu'aux Bermudes.

XEMA *Leach* 1819

Larus p., Sabine.

1. sabinei (Sabine), Trans. Linn. Soc., 1818, XII, p. 520, pl. 29 (sans nom spécifique); Leach, in Ross. Vog., 1825, App., p. 57 ; Dresser, VIII, p. 337, pl. 593.

Régions arctiques du Globe ; émigre en Europe, des Iles Britanniques et de la France à la Hongrie ; Amérique Nord jusqu'aux Bermudes.

Genre NODDI

1. Anoüs stolidus (Linné)
NODDI NIAIS
D. et G., II, p. 445.

Genre STERNE

1. Sterna caspia Pallas
STERNE TSCHEGRAVA
D. et G., II, p. 448.

2. Sterna anglica Montagu
STERNE HANSEL
D. et G., II, p. 450.

ANOUS *Leach* 1825

1. **stolidus** (Linné), Syst. Nat., I, 1766, p. 227 ;
   Gould, Birds of Europe, V, pl. 421.

Mers tropicales et
subtropicales,
Pacifique et At-
lantique ;
s'égare jusque
sur la côte Sud-
Est d'Irlande,
et sur les côtes de
France.

STERNA *Linné* 1758

1. **caspia** Pall., Nov. Comm. Petrop., 1770, XIV,
   p. 582, pl. 22, fig. 2 ; Dresser, VIII, p. 289,
   pl. 584.

Europe, du Golfe
de Bothnie
à la Méditerranée
et la Caspienne ;
Afrique et Asie ;
Australie et
Nouvelle-
Zélande ; Amé-
rique Nord.

2. **anglica** Montagu, Orn. Dict., 1813, Suppl. fig. ;
   Dresser, VIII, p. 295, pl. 585 ; *nilotica* Gm.,
   1788 ; *macrotarsa* Gould, 1837.

Europe, du 55°
latitude Nord
(rare en Grande-
Bretagne,
mais niche dans
l'île de Sylt,
côtes de Dane-
mark), jusqu'au
Sud ; Afrique,
Asie tempérée ;
en hiver,
Inde et Australie
(où elle
se reproduit).

3. **Sterna cantiaca** Gm.

STERNE CAUGEK
D. et G., II, p. 452.

(1)

4. **Sterna affinis** Rüpp.

STERNE VOYAGEUSE
D. et G., II, p. 454.

5. **Sterna hirundo** Linné

STERNE HIRONDELLE ou PIERRE GARIN
D. et G., II, p. 456.

6. **Sterna paradisca** Brünn.

STERNE PARADIS
D. et G., II, p. 458.

---

(1) *Sterna bergei* Licht., indiquée par Gerbe comme d'Europe (îles de la Méditerranée), n'est plus considérée comme européenne par les ornithologistes modernes.

3. cantiaca Gm., Syst. Nat., I, 1788, p. 606; Dresser, VIII, p. 301, pl. 586; *acuflavida* Cabot, 1847.

Europe, de la Grande-Bretagne et du Danemark (très rare en Suède), jusqu'au Sud et aux Canaries; Afrique, Asie, Amérique Nord-Est, Antilles et Brésil.

4. media Horsf., Trans. Linn. Soc., 1820, XIII, p. 198; Dresser, VIII, p. 285, pl. 583; *affinis* Cretzsch. in Rüpp., 1826; *bengalensis* Lesson, 1831.

Méditerranée, de Gibraltar à l'Égypte (Bosphore, bouches du Danube, Caspienne); Mer Rouge et Océan Indien jusqu'à l'Australie Nord.

5. fluviatilis Naum., Isis, 1819, p. 1847; Dresser, VIII, p. 263, pl. 580; *hirundo* (partim) Linné, 1766.

Europe, mais non l'extrême Nord, jusqu'au Sud; en hiver, l'Afrique Sud; Asie tempérée jusqu'à l'Inde et Malacca; Amérique, du Labrador au Brésil.

6. macrura Naum., Isis, 1819, p. 1847; *paradisea* Brünn., 1764; *hirundo* (partim) Linné, 1766; Müller, 1774; Dresser, VIII, p. 255, pl. 579; *arctica* Temm., 1820.

Régions arctiques du Globe, du 82° latitude Nord au Sud; en hiver, l'Afrique Sud, l'Asie Sud et l'Amérique Sud, jusqu'au 66° latitude Sud.

7. Sterna dougalli Montagu

STERNE DE DOUGALL
D. et G., II, p. 459.

8. Sterna minuta Linné

STERNE NAINE
D. et G., II, p. 461.

a. Sous-espèce nouvelle
(pour l'Europe).

9. Sterna fuliginosa Gm.

STERNE FULIGINEUSE
D. et G., II, p. 462.
(1)

___

(1) Une espèce voisine de *S. fuliginosa*, mais plus petite, et qui habite également les mers tropicales (*Sterna anæstheta* Scop., *panaya* Lath.), a été prise une fois à l'embouchure de la Tamise.

7. dougalli Montagu, Orn. Dict., Suppl., 1813; Dresser, VIII, p. 273, pl. 581 ; *paradisea* Keys. et Blas. (nec Brünn.); *gracilis* Gould, 1845.

Europe, de la Grande-Bretagne au Sud (où elle est plus rare); Açores ; Afrique Sud ; Asie, du Nord à l'Australie et la Nouvelle-Calédonie ; Amérique Est jusqu'aux Antilles.

8. minuta Linné, Syst. Nat., I, 1766, p. 228; Dresser, VIII, p. 279, pl. 582.

Europe, de la Suède Sud à la Méditerranée ; rare au Nord ; Angleterre en été ; Afrique jusqu'au Cap ; Asie jusqu'à l'Inde et Java.

a. — saundersi Hume, Stray Feath., 1877, V, p. 324; Suskin, Mat. Faun. Flor. Ross., 1908, VIII, p. 128.

Asie Sud-Ouest, Mer Rouge,' Golfe Persique, Ceylan ; s'égare jusque dans la Russie Sud.

Diffère de *S. minuta* par son manteau plus pâle, le croupion et la queue d'un gris plus foncé. Les trois rémiges externes sont noires en dehors, y compris la tige, ce qui contraste nettement avec le blanc pur des barbes internes. Bec grêle, sans courbure du maxillaire supérieur. Aile : 168 millimètres.

9. fuliginosa Gm., Syst. Nat., I, 1788, p. 605 ; Dresser, VIII, p. 307, pl. 587.

Atlantique, surtout sur les îles du Sud ; accidentel en Europe et en Angleterre ; côtes d'Afrique, de la Mer des Indes jusqu'à l'Australie ; rare dans le Pacifique.

Genre GUIFETTE

. 1. Hydrochelidon fissipes (Gray ex Linné)
GUIFETTE FISSIPÈDE OU NOIRE
D. et G., II, p. 465.

2. Hydrochelidon nigra (Gray ex L.)
GUIFETTE NOIRE OU LEUCOPTÈRE
D. et G., II, p. 466.

3. Hydrochelidon hybrida (Pall.)
GUIFETTE HYBRIDE OU MOUSTAC
D. et G., II, p. 468.

HYDROCHELIDON *Boie* 1822

1. **nigra** (Linné), Syst. Nat., I, 1766, p. 227 ; Dresser, VIII, p. 327, pl. 592 ; *fissipes* Lath., Ind. Orn., II, 1790, p. 810 (nec Linné); *nigra* Boie, 1822; *fissipes* Gray, 1844.

Europe, du 60° latitude Nord (rare de passage en Angleterre) à la Méditerranée ; l'hiver, en Afrique jusqu'au Loango ; Asie Ouest.

2. **leucoptera** (Schinz), in Meiner et Schinz, Vög. der Schweiz., 1815, p. 264 ; Dresser, VIII, p. 321, pl. 590, 591 ; *nigra* Gray, 1844 ; *fissipes* Pall., 1811.

Europe Moyenne et Sud (accidentel en Angleterre); l'hiver, en Afrique jusqu'au Transvaal ; Asie, Australie et Nouvelle-Zélande ; accidentel en Amérique.

3. **hybrida** (Pall.), Zoogr. Ross. As., II, 1811, p. 338 ; Dresser, VIII, p. 315, pl. 588, 589 ; *leucopareia* Natt. in Temm., 1820 ; *fluviatilis* Gould, 1842.

Europe Moyenne, Sud et Sud-Ouest (rare de passage en Angleterre et Allemagne Nord); l'hiver en Afrique jusqu'au Cap ; Asie, Malaisie, Australie ; très accidentel aux Antilles.

Famille XLIX — ANATIDÉS

Genre CYGNE

1. Cygnus ferus Ray
CYGNE SAUVAGE
D. et G., II, p. 173.

2. Cygnus minor Pall.
CYGNE DE BEWICK
D. et G., II, p. 474.

3. Cygnus mansuetus Ray et *Cygnus immutabilis* Yarrell.
CYGNE DOMESTIQUE
D. et G., II, p. 475 et 476.

XLIX — ANATIDÆ

CYGNUS *Linné* 1758

1. musicus Bechst., Gem. Naturg. Vög. Deuts., III, 1809, p. 830, pl. 35; Dresser, VI, p. 433, pl. 419, fig. 4; *ferus* Leach, 1816; *xanthorhinus* Naum., 1842.

Europe Nord, Laponie, Islande, Sibérie; émigre en hiver jusqu'à la Méditerranée; Asie Moyenne jusqu'au Japon; accidentel dans l'Inde.

2. bewicki Yarrell, Trans. Linn. Soc., 1830, XVI, 2, p. 453; Dresser, VI, p. 441, pl. 419, fig. 3; *minor* Keys. et Blas., 1840; *melanorhinus* Naum., 1842.

Europe Nord-Est et Asie; en hiver émigre en Scandinavie, Grande-Bretagne, Europe Continentale, Chine, Japon.

3. olor (Gm.), Syst. Nat., I, 1788, p. 502; Dresser, VI, p. 419, pl. 418; *mansuetus* Salerne, 1767; *immutabilis* Yarrell, 1838; Dresser, VI, p. 429, pl. 419, fig. 1, 2.

Suède Sud, Danemark, Europe Sud-Est; Asie moyenne; en hiver accidentel dans l'Inde; de passage en Afrique Nord (domestique dans toute l'Europe).

Genre OIE

1. Anser cinereus Meyer
OIE CENDRÉE
D. et G., II, p. 479.

2. Anser sylvestris Brisson
OIE SAUVAGE OU DES MOISSONS
D. et G., II, p. 481.

3. Anser brachyrhynchus Baillon
OIE A BEC COURT
D. et G., II, p. 482.

4. Anser albifrons Bechst.
OIE A FRONT BLANC OU RIEUSE
D. et G., II, p. 483, et *Anser pallipes* Sélys, p. 483.

ANSER *Brisson* 1760

1. anser (Gm.), Syst. Nat., 1788, I, p. 510; *ferus* Schæff, Mus. Orn., 1789, p. 67; *cinereus* Meyer, Tasch., 1910, II, p. 552; Dresser, VI, p. 355, pl. 411.

Europe, du Cap Nord à la Méditerranée (niche dans l'Écosse Nord, l'Islande, les Feroë); en hiver, Afrique Nord-Ouest; Asie jusqu'à la Chine et l'Inde Nord.

2. fabalis (Lath.), Gen. Synop., Suppl., 1787, I, p. 297; *segetum* Gm., Syst. Nat., 1788, I, p. 512, fig. 2; Dresser, VI, p. 363, pl. 412.

Europe, de la Laponie et la Nouvelle-Zemble au Sud; en hiver dans l'Afrique Nord; Madère; Asie, dans la Sibérie Ouest.

3. brachyrhynchus Baillon, Mém. Soc. d'Emul. d'Abbeville, 1833, p. 74; Dresser, VI, p. 369, pl. 413.

Spitzberg et Islande (où elle niche), émigre en Angleterre, France, Scandinavie, Allemagne; Inde (?).

4. albifrons (Scop.), Ann. I. Hist. Nat., 1769, p. 69; Dresser, VI, p. 375, pl. 414; *medius* Temm., 1840; *bruchi* Bp. ex Brehm, 1850; *roseipes* Schleg., 1855; *pallipes* Sélys, 1855 (Variété domestique).

Europe, de la Norvège Nord à la Méditerranée; rare en Finlande, en Islande; en hiver, Afrique Nord; Madère; Asie jusqu'au Japon et l'Inde Nord; Amérique Nord, Cuba.

5. Anser erythropus (Linné)
OIE NAINE
D. et G., II, p. 486.

Genre BERNACHE

1. Bernicla leucopsis (Bechst.)
BERNACHE NONETTE
D. et G., II, p. 488.

2. Bernicla brenta Steph.
BERNACHE CRAVANT
D. et G., II, p. 489.

3. Bernicla ruficollis (Pallas)
BERNACHE A COU ROUX
D. et G., II, p. 490.

5. **erythropus** (Linné), Syst. Nat., 1766, I, p. 197 ;
Dresser, VI, p. 383 ; *temmincki* Boie, 1822 ;
minutus Naum.

Scandinavie Nord, rare dans l'Ouest ; en hiver, rare dans l'Europe Moyenne et Sud ; Égypte, Asie jusqu'au Japon ; accidentel dans l'Inde.

BRANTA *Scopoli* 1769

Bernicla Steph., 1824.

1. **leucopsis** (Bechst.), Orn. Taschenb., II, 1803,
p. 424 ; Dresser, VI, p. 397, pl. 415, fig. 1 ;
erythropus Gm. (nec Linné), 1788.

Europe Arctique, émigre en hiver dans les Iles Britanniques, l'Europe Continentale Nord, rare dans le Sud ; accidentel sur les côtes de l'Amérique Nord.

2. **bernicla** (Linné), Syst. Nat., I, 1766, p. 198 ; *torquata* Naum. (nec Gm.) ; *brenta* Tunst., 1771 ;
Dresser, VI, p. 389, pl. 415, fig. 2.

L'Europe Nord, émigre en hiver au Sud jusqu'à la Méditerranée ; Asie et Amérique Nord.

3. **ruficollis** (Pallas), Spicil. Zool., fasc. VI, 1769,
p. 21, pl. 4 ; Dresser, VI, p. 403, pl. 416.

Sibérie Nord ; en hiver émigre au Sud jusqu'en Égypte ; accidentel en Europe Continentale et en Grande-Bretagne.

Genre CHEN

[Bernicla canagica (Sewastian)
BERNACHE CANAGICA
D. et G., II, p. 492.

1. Chen hyperboreus (Pallas)
CHEN HYPERBORÉ ou OIE DES NEIGES
D. et G., II, p. 493.

|Genre CHÉNALOPEX

1. Chenalopex ægyptiaca (Linné)
CHÉNALOPEX D'ÉGYPTE
D. et G., II, p. 495.

CHEN *Boie* 1822

Bernicla (part.), Gerbe, 1867.

[Cette espèce, indiquée, avec doute, par Gerbe comme accidentelle dans le Sud de la Russie, n'est plus considérée comme européenne.]

[Sibérie Nord-Est et Amérique Nord-Ouest, Alaska.]

1. **hyperboreus** (Pallas), Spicil. Zool., VI, 1767, p. 20; Dresser, VI, p. 413, pl. 417, fig. 1; *albatus* Cassin, 1856; Dresser, VI, p. 409, pl. 417, fig. 2.

Amérique Arctique; émigre au Sud en hiver, accidentel en Europe (Grande-Bretagne, Hollande, Allemagne, Scandinavie, Russie Nord), rare en Sibérie Nord-Est et Japon.

CHENALOPEX *Steph.* 1824

Alopochen Stejn., 1885.

[Cette espèce, indiquée par Gerbe comme de passage régulier en Grèce, Mer Noire, et accidentelle en France, Allemagne, Angleterre, n'est plus admise comme européenne par les modernes, notamment par Dresser.]

[Afrique Nord-Est, Palestine.]

Genre TADORNE

1. Tadorna Beloni Ray
TADORNE DE BELON
D. et G., II, p. 499.

2. Tadorna casarca (Linné)
TADORNE CASARCA
D. et G., II, p. 501.

Genre SOUCHET

1. Spatula clypeata (Linné)
SOUCHET COMMUN
D et G., II, p. 503.

Genre CANARD

1. Anas boschas Linné
CANARD SAUVAGE
D. et G., II, p. 506.

TADORNA *Fleming* 1822

1. **tadorna** (Linné), Syst. Nat., I, 1766, p. 195; *cornuta* S.-G. Gm., Reis. Russl., II, 1774, p. 185, pl. 19; Dresser, VI, p. 451, pl. 420.

Europe, des Iles Lofoden à la Méditerranée et les Iles Britanniques; Afrique Nord, Asie jusqu'au Japon, l'Inde en hiver.

2. **casarca** (Linné), Syst. Nat., 1768, III, App., p. 224; Dresser, VI, p. 461, pl. 421; *rutila* Pall.

Europe Sud et Sud-Est, rare dans l'Ouest ou accidentel; Afrique Nord, Asie jusqu'au Japon, l'hiver dans l'Inde et l'Indo-Chine.

SPATULA *Boie* 1822

1. **clypeata** (Linné), Syst. Nat., I, 1766, p. 200; Dresser, VI, p. 497, pl. 425.

Europe, du Cercle arctique à la Méditerranée; en hiver Afrique Nord et Centrale; Asie; Amérique Nord.

ANAS *Linné* 1758

1. **boschas** Linné, Syst. Nat., I, 1766, p. 205; Dresser, VI, p. 469, pl. 422.

Europe, de la Laponie (rare) à la Méditerranée; Canaries, Madère, Açores; Afrique Nord; Asie; Amérique Nord.

Genre CHIPEAU

1. Chaulelasmus strepera (Linné)
CHIPEAU BRUYANT
D. et G., II, p. 510.

Genre MARÈQUE

1. Mareca penelope (Linné)
MARÈQUE PÉNÉLOPE OU CANARD SIFFLEUR
D. et G., II, p. 512.

2. Mareca americana (Gm.)
MARÈQUE AMÉRICAINE
D. et G., II, p. 514.

Genre PILET

1. Dafila acuta (Linné)
PILET ACUTICAUDE
D. et G., II, p. 515.

CHAULELASMUS *Gray* 1838

1. streperas (Linné), Syst. Nat., I, 1766, p. 200 ; Dresser, VI, p. 487, pl. 424.

Europe, de l'Islande et de la Scandinavie Moyenne (rare en Angleterre) au Sud ; en hiver Afrique Nord jusqu'à l'Orange ; Asie ; Amérique Nord.

MARECA *Stephens* 1824

1. penelope (Linné), Syst. Nat., I, 1766, p. 202 ; Dresser, VI, p. 541, pl. 432, 433.

Europe Arctique, émigre au Sud jusqu'à l'Abyssinie et Madère, Asie jusqu'à Bornéo ; accidentel dans l'Amérique Nord-Est et Nord-Ouest.

2. americana (Gm.), Syst. Nat., I, 1788, p. 526 ; Dresser, IX, p. 289, pl. 707.

Amérique Nord jusqu'à Cuba ; niche en Islande Nord ; très accidentel en Grande-Bretagne.

DAFILA *Leach* 1824

1. acuta (Linné), Syst. Nat., I, 1766, p. 202 ; Dresser, VI, p. 531, pl. 430, 431 ; *caudacuta* Pall., 1811.

Europe, de la Laponie à la Méditerranée, l'hiver en Afrique ; Asie ; Amérique Nord jusqu'à Panama et Cuba.

Genre SARCELLE

1. Querquedula circia (Linné)
SARCELLE D'ÉTÉ
D. et G., II, p. 518.

2. Querquedula discors (Linné)
SARCELLE SOUCROUROU
D. et G., II, p. 520.

Genre NETTION

1. Querquedula crecca (Linné)
SARCELLE SARCELLINE OU D'HIVER
D. et G., II, p. 521.

a. Sous-espèce nouvelle
(pour l'Europe).

QUERQUEDULA *Stephens* 1824

1. querquedula et *circia* (Linné), Syst. Nat., I, 1766, p. 203 et 204; Dresser, VI, p. 513, pl. 427.

Europe, du Cercle arctique à la Méditerranée; Afrique Nord jusqu'au Somali; Asie jusqu'à Célèbes.

2. discors (Linné), Syst. Nat., I, 1766, p. 205; Audub., Birds Am., VI, p. 287, pl. 393.

Amérique Nord et Centrale jusqu'à l'Equateur; très accidentel en Écosse et en Danemark.

NETTION *Kaup* 1829

Querquedula p., Gerbe.

1. crecca (Linné), Syst. Nat., I, 1766, p. 204; Dresser, VI, p. 507, pl. 426.

Europe, de l'Islande et la Laponie Nord au Sud; Açores, Canaries; Afrique jusqu'à l'Abyssinie; Asie; accidentel en Amérique Nord-Est.

a. — carolinensis Gm., Syst. Nat., I, 1778, p. 533; Audub., B. Am., VI, p. 281, pl. 392.

Amérique Nord jusqu'au Honduras; Groënland; accidentel en Europe (Grande-Bretagne).

Diffère de *N. crecca* par ses scapulaires qui ne sont pas rayées de blanc et de noir, par sa poitrine qui présente de chaque côté une large bande en croissant, et par les vermiculations de son plumage qui sont plus fines. *Femelle* très semblable à celle de *N. crecca*.

2. Querquedula formosa (Georgi)

SARCELLE FORMOSE

D. et G., II, p. 523.

Genre EUNETTE

1. Querquedula falcata (Pall.)

SARCELLE A FAUCILLES

D. et G., II, p. 526.

Genre MARMARONETTE

1. Querquedula angustirostris (Ménétr.)

SARCELLE MARBRÉE

D. et G., II, p. 528.

Genres BRANTE et FULIGULE

1. Branta rufina (Pallas)

BRANTE ROUSSATRE ou CANARD SIFFEUR HUPPÉ

D. et G., II, p. 530.

2. formosa (Georgi), Reis. Russ. Reich., 1775, p. 168 ; Dresser, VI, p. 521, pl. 428.

Asie Nord-Est, émigre au Japon, en Chine, rare dans l'Inde ; accidentel en Europe (France, Italie).

EUNETTA *Bonap.* 1856

Querquedula p., Gerbe.

1. falcata (Georgi), Reis. Russ. Reich., I, 1775, p. 167 ; Dresser, VI, p. 525, pl. 429.

Asie Nord, en hiver émigre en Chine, Japon, Inde ; accidentel en Europe (Hongrie).

MARMARONETTA *Reichenb.* 1852

Querquedula p., Gerbe.

1. angustirostris (Ménétr.), Cat. Rais. Caucase, 1832, p. 58 ; Dresser, VI, p. 479, pl. 423.

Europe Sud, Afrique Nord, Canaries ; Asie Sud-Ouest jusqu'à l'Inde Nord.

AYTHYA (1) *Boie* 1822

Branta Boie, 1822 ; *Fuligula* Steph., 1824.

1. rufina (Pallas), Reise, II, 1773, App., p. 713, n° 28 ; Dresser, VI, p. 559, pl. 435.

Europe Sud, accidentel en Grande-Bretagne et Danemark ; Russie Sud ; Afrique Nord, Turkestan, Inde Centrale.

---

(1) *Æthya*, ou *Aythya*, ou *Aethyia ;* cette dernière orthographe serait la plus correcte, mais la seconde est celle de Boie lui-même.

2. Fuligula cristata (Steph. ex Linné)

FULIGULE MORILLON
D. et G., II, p. 533.
(1)

3. Fuligula marila (Linné)

FULIGULE MILOUINAN
D. et G., II, p. 536.

4. Fuligula ferina (Linné)

FULIGULE MILOUIN
D. et G., II, p. 538.

5. Fuligula nyroca (Güldenst.)

FULIGULE NYROCA
D. et G., II, p. 540.

6. Espèce nouvelle
(pour l'Europe)
FULIGULE DE BOER

---

(1) *Fuligula collaris* (Donovan), de l'Amérique du Nord, n'est plus admise comme s'égarant en Europe.

2. fuligula (Linné), Syst. Nat., I, 1766, p. 207; *cristata* Leach, 1816; Dresser, VI, p. 573, pl. 437.

Europe, de la Laponie et des Hébrides au Sud; Afrique Nord, en hiver jusqu'à l'Abyssinie; Asie jusqu'à la Polynésie.

3. marila (Linné), Syst. Nat., I, 1766, p. 196; Dresser, VI, p. 565, pl. 436.

Europe, de l'Islande et de la Laponie au Sud; l'hiver en Afrique Nord; Asie jusqu'au Japon.

4. ferina (Linné), Syst. Nat., I, 1766, p. 203; Dresser, VI, p. 551, pl. 434.

Europe, de la Suède Moyenne (rare en Islande) et l'Angleterre au Sud; Afrique Nord en hiver; Canaries; Asie jusqu'à l'Inde Nord.

5. nyroca (Güld.), Nov. Comm. Petrop, 1769, XIV, p. 403; *ferruginea* Gm., 1788; Dresser, VI, p. 581, pl. 438; *leucophthalma* Bechst., 1802.

Europe Moyenne et Sud (rare en Angleterre); Canaries; Afrique jusqu'à l'Abyssinie; Asie Ouest jusqu'à l'Inde.

6. boeri Radde, Reise S.-O. Siber., 1863, II, p. 376, pl. 15.

Asie Nord-Est, émigre au Japon, en Chine et dans l'Inde; pris une seule fois en Angleterre.

Diffère de *nyroca* par sa tête et son cou noirs, à reflets vert-bouteille; bec bleuâtre, la base et le crochet noirs; pieds gris de plomb. *Femelle* diffère de celle de *nyroca* par sa tête et son cou brun-noir à reflets très faibles; lores d'un brun-roux. Aile : 202 millimètres.

Genre GARROT

1. Clangula glaucion (Linné)
GARROT VULGAIRE
D. et G., II, p. 542.

2. Clangula islandica (Gm.)
GARROT ISLANDAIS
D. et G., II, p. 544.

3. Clangula albeola (Linné)
GARROT ALBÉOLE ou SARCELLE RELIGIEUSE
D. et G., II, p. 545.

Genre GARROT (partim)

1. Clangula histrionica (Linné)
GARROT HISTRION
D. et G., II, p. 546.

CLANGULA *Fleming* 1822

1. glaucion (Linné), Syst. Nat., I, 1766, p. 201 ; Dresser, VI, p. 595, pl. 440 ; *clangula* L., 1766 ; *vulgaris* Flem., 1822.

Europe, de l'extrême Nord, émigre en hiver dans le Sud jusqu'à l'Afrique Nord ; Asie jusqu'au Japon, Inde en hiver ; Amérique Nord jusqu'à Cuba.

2. islandica (Gm.), Syst. Nat., I, 1788, p. 541 ; Dresser, VI, p. 603, pl. 441.

Groënland, Islande, accidentel sur les côtes d'Europe jusqu'en Espagne (Valencia) ; Amérique Nord.

3. albeola (Linné), Syst. Nat., I, 1766, p. 199 ; Dresser, VI, p. 589, pl. 439.

Amérique Nord, très accidentel en Grande-Bretagne et aux Hébrides.

COSMONETTA *Kaup* 1829

1. histrionica (Linné), Syst. Nat., I, 1766, p. 204 ; Dresser, VI, p. 609, pl. 442 ; *torquata* Brehm, 1855.

Groënland, Islande, très accidentel en Grande-Bretagne, et Europe Continentale ; Asie jusqu'au Japon ; Amérique Nord.

Genre HARELDE

1. Harelda glacialis (Linné)
HARELDE GLACIALE
D. et G., II, p. 549.

Genre ÉNICONETTE

1. Eniconetta stelleri (Pall.)
ÉNICONETTE DE STELLER
D. et G., II, p. 553.

Genre EIDER

1. Somateria mollissima (Linné)
EIDER VULGAIRE
D. et G., II, p. 555.

HARELDA *Leach* 1824

1. **glacialis** (Linné), Syst. Nat., I, 1766, p. 203; Dresser, VI, p. 617, pl. 443, 444; *hyemalis* L., 1766.

Europe, Asie et Amérique Arctiques, émigre en hiver dans les Iles Britanniques et l'Europe Continentale jusqu'en Italie; Asie jusqu'au Japon; Amérique jusqu'à la Caroline du Sud.

ENICONETTA *Gray* 1841

Somateria (partim) Dresser.

1. **stelleri** (Pall.), Spic. Zool., 1769, fasc. VI, p. 35, pl. 5; Dresser, VI, p. 649, pl. 447 (Somateria); *dispar* Sparrm., 1786.

Sibérie Nord et Amérique Arctique, Groënland (rare), accidentel en Grande-Bretagne, Danemark, France Nord; plus commun en Norvège.

SOMATERIA *Leach* 1819

1. **mollissima** (Linné), Syst. Nat., I, 1766, p. 198; Dresser, VI, p. 629, pl. 445.

Europe Arctique, Spitzberg, Islande, Iles Feroë, Laponie; émigre en hiver au Sud jusqu'à la Méditerranée; Asie Nord jusqu'a l'Iénissei.

2. Somateria spectabilis (Linné)
EIDER A TÊTE GRISE
D. et G., II, p. 557.

Genre MACREUSE

1. Oidemia nigra (Linné)
MACREUSE ORDINAIRE
D. et G., II, p. 560.

2. Oidemia fusca (Linné)
MACREUSE BRUNE OU GRANDE
D. et G., II, p. 562.

3. Oidemia perspicillata (Linné)
MACREUSE A LUNETTES
D. et G., II, p. 563.

2. spectabilis (Linné), Syst. Nat., I, 1766, p. 195 ; Dresser, VI, p. 643, pl. 446.

Europe Arctique, Asie, Amérique ; accidentel en hiver sur les côtes de l'Europe Nord jusqu'à l'Allemagne Nord, la France Nord et même Venise ; rare au Spitzberg.

ŒDEMIA *Fleming* 1822

Oidemia Gerbe.

1. nigra (Linné), Syst. Nat., I, 1766, p. 196 ; Dresser, VI, p. 663, pl. 449.

Europe Nord, Islande, Laponie, émigre en hiver jusqu'à la Méditerranée et l'Afrique Nord ; Asie Nord-Est.

2. fusca (Linné), Syst. Nat., I, 1766, p. 196 ; Dresser, VI, p. 657, pl. 448.

Europe Nord, Laponie, rare au Groënland (pas en Islande) ; émigre jusqu'à la Méditerranée et la Caspienne ; Asie Nord jusqu'à l'Iénissei.

3. perspicillata (Linné), Syst. Nat., I, 1766, p. 201 ; Dresser, VI, p. 669, pl. 450.

Amérique Arctique, émigre jusqu'à la Jamaïque ; accidentel en Scandinavie, Grande-Bretagne, Europe Continentale et Asie Nord-Est.

Genre ERISMATURE

1. Erismatura leucocephala (Scop.)
ÉRISMATURE LEUCOCÉPHALE OU COURONNÉ
D. et G., II, p. 566.

Genre HARLE

1. Mergus merganser Linné
HARLE BIÈVRE
D. et G., II, p. 569.

2. Mergus serrator Linné
HARLE HUPPÉ
D. et G., II, p. 570.

3. Mergus cucullatus Linné
HARLE COURONNÉ
D. et G., II, p. 572.

ERISMATURA *Bonap.* 1838

1. leucocephala (Scop.), Ann. I, Hist. Nat., 1769, p. 65; Dresser, VI, p. 677, pl. 451; *mersa* Bonap., 1838.

Europe Sud et Afrique Nord; accidentel en Allemagne et France Nord; Asie Centrale, Turkestan, Inde en hiver.

MERGUS *Linné* 1758

1. merganser et *castor* Linné, Syst. Nat., I, 1766, p. 208 et 209; Dresser, VI, p. 685, pl. 452; *comatus* Salvad.

Europe et Asie Arctiques; émigre en Angleterre et Europe Continentale jusqu'à la Méditerranée, Japon, Chine, Inde.

2. serrator Linné, Syst. Nat., I, 1766, p. 208; Dresser, VI, p. 693, pl. 453.

Europe, du Cap Nord et de l'Islande, l'Écosse et l'Irlande à la Méditerranée et l'Afrique Nord; Asie jusqu'au Japon, Inde Nord; Amérique du Nord.

3. cucullatus Linné, Syst. Nat., I, 1766, p. 207; Dresser, IX, p. 296, pl. 696.

Amérique Nord jusqu'à Cuba: très accidentel au Groënland, s'égare dans les Iles Britanniques (et en France?).

4. Mergus albellus Linné
HARLE PIETTE
D. et G., II, p. 573.

Famille L — PODICIPIDÉS

Genre GRÈBE

1. Podiceps cristatus (Linné)
GRÈBE HUPPÉ
D. et G., II, p. 577.

2. Podiceps griseigena (Bodd.)
GRÈBE JOUGRIS
D. et G., II, p. 579.

a. Podiceps holboelli (Reinh.)
GRÈBE DE HOLBÖLL
D. et G., II, p. 581.
(1)

(1) *Podiceps longirostris* Bp., prétendu propre à la Sardaigne, est fondé sur un spécimen d'*Æchmophorus major* Bodd., espèce de l'Amérique Méridionale, spécimen échappé très certainement de captivité.

4. albellus Linné, Syst. Nat., I, 1766, p. 209 ; Dresser, VI, p. 699, pl. 454, 455.

Europe Nord, de la Laponie finnoise, en hiver émigre en Grande-Bretagne et Europe jusqu'à la Méditerranée ; Asie jusqu'au Japon, Inde en hiver.

L — PODICIPIDÆ

PODICEPS *Latham* 1790

Colymbus Linné ; *Podicipes* Dresser (ex Lath.).

1. cristatus (Linné), Syst. Nat., I, 1766, p. 222 ; Dresser, VIII, p. 629, pl. 629 ; *australis* Gould, 1844.

Europe Moyenne et Sud, de la Scandinavie et de l'Angleterre au Sud ; Afrique jusqu'au Cap ; Asie jusqu'au Japon et l'Inde ; Australie et Nouvelle-Zélande.

2. griseigena (Bodd.), Tabl. Pl. Enl., 1783, p. 55 ; Dresser, VIII, p. 639, pl. 630 ; *rubricollis* Gm., 1788.

Europe Nord, émigre en hiver dans les Iles Britanniques et jusqu'en Afrique.

a. — holboelli Reinhardt, Vidensk. Meddel., 1853, p. 76.

Groënland et Amérique Nord, Asie Est, Japon ; très accidentel dans l'Europe Nord.

3. Podiceps auritus (Linné)
GRÈBE OREILLARD
D. et G., II, p. 584.

4. Podiceps nigricollis Sundev.
GRÈBE A COU NOIR
D. et G., II, p. 585.

5. Podiceps fluviatilis (Briss.)
GRÈBE CASTAGNEUX
D. et G., II, p. 587.

Famille LI — COLYMBIDÉS

Genre PLONGEON

1. Colymbus glacialis Linné
PLONGEON IMBRIM
D. et G., II, p. 590.

3. auritus Syst. Nat., I, 1766, p. **222**; Dresser, VIII, p. 645, pl. 631; *cornutus* Gm., 1788.

Groënland t Europe Nord, de l'Islande à la Méditerranée et la Caspienne; Asie jusqu'au Japon; Amérique Nord jusqu'aux États-Unis.

4. nigricollis E. L. Brehm, Vög. Deuts., 1831, p. 963; Dresser, VIII, p. 651, pl. 632; Sundev., 1848; *auritus* Lath., 1790 (nec Linné).

Europe Moyenne et Sud, de la Finlande et la Grande-Bretagne au Sud; Afrique en hiver; Asie jusqu'au Japon et à l'Inde.

5. fluviatilis (Tunstall), Orn. Brit., 1771, p. 3; Dresser, VIII, p. 659, pl. 633; *minor* Gm., 1788.

Europe, de la Scandinavie et la Grande-Bretagne à l'Afrique Nord; Asie Mineure jusqu'au Japon Sud.

LI — COLYMBIDÆ

COLYMBUS *Linné* 1758

Urinator Lacép.

1. glacialis et *immer* Linné, Syst. Nat., I, 1766, p. 221; Dresser, VIII, p. 609, pl. 626; *torquatus* Keys. et Blas., 1840.

Groënland, Islande, Nouvelle-Zemble, Feroë; émigre en hiver jusqu'à la Méditerranée; Amérique Nord jusqu'au Golfe du Mexique.

2. Espèce nouvelle
(pour l'Europe)
PLONGEON A BEC BLANC

3. Colymbus arcticus Linné
PLONGEON LUMME
D. et G., II, p. 592.

4. Colymbus septentrionalis Linné
PLONGEON CAT-MARIN
D. et G., II, p. 594.

2. adamsi Gray, P. Z. S., 1859, p. 167 ; Dresser, IX, p. 413, pl. 722.

Semblable à *C. glaciilis* mais en différant par les taches du dos et des ailes plus larges, le collier supérieur de la gorge ayant des raies moins nombreuses et plus larges, le bec long, droit et d'un blanc jaunâtre. Aile : 382 millimètres (un peu plus courte que celle de *C. glacialis*).

Amérique Nord-Ouest et Asie Nord-Est, s'avançant jusqu'en Norvège et très accidentel en Grande-Bretagne ; émigre en hiver au Japon.

3. arcticus Linné, Syst. Nat., I, 1766, p. 221 ; Dresser, VIII, p. 615, pl. 627.

Nord des deux Continents (pas en Islande) ; émigre dans l'Europe Sud jusqu'à la Méditerranée, la Caspienne ; en Asie jusqu'au Japon, en Amérique jusqu'aux États-Unis Est.

4. septentrionalis Linné, Syst. Nat., I, 1766, p. 220 ; Dresser, VIII, p. 621, pl. 623 ; *lumme* Brunn., 1764.

Nord des deux Continents, Groënland, Islande, émigre en hiver jusqu'à la Méditerranée, la Mer Noire, l'Égypte ; Asie jusqu'au Japon ; Amérique jusqu'aux États-Unis.

Famille LII — ALCIDÉS

Genre GUILLEMOT

1. Uria troile (Linné)
GUILLEMOT TROÏLE
D. et G., II, p. 598.

a. Uria ringvia Brünn.

2. Uria arra (Pall.)
GUILLEMOT ARRA
D. et G., II, p. 602.

3. Uria grylle (Linné)
GUILLEMOT GRYLLE
D. et G., II, p. 603.

LII — ALCIDÆ

URIA *Brisson* 1760

1. troile (Linné), Syst. Nat., I, 1766, p. 220 ; Dresser, VIII, p. 567, pl. 621 ; *lomvia* Keys. et Blas., 1840 (nec Pall.) ; *californica* Bryant, 1861.

Mers du Nord (Arctique, Atlantique Nord, Baltique Sud), en hiver, Europe et Amérique, sur le versant Atlantique jusqu'au 30° ; Océan Pacifique jusqu'au Japon et à la Californie.

a. — **ringvia** Brünn., Ornith. Bor., 1764, p. 28.

Islande, Feroë, Terre-Neuve, accidentel sur les côtes septentrionales de France.

2. lomvia (Pall.), Zoog. Ross.-As., II, 1811, p. 345 ; *arra* Pall., loc. cit., 1811, p. 347 ; *bruennichi* Sabine, 1817 ; Dresser, VIII, p. 575, pl. 622.

Océan Arctique et Atlantique Nord ; accidentel en Norvège, rare en Angleterre, Danemark, Allemagne, Hollande ; Pacifique Nord jusqu'au Japon.

3. grylle (Linné), Syst. Nat., I, 1766, p. 220 ; Dresser, VIII, p. 581, pl. 623.

Atlantique Nord, Mer Blanche, Grande-Bretagne, Baltique, Scandinavie, Allemagne, France Nord ; Amérique Nord, du Groënland et du Labrador à New-Jersey.

a. Uria mandti Licht.

Genre MERGULE

1. Mergulus alle (Linné)
GUILLEMOT NAIN
D. et G., II, p. 605.

Genre MACAREUX

1. Fratercula arctica (Linné)
MACAREUX ARCTIQUE
D. et G., II, p. 608.

a. — **mandti** Licht., in Mandt, Observ. (Diss. Inaug.), 1822, p. 30 ; Dresser, VIII, p. 587.

Côtes de l'Océan Glacial Arctique : Terre François-Joseph, Spitzberg, Nouvelle-Zemble ; Groënland, Amérique Arctique, Sibérie Est.

MERGULUS *Vieill.* 1816

1. alle (Linné), Syst. Nat., I, 1766, p. 211 ; Dresser, VIII, p. 591, pl. 624.

Océan Arctique, de la Terre François-Joseph et la Nouvelle-Zemble à la Baie de Baffin ; émigre en hiver en Grande-Bretagne, Scandinavie, Golfe de Bothnie, Mer du Nord, Atlantique jusqu'aux Açores et aux Canaries.

FRATERCULA *Brisson* 1760

Mormon Temm.

1. arctica (Linné), Syst. Nat., I, 1766, p. 211 ; Dresser, VIII, p. 599, pl. 625 ; *fratercula* Temm., 1815 ; *glacialis* Steph., 1826.

Atlantique Nord, du Groënland et de la Nouvelle-Zemble à la France Nord (où il niche) ; en hiver jusqu'aux Canaries.

2. Fratercula corniculata (Naum.)
MACAREUX A CROISSANT
D. et G., II, p. 609.

Genre PINGOUIN

1. Alca torda Linné
PINGOUIN TORDA ou MACROPTÈRE
D. et G., II, p. 612.

2. Alca impennis Linné
PINGOUIN BRACHYPTÈRE ou GRAND PINGOUIN

2. corniculata (Naum.), Isis, 1821, p. 782, pl. VII, fig. 3, 4 (1).

> Pacifique Nord et Atlantique au Nord du 71° latitude boréale; du Kamtschatka à la Colombie britannique; Spitzberg?, Norvege? (très accidentel).

ALCA *Linné* 1758

Utamania Leach.

1. torda Linné, Syst. Nat., I, 1766, p. 210; Dresser, VIII, p. 557, pl. 619.

> Atlantique Nord, du 73° latitude Nord à la Méditerranée; Açores et Canaries; Amérique Est jusqu'a la Nouvelle-Angleterre.

2. impennis Linné, Syst. Nat., I, 1766, p. 210; Dresser, VIII, p. 563, pl. 620.

> Atlantique Nord au Sud du Cercle arctique : Groënland, Islande, Orcades; accidentel en Europe Continentale, notamment en France (*complètement éteint depuis 1840*).

(1) Il n'est pas certain que cette espèce soit européenne, même à titre très accidentel, bien que Gerbe l'indique au Spitzberg et même en Norvège.

APPENDICE

Addenda et Corrigenda.

Page 15.

Buteo buteo lanzarctæ Polatzek.

Ornith. Jahrb., 1908, XIX, p. 113. — Plus petite que la Buse des îles occidentales (*B. b. insularum* Florike), et de coloration différente. Les intervalles clairs qui séparent les bandes foncées des rectrices (sauf lorsque ces plumes sont très usées) sont d'un bleu ardoisé, sans mélange de brun, et toutes les plumes ont, en dessous de la tige, une petite tache d'un roux presque triangulaire. L'ensemble du plumage a une teinte plus brillante et plus vive, contrastant avec la teinte terne des autres formes. Le corps est moins trapu. — Aile 343 millimètres — Ile Lanzarote (Canaries orientales). — D'après Dresser et Reichenow, cette forme serait identique à *Buteo b. menetriesi*.

Page 23.

Falco peregrinus britannicus Erlanger.

Journal f. Ornith., 1903, p. 296. — Intermédiaire entre le Faucon de Suède et Russie (*F. p. griseiventris* Brehm) et celui de l'Europe moyenne (Allemagne). Le dessus est de la teinte du premier, plus clair que chez ce dernier, surtout sur le front, le sommet de la tête et les raies du dos. Le dessous est un peu plus clair que chez le Faucon d'Allemagne, et la teinte grise du fond est remplacée par du blanc pur sur les flancs et la culotte. — Grande-Bretagne.

Page 23.

Falco barbarus germanicus Erlanger.

Journ. f. Ornith., 1903, p. 294. — ? *F. cornicum* Brehm, 1831. — La teinte rousse de la nuque est à peine indiquée. Le mâle diffère de *F. b. babylonicus* (du Caucase) par les étroites bandes d'un gris de fer foncé qui couvrent le dos, deviennent confluentes sur le croupion, et se détachent nettement sur le fond du plumage d'un gris bleuâtre clair. Les bandes noires de la queue sont étroites et bien limitées dessus et dessous. Le dessous de l'oiseau n'est pas entièrement couvert de taches noires allongées se sui-

vant en forme de bandes interrompues; ces bandes n'existent que sur les flancs; le
milieu présente des taches bien séparées. Bec plus large à la base, dans son ensemble
plus massif. Aile plus courte. — Allemagne (Heldra près Treffurt).

Page 27.

Tinnunculus tinnunculus canariensis (Kœnig).

Journ. f. Ornith.. 1889, p 263. — Le mâle a des couleurs plus vives que le type
du continent tandis que la femelle est plus foncée. La taille est moindre et les formes
p'us élancées. Aile : mâle 225 mm. — Iles Canaries, Ténériffe, Palma, Madère.

Page 27.

Astur gentilis (= palumbarius) wolterstoffi Kleinschmidt.

Ornith. Monatsb., IX, 1901, p. 168. — Plus petit que le type du continent, plus
foncé dessus, et les taches du dessous plus larges. — Sardaigne (Lanusei).

Page 27.

Astur gentilis (= palumbarius) arrigoni Kleinschm.

Ornith. Monatsb., XI, 1903, p. 152 — Plus petit que le type et plus foncé, surtout
sur les ailes (l'aile, le bec, le squelette sont manifestement plus petits). L'adulte est
plus élégant que l'Autour du Continent. — Sardaigne (Malgré la ressemblance avec
A. g. wolterstoffi, l'auteur maintient la distinction des deux formes).

Page 2).

Astur badius græeus Madarasz.

Ornith. Monatsb., XVIII, 1910, p. 65. — Ressemble à *poliopsis*, de l'Inde, par ses
teintes claires et sa forte taille, mais tandis que chez ce dernier l'adulte a les plumes
des jambes entièrement blanches, sans barres transversales, ces plumes sont barrées
chez les spécimens âgés de la présente sous-espèce. — Grèce. — (Le type est Asiatique.)

Page 35.

Glaucidium setipes Madarasz.

Magyar Madarai, 1900, p. 203, fig. — Hongrie.

Page 35.

Athene (Carine) noctua caucasica Zarudny et Loudon.

Ornith. Jahrb., XV, 1904, p. 56. — Caucase.

Page 35.

Nyctala caucasica Buturlin.

Ornith. Monatsb., 1907, p. 80. — Caucase.

Page 35.

Nyctala (Cryptoglaux) tengmalmi transvolgensis Buturlin.

Navsa Ochota, IV, 1910, p. 9. — Russie Sud-Est.

Page 35.

Noctua (Strix) athene sarda Kleinschmidt.

Falco, III, 1908, p. 63. — Ile de Sardaigne.

Page 37.

Strix flammea gracilirostris Hartert.

Bull. Ornith. Club, XVI, 1905, p. 31. — Iles Canaries.

Page 39.

Asio accipitrinus pallidus Zarudny et Loudon.

Ornith. Monatsb., XIX, 1906, p. 151. — Diffère du type par la teinte pâle du fond du plumage à tous les âges. — Russie Est, Orenbourg, Turkestan ; en hiver Perse orientale.

Page 41.

Bubo bubo norwegicus Reichenow.

Journ. f. Ornith., 58, 1910, p. 412. — Le fond du plumage présente une teinte grise (non rousse comme chez le type de Suède et d'Allemagne) ; couvertures supérieures de l'aile sans tache noire à la base. — Norwège.

Page 41.

Bubo bubo hungaricus Reichenow.

Journ. f. Ornith., 58, 1910, p. 412. — Barres de la poitrine plus étroites que chez le type ; fond du plumage plus roux. — Hongrie.

Page 41.

Bubo bubo turcomanus Reichenow.

Journ. f. Ornith., 58, 1910, p. 412. — Fond du plumage plus pâ'e, jaunâtre. — Région du Volga, Caucase, et de là dans l'Asie moyenne.

Page 41.

Scops scops tchusii Schiebel.

Ornith. Jahrb., XXI, 1910, p. 102. — La teinte d'un jaune argileux est plus intense que chez le type; la gorge, surtout chez le mâle, est d'un jaune argileux très vif. — Corse.

Page 41.

Scops (Pisorhina) scops græca Tschusi.

Ornith. Jahrb., XV, 1904, p. 102. — Grèce.

Page 43.

Dendrocopus major pinetorum Brehm.

Picus pinetorum Brehm, *Handb. Vög. Deuts.*, 1831, p. 187; *alpestris* Reich., 1854; *Dendrocopus major tenuirostris* But., 1906; *Dryobates m. pinetorum* Hart., 1912. — Diffère du type par son bec plus grêle et sa taille moindre. Aile : 130 à 138 millimètres. — Europe moyenne et Ouest jusqu'aux Pyrénées, aux Alpes, l'Italie Nord, l'Autriche, la Péninsule des Balkans, la Crimée, le Caucase, l'Asie Mineure.

Page 43.

Dendrocopus major harterti Arrigoni.

Avicula, VI, 1902, p. 103; *sardus* But., 1910. — Semblable à la forme d'Angleterre (*D. major anglicus* Hart.), mais le dessous et la région des oreilles encore plus d'un brun foncé, tirant sur la couleur chocolat chez les spécimens frais; le rouge de la région anale et des couvertures inférieures de la queue plus vif, rouge ardent. Aile : 130 à 138 millimètres. — Sardaigne.

Page 43.

Dendrocopus major parroti Hartert.

Orn. Monatsb., 1911, p. 191. — Semblable à la forme de Sardaigne, mais le bec plus long, plus comprimé. Aile plus longue : 133 à 139 millimètres. — Corse.

Page 43.

Dendrocopus major hispanus (Schlüter).

Falco, IV, 1908, p. 11. — Semblable à la forme d'Angleterre, mais la bande blanche transversale de l'aile plus étroite, le rouge profond de la région anale presque aussi vif que sur le reste du dessous. Aile : 124 à 133 millimètres. — Espagne et Portugal.

Page 43.

Dendrocopus major thanneri (Le Roi).

Orn. Monatsb., 1911, p. 81. — Dessous plus clair que sur les spécimens de Ténériffe (*D. m. canariensis*), et très uniformément d'un brun clair (Forme douteuse, les spécimens de Ténériffe étant plus variables que ne le suppose Le Roi, d'après Hartert). — La Grande Cararie.

Page 43.

Dendrocopus major brevirostris (Reichenbach).

Picus brevirostris Reich., *Handb. Scansores,* 1844, p. 365, fig. 4212. — Taille du type, mais le blanc des côtés de la tête et du dessous très pur, sans teinte brune sauf sur le front qui est généralement brun. Les ailes sont un peu plus longues, le rouge de la région anale plus vif. Aile : 139 à 146 millimètres. — Forme de Sibérie qui s'égare en hiver jusque dans le Sud-Est de la Russie d'Europe.

Page 47.

Dendrocopus minor hortorum (Brehm).

Picus hortorum Brehm, *Handb. Vög. Dents.*, 1831, p. 192; *Dryobates minor hortorum* Hart., 1912. — Diffère de *P. minor minor* Linné, par ses parties inférieures plus pâles et plus fortement striées, et d'ordinaire par son aile un peu plus courte (87 à 93 millimètres). — C'est le Pic épeichette de l'Europe moyenne jusqu'aux Alpes et jusqu'en Roumanie (Celui des Açores n'a pas encore été distingué).

Page 47.

Dendrocopus minor buturlini (Hartert).

Dryobates minor buturlini Hartert, *Vög. Pal. Fauna,* II, 1912, p. 921. — Dessous plus largement strié, les bandes transversales noires des rectrices latérales plus larges, les ailes en général un peu plus courtes, ou à peu près comme celles du *minor hortorum*. Le dessous est brunâtre, souvent même plus foncé. Aile : 82 à 88 millimètres. — France Sud-Est (Nice) et toute l'Italie ; Pyrénées ; Péninsule des Balkans et Grèce (La forme d'Espagne n'est pas connue).

Page 47.

Dendrocopus minor comminutus Hartert.

Brit. Birds, I, 1907, p. 221. —. Semblable à *D. m. hortorum* mais plus petit, le dessous entièrement brunâtre, plus foncé que chez celui-ci, s'en rapprochant cependant par l'étroitesse des bandes transversales des rectrices latérales, et la très faible striation des parties inférieures. Aile : mâle 85 à 88,5 ; femelle 86 à 90 millimètres. — Angleterre moyenne et Sud ; rare en Irlande ; Hollande.

Page 49.

Dendrocopus minor danfordi (Hargitt), est étranger à l'Europe et doit être remplacé par la sous-espèce suivante :

Dendrocopus minor colchicus (Buturlin).

Ann. Mus. Zool. Petersb., 1908, XIII, p. 249. — Voisin du *P.'m. danfordi* Harg. (d'Asie Mineure), mais la bande arquée noire de la région auriculaire moins développée, à peine indiquée ou manquant complètement. Les bandes transversales du dos et des rectrices latérales moins larges et moins nettes. Aile : 88 à 91 millimètres. Le dessous est largement strié. — Caucase Nord et Sud.

Page 49.

Picoïdes tridactylus crissoleucus (Reichenbach).

Apternus crissoleucus Reich., *Handb. Scans. Picinæ*, 1854, p. 362, pl. 631, fig. 4197-98 ; *uralensis* Buturlin, 1907. — Diffère du type par la plus grande extension du blanc. La bande blanche du dos est plus large ; les couvertures supérieures de la queue ont des taches blanches plus larges ; le dessin blanc des ailes est plus large ; les rectrices externes ont d'ordinaire (mais non constamment) plus de blanc. L'iris de l'adulte serait rouge. — Forme de Sibérie qui s'égare en hiver en Russie jusqu'à Moscou.

Page 49.

Picoïdes tridactylus alpinus Brehm.

Picoïdes alpinus Brehm, *Handb. Vög. Deuts.*, 1831, p. 194. — Diffère du type par les particularités suivantes : le bec est plus grêle ; le dos est moins blanc ; le haut du dos noir avec quelques taches blanches ; le bas du dos et le croupion richement tachetés de noir. Le dessus de la tête portant des plumes avec une petite tache terminale blanche au lieu de raies. Flancs en grande partie noirs, le ventre présentant autant de noir que de blanc ; les raies noires sur les côtés de la poitrine notablement plus larges. Ailes de la longueur de celles du type, atteignant quelquefois jusqu'à 132 millimètres. — Alpes et Carpathes, de la Savoie à la Bosnie et l'Herzégovine (pas dans le Jura ni les Pyrénées).

Page 51.

Gecinus viridis pinetorum Brehm.

Gecinus pinetorum Brehm, *Handb. Vög. Deuts.*, 1831, p. 197 ; *saundersi* Tuczan., 1878. — Le « Pic vert » type étant la forme de Suède, la présente sous-espèce se distingue par un bec et des ailes plus courts. Aile : 132 à 167,5 millimètres (d'ordinaire 164-167). — Europe moyenne (France, Suisse, Allemagne, Autriche, Péninsule des Balkans, Caucase, Taurus).

Page 51.

Gecinus viridis pluvius (Hartert).

Picus viridis pluvius Hartert, *Brit. Birds*, V, 1911, p. 125. — Très semblable à la forme du continent, mais l'aile encore plus courte (mâle : 159 à 161 et même 157 millimètres ; femelle : 158 à 163). Bec plus court mais non plus grêle, paraissant ainsi comparativement plus épais. — Angleterre Sud et Galles, plus rare dans le Nord, ainsi qu'en Écosse et en Irlande.

Page 51.

Gecinus viridis pronus (Hartert).

Picus viridis pronus Hartert, *Brit. Birds.*, V, 1911, p. 125. — Semblable au *P. v. pluvius* pour les dimensions, mais le bec plus grêle et plus faible. Aile : 156 à 161 millimètres. — Italie, depuis le Sud de la Suisse, et de là jusqu'en Grèce.

Page 53.

Yunx torquilla tchusii Kleinschmidt.

Yunx torquilla tchusii Kleinsch., *Falco*, 1907, p. 103. — Plus petit et plus foncé que le type, se rapprochant par ses teintes de *Y. t. mauretanica* (d'Afrique), mais plus clair sur les parties supérieures, et intermédiaire pour la taille entre les deux formes. Aile : 82 à 85 millimètres. — Italie, Dalmatie, Sardaigne et probablement aussi la Corse.

Page 53.

Cuculus canorus kleinschmidti Schiebel.

Ornith. Jahrb., 1910, XXI, p. 103. — Diffère du type très nettement par ses parties inférieures plus foncées, gris de fer (Cette forme réclame de nouvelles recherches). — Corse (peut-être aussi Sardaigne ?).

Page 53.

Cuculus canorus minor A. E. Brehm.

Allg. D. Naturh. Zeitung, Neue Folge III, 1857 (1858), p. 444. — Semblable au type mais notablement plus petit. Aile : mâle 217, femelle 190 millimètres (moyenne : 200 à 210 millimètres). Bec plus petit. — Espagne, Maroc, Algérie, Tunisie ; de passage irrégulier à Ténériffe et Madère.

Page 69.

Upupa epops fuerteventuræ Polatzek.

Ornith. Jahrb., 1908, XIX, p. 165, 166. — Couleurs du plumage plus vives et bec plus long (mâle 6,5 au lieu de 5,8 ; femelle 5,8 au lieu de 5,25 centimètres) que chez

les types d'Europe et d'Afrique (Sous-espèce distincte si elle est réellement sédentaire).
— Iles Canaries.

Page 73

Corvus cornix christophi Alphéraky.

Mess. Orn'th. Mos'., I, 1910, p. 164. — Bords de la mer d'Azov.

Page 87.

Lanius collurio jourdaini Parrot.

Ornith. Monatsb., 1910, p. 154. — *Mâle* ayant la teinte des flancs plus foncée et plus étendue, d'un roux-brun vineux. Taille moindre. Le brun du dos est souvent plus obscur et sans trace de roux ; presque toujours la bande terminale noire des rectrices latérales prend une largeur considérable. Aile : 87 à 92 millimètres. — Corse.

Page 97.

Petronia petronia exigua (Hellmayr).

Passer petronius exiguus Hellmayr, *Ornith. Jahrb.*, 1902, p. 128. — Semblable au type mais le dessus d'un gris poussiéreux, et non d'un brun argileux, les raies foncées de la tête plus claires, le bec un peu moins fort. Aile : 96 à 99 millimètres. — Bouches du Don, Caucase (jusqu'à Erzeroum en Arménie).

Page 109.

Chloris chloris madaraszi Tschusi.

Ornith. Jahrb., 1911, page 145. — En général plus foncé que le type, l'ensemble du plumage saturé de brun (et non de gris). Aile (mâle) 82 à 85 ; (femelle) 81 millimètres. — Corse.

Page 109.

Chloris (Ligurinus) chloris meridionalis Harms.

Ornith. Monatsb., 1910, p. 121. — *Mâle* : dessus plus brun que chez le type (sans trace de gris), surtout sur la tête, tirant sur la teinte chocolat au lait. Bas du dos et croupion d'un vert-jaune plus clair. Dessous plus clair et plus jaune (sans trace de gris ou de brun). Couvertures inférieures de la queue brunes et non grises. — *Femelle* : Dessus d'un brun plus clair et plus vif que chez le type (non brun noir terne). Bas du dos et croupion plus pâles et plus jaunâtres (non verdâtre sombre). Dessous plus clair, d'un jaune peu intense. Flancs avec du brun très foncé (non du gris mêlé de brun). — Roumanie.

Page 109.

Chloris chloris rossica Zarudny.

Ornith. Monatsb., 1907, p. 63. — Diffère du type d'Allemagne par l'intensité de la teinte grise du plumage en général et spécialement sur la poitrine, où cette teinte ne s'affaiblit pas en plumage de noces. — Russie moyenne.

Page 111.

Fringilla cælebs gengleri Kleinschmidt.

Falco, V, p. 13. — C'est le Pinson de la Grande-Bretagne.

Page 111.

Fringilla cælebs tyrrhenica Schiebel.

Ornith. Jahrb., 21, 1910, p. 102. — Semblable au type, mais les ailes d'un noir foncé (et non d'un brun noir). La teinte générale du plumage est plus vive (surtout en plumage usé). Le vert du croupion tire sur le jaunâtre en paraissant plus foncé. Les rectrices sont souvent plus larges à leur extrémité. — Corse.

Page 117.

Carduelis carduelis rumaniæ Tschusi.

Ornith. Jahrb., XX, 1909, p. 76. — Teintes foncées . dessus d'un brun-roux, les taches de la nuque plus larges; les côtés d'un brun roussâtre sans mélange de gris. Couvertures de la queue, excepté les plus longues, teintées de roux-brun. Dessous blanc, poitrine et flancs d'un roux-brun clair; côtés de la tête blancs, sauf la région des oreilles qui est un peu teintée de brurâtre. Aile : 79 à 84 millimètres. — Roumanie.

Page 117.

Carduelis carduelis volgensis Buturlin.

Ibis, 1906, p. 424. — Diffère du type par le blanc plus pur de ses joues, la plus grande étendue du blanc sur la nuque et le croupion, la plus grande largeur du miroir jaune de l'aile, et surtout la taille plus forte et le bec plus robuste. — Ne peut être confondu avec *C. major* Tacz., des Kirghis, car il est encore plus grand, et le croupion et *le bas du dos* d'un blanc pur contrastent nettement avec la couleur foncée de la région antérieure du dos. — Aile : 85,5 chez le mâle; 82 millimètres chez la femelle. — Russie moyenne et Sud Est.

Page 125.

Acanthis (Linaria) linaria islandica Hantzsch.

Ornith. Monatsb., 1904, p. 32. — Dessus très foncé, plutôt gris noirâtre que brun noirâtre, fortement strié; dessous d'un gris blanchâtre. La tache noire de la mandibule petite ou obsolète. Ventre sans tache, blanc ou d'un blanc jaunâtre. Poitrine (chez le mâle seul) rose pâle, cette teinte peu visible sur certains spécimens en plumage de noces. Croupion blanchâtre, teinté de rose très faiblement chez le mâle, et présentant de fines stries brunes. Aile 82 à 76 millimètres. — Niche dans le Nord de l'Islande; en hiver se répand dans toute l'île.

Page 129.

Emberiza miliaria (calandra) græca Parrot.

Ornith. Monatsb., 1905, p. 101 ; 1910, p. 153. — Parties supérieures d'un ton plus vif et plus chaud que chez le type, tirant sur le jaune-brun-olivâtre, la région de la gorge plus trapue et d'une teinte vive d'un jaune roux. Toutes les proportions par ailleurs plus faibles. Aile : mâle 90 à 94,5 ; femelle 89 à 92 millimètres. — Grèce, Roumélie Est.

Page 129.

Emberiza miliaria (calandra) insularis Parrot.

Ornith. Monatsb., 1910, p. 153. — Diffère du type continental d'Europe par le fond du plumage des parties supérieures plus foncé ; d'un gris-brun-olivâtre, la proportion plus robuste du tronc, les taches de la gorge plus noires et plus larges. Ces taches sont d'un roux-jaune plus foncé sur le bas des flancs et au menton, mais elles pâlissent plus ou moins en février de l'année suivante. Aile : mâle 94 à 99; femelle 87 millimètres. — Corse.

Page 129.

Emberiza miliaria (calandra) caucasica Buturlin.

Nara Ochota, 1909, 3, p. 90 (nom nouveau pour *Emberiza calandra minor*, dont le nom est préoccupé). Cette forme du Caucase ne nous est pas connue.

Page 131.

Emberiza cirlus nigrostriata Schiebel.

Ornith. Jahrb., XXI, 1910, p. 103. — Comparé à la forme des Balkans, les taches des flancs sont ici, non brunâtres, mais d'un noir plus foncé, et passent au roux de rouille sur les côtés de la poitrine, donnant à l'oiseau un aspect plus riche. — Corse.

Page 131.

Emberiza citrinella rumaniensis Gengler.

Ornith. Jahrb., 1911, p. 177-182. — Diffère d'*E. c. palalæ* Dombrowski, par ses teintes plus vives, ses taches plus claires, le front orangé, le jaune du dessus plus pur et se détachant nettement des flancs tachetés. Aile (plus longue) : 93 millimètres. — Roumanie.

Page 141.

Alauda arvensis scotica Tschusi.

Ornith. Jahrb., XIV, 1903, p. 162. — Écosse.

Page 141.

Alauda subalpina Ehmeke.

Journ. f. Ornith., 1902, p. 149. — Semblable à *A. arvensis*, mais le corps plus grêle, avec le plumage mou et serré. — Dessus, avec la queue, d'un brun-noir foncé relevé de taches d'un gris jaunâtre formées par le bord clair des plumes. Dessous gris blanchâtre avec quelques petites taches allongées foncées sur la gorge et le haut de la poitrine. Aile : 105 mill mètres. — Alpes de Savoie.

Page 141.

Alauda flavescens Ehmeke.

Journ. f. Ornith., 1903, p. 151. — Corps robuste et ramassé ; tête et bec petits. — Dessus avec la tête d'un brun-noir, les plumes bordées de gris jaunâtre, plus clair sur la nuque où la bordure des plumes est plus large. Dessous blanc lavé de jaunâtre et présentant, chez les vieux oiseaux, des taches brunes plus ou moins prononcées sur le haut de la poitrine. Aile : 114 millimètres. — Roumanie.

Page 141.

Alauda sordida Ehmeke.

Ann. Mus. Hung., II, 1904, p. 300. — Hongrie.

Page 141.

Alauda subtilis Ehmeke.

Ann. Mus. Hung., II, 1904, p. 301. — Monténégro.

Page 143.

Lullula arborea familiaris Parrot.

Ornith. Monatsb., 1910, p. 153. — Diffère du type du Continent par ses parties supérieures plus foncées, moins roussâtres. Le bord des plumes est d'un brun-olive clair, le croupion et les couvertures supérieures de la queue d'un gris-brun-olivâtre ; la base de la gorge est plus trapue et plus foncée. — Corse, Sardaigne.

Page 143.

Calandrella minor distincta Sassi.

Ornith. Jahrb., 1908, XIX, p. 30. — Bec plus épais que chez les autres formes atlantiques. La teinte du plumage d'un isabelle moins roux que chez celles-ci, mais moins gris que chez le type de Tunisie. Taches des parties inférieures plus larges et plus courtes (comme chez *C. m. rufescens*). — Aile : mâle 85 à 85,5 ; femelle 80,5 à 81,25 millimètres. — Grande Canarie.

Page 153.

Galerida cristata neumanni Hilgert.

Ornith. Monatsb., 1907, p. 63. — Dessus très foncé (d'une teinte chocolat), lavé d'un rouge-brun très chaud ; dessous lavé de roux avec une teinte plus vive au voisinage de la tête et sur les flancs. — Italie centrale, Romagne (Les spécimens du Nord de l'Italie se rapportent au type).

Page 157.

Anthus bertheloti lanzarotex Tschusi et Polatz.

Ornith. Jahrb., 1908, XIX, p. 191. — Dessus plus gris-brun que chez le type (de la Grande Canarie), sans trace de jaune, les taches plus petites, par suite plus distantes du bord des plumes , en plumage usé ces taches sont peu visibles, se confondant avec la teinte générale foncée ou d'un brun rougeâtre. — Lanzarote, Fuerteventura, Graciosa.

Chez le type en plumage usé les taches restent nettement distinctes et bien limitées.

Page 169

Motacilla (Budytes) citreola werae Buturlin.

Ornith. Monatsb., 1907, p. 197. — Semblable au type, mais beaucoup plus petite. Aile : 77,5 à 82 millimètres (au lieu de 87 à 92 millimètres chez le type)

Page 173.

Cinclus gularis Latham, 1801, bien que décrit d'après le jeune, a la priorité sur *Cinclus cinclus britannicus* Tschusi.

Page 181.

Turdus merula schiebeli Tschusi.

Ornith. Jahrb., 1911, p. 114. — *Mâle* adulte d'un noir profond dessus et dessous, ne passant au brunâtre qu'à la pointe de l'aile. Bec orangé. Tarses et ongles brun foncé. Aile : 127 millimètres. — *Femelle* d'un brun olivâtre plus ou moins foncé dessus, ainsi que les ailes et la queue ; le front et le sommet de la tête seuls d'un brun plus foncé. Poitrine, ventre et flancs variant du gris au châtain. Aile : 120 à 123 millimètres. — Corse.

Page 199.

Luscinia megarhyncha corsa Parrot.

Ornith. Monatsb., 1910, p. 515. — Diffère du type du Continent par ses parties supérieures plus foncées et plus ternes, ce qui se remarque aussi sur la bordure des rémiges, et par la teinte d'un gris-brun clair plus accusé. L'aile est un peu plus courte : 78 à 84 millimètres. — Corse.

Page 215.

Pratincola torquata insularis Parrot.

Ornith. Monatsb., 1910, p. 155. — Semblable à *P. t. rubicola,* mais le mâe en costume de noces a les parties supérieures d'un noir plus foncé et plus vif, le bord des rémiges plus pâle, d'un roux-olivâtre. Les parties inférieures sont plus vivement colorées jusque sur l'abdomen et les couvertures inférieures de la queue ; le roux-brun est plus foncé sur la gorge et les flancs. Taille moindre. Aile : mâle 63 à 65,5 ; femelle 61 à 66 millimètres. — Corse et probablement les autres îles de la mer Thyrrhénienne.

Page 217.

Prunella collaris tchusii Schiebel.

Ornith. Jahrb., XXI, 1910, p. 102. — Voisin de la forme des Balkans (*subalpina),* mais le dessus notablement plus foncé. Les taches foncées du dos plus larges et d'une couleur plus intense que chez les spécimens du Continent. — Corse, dans les hautes montagnes.

Page 231.

Melizophilus (Sylvia) sardus affinis Parrot.

Ornith. Monatsb., 1910, p. 156. — Semblable au type de Sardaigne mais, chez le *mâle,* le gris du dessus et du dessous plus foncé, la teinte d'un roux-vineux de la poitrine atténuée. Taille moindre. Aile : 51 à 56,5 millimètres. — Corse (sédentaire).

Page 249.

Cettia cetti reiseri Parrot.

Ornith. Monatsb., 1910, p. 155. — Diffère du type de Sardaigne par une taille supérieure (longueur totale : mâle 61 à 66 ; femelle 58 à 62 millimètres) ; la teinte des flancs est moins vive, d'un brun plus foncé et s'étend jusque sur le milieu du bas de la poitrine. Aile : 54,5 à 59 millimètres. — Herzégovine, Grèce Sud, peut-être toute la péninsule des Balkans.

Page 251.

Troglodytes troglodytes kœnigi Schiebel.

Ornith. Jahrb., 1910, p. 102. — Diffère du type d'Europe centrale par la teinte des parties supérieures qui n'est pas d'un roux aussi prononcé, mais d'un brun foncé. Le bec un peu plus long. — Corse.

Page 270.

Parus major peloponesius Parrot.

Journ. f. Orn., 1905, p. 545 et 667. — Plus petit que le type, la teinte noire empiétant sur les parties plus claires; le blanc des barbes internes de la première rectrice plus étroit. Aile (mâle) 71 à 73,4 millimètres (au lieu de 74 à 77 millimètres); femelle, 67 millimètres (au lieu de 71,5 à 73). — Grèce.

Page 279.

Parus (Cyanistes) cæruleus orientalis, Zarudny et Loudon.

Ornith. Monatsb., 1905, p. 105. — Russie Est, Orenbourg, Kazan.

Page 307.

Muscicapa striata tyrrhenica Schiebel.

Ornith. Jahrb., XXI, 1910, p. 102. — Diffère du type d'Autriche en ce que les taches du dessous sont très indistinctes et ne marquent pas nettement chaque plume. — Corse et Sardaigne.

Page 351.

Caccabis rufa corsa Parrot.

Ornith. Monatsb., 1910, p. 156. — Semblable à *C. r. hispanica,* mais plus petite. Aile du mâle 140 millimètres (au lieu de 150). — Corse.

Page 367.

Œdicnemus œdicnemus insularum Sassi.

Ornith. Jahrb., 1908, XIX, p. 32. — Diffère du type par sa teinte d'un roux isabelle, surtout sur les parties supérieures; les rayures des parties inférieures sont plus prononcées. Les grandes couvertures de l'aile, en avant de la bande foncée sont blanches; la rangée antérieure des couvertures moyennes est, à la même place, surtout sur leur bord, plus ou moins isabelle, leur pointe blanchâtre avec une légère teinte isabelle. Aile plus courte, pattes plus courtes. — Îles Canaries.

INDEX ALPHABÉTIQUE

I J K

melanotos (Pica) 79.
melba (Apus) 315.
Melizophilus 229.
melophilus (Rubec.) 195.
menetriesi (Buteo) 17.
merganser (Merg.) 497.
Mergulus 507.
Mergus 497.
meridionalis (Caprim.) 319.
meridionalis (Chloris) 518.
meridionalis (Cinclus) 177.
meridionalis (Galerida) 155.
meridionalis (Lanius) 85.
meridionalis (Parus) 277.
meridionalis (Serinus) 120.
Meropidæ 57.
Merops 57.
Merula 181.
merula (Turdus) 181.
mesoleuca (Phœnic.) 205.
microrhynchus (Rubec.) 193.
migrans (Milvus) 19.
migratorius (Turdus) 184.
Miliaria 127, 128.
miliaria (Emberiza) 129.
milokosiewiczi (Tetr.) 345.
milvipes (Hierofalco) 23.
Milvus 19.
milvus (Milvus) 19.
mimica (Lusciniol.) 247.
minor (Calandrella) 143, 145.
minor (Cuculus) 517.
minor (Cygnus) 472.
minor (Dendrocopus) 47.
minor (Lanius) 87.
minor (Noctua) 34.
minor (Turdus) 190.
minuta (Ardetta) 425.

minuta (Porz.) 414.
minuta (Sterna) 469.
minuta (Tringa) 395.
minutilla (Tringa) 395.
minutus (Larus) 461.
mitratus (Parus) 283.
modularis (Prunella) 219.
mogilnik (Aquila) 7, 9.
mollesoni (Emberiza) 131.
mollis (Œstrel.) 441.
mollissima (Som.) 493.
moltchanovi (Parus) 273.
monachus (Vultur) 3.
monedula (Colœus) 75.
mongolicus (Ægial.) 375.
montanella (Prunella) 221.
montanus (Parus) 291.
montanus (Passer) 97.
Monticola 207.
Montifringilla 115.
montifringilla (Fring.) 115.
moquini (Hæmat.) 379.
moreleti (Fringilla) 111.
morinellus (Eudrom.) 371.
Mormon 507.
Motacilla 165.
Motacillidæ 157.
murina (Pyrrhula) 101.
murinus (Apus) 315.
Muscicapa 305.
Muscicapidæ 305.
musicus (Cygnus) 473.
musicus (Turdus) 188, 189.
mutus (Lagop.) 339.

N

nævia (Aquila) 8.

NANCY-PARIS, IMPRIMERIE BERGER-LEVRAULT